Transcendence

サピエンスに
人類を超越させた
4つの秘密

進化を超える進化

How Humans
Evolved through
Fire, Language,
Beauty and Time

Gaia Vince
ガイア・ヴィンス［著］
野中香方子［訳］

文藝春秋

進化を超える進化

サピエンスに人類を超越させた4つの秘密

目次

第4部　時間

デザイン　永井翔

進化を超える進化

サピエンスに人類を超越させた4つの秘密

両親へ
生まれのせいにせよ、
育ちのせいにせよ

序章
人間がいかに生物学的人類を超える種となったかについての物語へようこそ

二〇〇四年、英国人のニール・ハービソンはパスポートを更新しようとした。だが、提出した写真に問題があった。規則では、「他の人や物、帽子、乳児用おしゃぶり、色つきメガネ」が含まれてはならないとされている。

アンテナについては言及されていない。

それにもかかわらず彼は、頭から「アクセサリー」を外した写真で申請しなおすよう命じられた。ハービソンは、このアンテナはアクセサリーではなく自分の一部、すなわち「脳の延長」であり、いずれにしても外科手術で埋め込んでいるので外すことはできない、と主張した。パスポートは発行された。

こうしてハービソンは世界で初めて、公式に認められたサイボーグになった。

ハービソンは自分のことを、「初めて種を超越した人間」と呼ぶ。彼はテクノロジーによって何か別の物、つまり生物学的人間を超えた何か、超自然的な何かへと進化したのだ。

ハービソンはそのアンテナを通して色を聴くことができる。彼は生物学的には、障害者として生まれた。一色覚と呼ばれる先天性の色覚異常（いわゆる色盲）のせいで、色を識別できないのだ。彼の目を通して見るこの世界は、白と黒のグラデーションに見える。そこで彼は芸術大学の学生だった二一歳の時に、数名のソフトウェア・プログラマーやミュージシャンと協力して、色を音として感じられる電子デバイスを開発した。そして二〇〇四年、さんざん探しまわった末に、匿名を条件にそのデバイスを頭蓋骨に埋め込んでくれる医師を見つけた。

アンテナはしなやかな黒い棒で、後頭部から出て、額の上に突き出ている。ハービソンは金髪をマッシュルームカットにして後頭部を刈り上げ、ヘルメットのようなヘアスタイルにしているので、生物と人工物との境界がいっそうあいまいだ。アンテナの先端には電子工学の目があり、周囲の物体の色を認識し、それらの色の周波数を、頭蓋骨に埋め込んだマイクロチップに転送する。色の周波数はそこで音の周波数に変換されるので、ハービソンは頭蓋骨を通じて、世界の色を「聞く」ことができる。

移植した当初は、頭に流れ込む圧倒的な量の色彩情報を理解したり、色の音を名づけて区別したりするのに苦労した。しかし一五年ほどたった今では、彼は素晴らしいテクニカラーの交響曲の中で暮らし、色つきの夢まで見ている。生物学的な脳は電子ソフトウェアと完全に融合し、ハービソンは色彩を音、話し声、ピーッという音として体験している。今では、色を聞くだけでなく、音を色彩化し、モーツァルトからレディー・ガガまで、楽曲や歌を絵に描くようになった。さらには人間の限界を超えて、紫外線と赤外線も知覚できるようになった。暗闇で物を「見る」ことができるし、普通の人には見えない物、たとえば、樹の幹に残る動物の尿の跡などを紫外線マーカーとして識別できる。また、チップを改良してインターネットと接続できるようにしたので、衛星経由で外部デバイスから色の情報を受信できるようになった。それは今も進化の途上にあると彼は言う。

二〇一八年には膝の内側に方位磁石デバイスを取りつけ、磁場を感知できるようにした。次に移植を計画しているのは、自らデザインした王冠のようなデバイスで、彼はそれを「時間の器官」と呼ぶ。そのデバイスを移植すると、頭蓋骨の周りをヒートスポット（温度が高めの場所）が二四時間周期で巡り、時間を知覚できるようになる。つまり、地球の自転を感知するのだ。ヒートスポットの動く速度を変えることで、時間の速度の感覚を調節できるようになることを彼は望んでいる。たとえば、ある瞬間を長続きさせたいと思ったら、ヒートスポットの動きを遅くする。そうやって時間の相対的な経験を操作して、老化の感覚を変えれば、一七〇歳まで生きられるかもしれない。「目があるから目の錯覚が起きるのと同様に、時間を知覚する器官があれば、時間の錯覚を作り出せるだろう」と彼は説明する。

「サイボーグ」は、一九六〇年[*]にアメリカの科学者マンフレッド・クラインズとネイザン・クラインが作った言葉で、当初は「地球外の環境で生きられる強化された人間」を意味していた。今、このフィクションはハービソンにとって現実になった。コンタクトレンズ、人工内耳、人工心臓弁など、さまざまな生体工学的補助具によって能力を強化している数億の人々にとっても同様である。身体に埋め込んでいてもいなくても、ツールやガジェットは並外れた力をわた

＊しかし、その概念の起源は少なくともさらに一世紀前に遡る。一八三九年、恐怖小説の作家エドガー・アラン・ポーは、大きな義足を装着した人を描いている。

したちに与えてくれる。わたしたちは翼がなくても飛べるし、鰓(えら)がなくても水に潜れる。死後に蘇生することもあるし、地球から脱出して月面を踏むことさえできる。もっと身近なところでは、刃物は、食物を切る歯や爪の能力を強化したツールであり、靴底は、石ころだらけの地面を速く走れるようにするツールだ。実のところ、人間は皆サイボーグで、技術の支援がなければ生き延びることはできない。

人類進化の三つの要素

しかしわたしたちを、気の利いた道具を持つ少々利口なチンパンジーの類と見なしたのでは、人間の非凡さ、この惑星での活動の非凡さを見逃すことになる。そう、わたしたちは信じられないほど多様で複雑なガジェットを進化させてきたが、同様に、言語、工芸品、社会、遺伝子、地形、食物、信念体系なども進化させた。実際、わたしたちはこの人間世界全体、すなわち社会のオペレーティング・システムそのものを創造した。そうでなければ、ハービソンのアンテナは存在しないばかりか、無意味なものになっただろう。なぜなら、テクノロジーに意味を与え、その発明を促すのは、この人間世界だからだ。人間は進化したサイボーグ以上の存在なのだ。

この本を読んでいるあなたは、コンゴのジャングルの樹上に裸で座っているわけではないだろう。あなたは、わたしと同じように服を着ているが、その服は、はるか遠い場所で育った植物から加工され、異なる人々がいくつもの機械の助けを借りて、織り、染め、切断し、デザインし、縫製し、別の場所に運び、値段をつけ、市場に出し、さまざまな注文を受け、最終的な段階をいくつか経た後に、やっとあなたに選ばれ、毛皮のようにぴったりとその肌を包んでいる。また、あなたが座るプラスチック製の椅子は、はるか昔の、海の生物の死骸の堆積物（石油）を加工した物から形づくられ、採掘された岩から生成されたスチールに支えられている。そもそも椅子のデザインは、数千年にわたって、さまざまな集団によって破壊と改良と構築が繰り返され、多様化し、変化してきた。

また、どこにいるとしてもあなたは、この本の言葉を、わたしが耳元で語りかけているかのように理解できる。わたしが別の時間に別の場所で別の言語で書いたのだとしても、わたしとあなたの心はつながっている。仮にわたしがすでにこの世を去っていたとしても。

あなたは聡明だが、一人では無力だ。わたしたちは生きていくために数えきれないほど多くの見知らぬ人に頼っている。無数の男性と女性が、わたしの昼食、衣服、家具、家、道路、都市、国、未知の世界を構成する要素を作り、組み立てている。これらの人々もまた、生きるために無数の人の協力と連携に頼っている。それでも、七〇億超の人間の暮らしには、契約も計画も、共通の目的もない。

わたしたちの目に映るすべて、つまり、一見自律しているが、完全に相互依存している数十億の人々の多様な仕事や産業が、何の計画もなく生じたというのが信じられないのであれば、こう考えてみよう。目や足の爪から意識をもつ脳まで、みごとに機能するこの身体もまた、たった一つの細胞からほんの数十週で出現する。受精卵が成長し分裂し始めると、たった一つの細胞が万能細胞の塊になる。万能細胞は、どの種類の細胞にもなることができる。何になるかは生物学的な「現像液」次第だ。外側にある万能細胞は、脊髄の中の神経細胞になる可能性があり、別の細胞は現像液に導かれて心臓の細胞になるだろう。進化は、器官と細胞が機能的に協働するシステム、すなわち、人間がたった一つの細胞からできあがるメカニズムを創造したのである。

わたしたちはそれぞれ自らの動機や願望を持つ個人だが、自律的だと思っているものの大半は幻想にすぎない。わたしたちは文化の現像液の中で形づくられた。その現像液を創造し、維持しているのはわたしたち自身だ。すなわち、壮大な社会プロジェクトが、方向性も目的も持たないまま、地球上で最も成功する種をつくり出したのである。

現在、人間はかつてないほど長く、より良い人生を送るようになり、地球上で最も数の多い大型動物になっている。一方、現存する近縁種で絶滅の危機に瀕しているチンパンジーは、数百万年にわたって同じ生活を続けている。人間は彼らと同様のプロセスを経て進化してきたが、彼らとは大違いだ。なぜそうなったのだろう。

わたしはこの疑問に惹かれて、人間の並外れた性質の秘密と、人間というこの惑星を変えるほどの種がどんな錬金術によってサルから生まれたのかを解き明かす旅へと踏み出した。

これから述べるのは、わたしを夢中にさせた驚くべき進化の物語だ。それはすべて、「遺伝子」と「環境」と「文化」の進化の特別な関係に基づき、わたしはそれを人類進化の三要素と呼ぶ。この互いに補強しあう三つの要素ゆえに、人間は変化する宇宙の一生物に終わらず、自らを変える力を持つ並外れた種になった。人間は、他のすべての動物がたどった進化の道から外れ、より壮大で、より驚異的な存在になろうとしている。人間を創造した環境が人間によって変化するにつれて、人間は最大の超越(トランセンデンス)を始めている。

ご説明しよう。

わたしたちは地球上の存在であり、地球で受胎し、地球で生まれた。やがて地球を作り変えることになる種を創造する上で地球が果たした役割はほとんど評価されていないが、それでも地球という環境が今日のわたしたちを作り上げた。結局のところ、わたしたちが二足歩行し、言語を話し、インフルエンザウイルスへの免疫を持ち、文化を発達させたのは、環境に反応した結果である。したがって、わたしが語る創世記は地質学的起源から始まる。あらゆる生命は宇宙の物質から形づくられる。つまり人間は、壮大な宇宙の縮図だと言える。海岸線を支える石灰岩の崖の中のカルシウムは、わたしたちを内部から支える骨でもあり、起源は星にある。地球の川を流れる水は、わたしたちの体内を流れる血液によく似ているが、起源は彗星にある。

人類は他のあらゆる生命体と同じく、進化を経て誕生した。種は時が経つにつれて変化するが、それは、ランダムに発生する遺伝的差異が世代を超えて集団内に蓄積していくからだ。その差異によって環境にうまく適応できるようになった生物は、生き延びて繁殖する可能性が高く、それらの遺伝子は次世代に受け継がれる。こうして生物は環境から受ける圧力に適応し、種は徐々に進化して地球上のそれぞれの生息地を利用するようになった(*)。

わたしたちの知的で社会的な祖先たちも、環境で生き残るための適応を進化させた。初期の

---

*生物は個体としても、生理的な変化や行動の変化によって、環境から受ける圧力に適応するが、適応のほとんどは遺伝的にプログラムされ受けつがれた本能的なものだ。

ヒト科の先祖にとって、その環境は熱帯雨林で、適応の一つは文化だった。「文化」にはさまざまな意味があるが、わたしの言う文化とは、道具、テクノロジー、行動として表現される「他者から学んだ知識」のことだ。人間の文化は、他者から学ぶ能力と、そうして得た知識を表現する能力に支えられている。人間は文化を発展させた唯一の種ではないが、文化に関して、他の種よりはるかに柔軟性がある。人間の文化は蓄積し、進化する。そして何世代も受け継がれるうちに複雑さと多様性を増し、生きていく上で出会う障害をより効率的に乗り越える策を生み出してきた。

文化を進化させる四つの要素

地球上の生命の物語において、文化進化は勝敗を決める因子だ。人間の進化は環境と遺伝子だけでなく、文化によっても推し進められてきた。文化進化には生物進化と重なる要素が多く見られる。遺伝子による進化は、変異、継承（遺伝）、選択によって進んでいく。この三つは文化進化にとっても駆動力になる。主な違いは、生物進化はたいてい個体レベルで起きるが、文化進化では、個体より集団の選択が重要であることだ。わたしたちを利口にしたのは、個人の知性を超えた集団の文化なのだ。

人間はこの進化の道をたどった唯一の人類ではない。わたしたちには親類がいたが、生き延びたのは人間だけだ。数十万年前、わたしたちは文化によって物理的・生物的限界を克服し、他の種を非創造的な生活に閉じ込めていた環境の揺り籠から抜け出した。その並外れた進化は、主に四つの要素によって推し進められた。その四つとは、「火」、「言葉」、「美」、「時間」である。

「火」の部では、エネルギーを外部委託（アウトソーシング）することで、人間が生物としての限界から解放され、物理的能力を拡張できたことを見ていこう。

「言葉」の部では、人間の成功に情報が果たした役割について探究する。言葉は、複雑な文化的知識を正確に伝達・保存することや、相手と心を通わせることを可能にした。言葉は社会の接着剤であり、共通の物語によってわたしたちを結びつけている。また、言葉があればこそ正確な予測をしたり、誰を信頼すべきかを決めたりできる。

次なる要素、「美」は、活動に意味をもたらし、共有する信念とアイデンティティのもとにわたしたちを融合させる。芸術表現は文化的な種分化――社会間、社会内の分化――を生じさせるが、その一方で、資源や遺伝子やアイデアの交換を促すことにより、遺伝的な種分化を抑制する。そして結果的に、より優れたテクノロジーを持つ、より良くつながった、より規模の大きい社会をもたらす。

四つ目の要素、「時間」は、自然作用についての客観的・合理的説明の基礎になる。知識と好奇心は人間を、他の動物よりはるか遠くへ進むよう駆り立てた。わたしたちは世界とその中での自分の位置を秩序づけるために科学を発達させ、今や地球規模でつながっている。

これら四つの糸が織りなすものが、人間の並外れた性質と行動を形づくってきた。都市に住む人々はなぜ創造的なのか、信仰の厚い人々はなぜ不安を感じにくいのか、フィリピンの先住民族アイタ族の語り部は、なぜ他の男よりセックスする機会が多いのか、移民はなぜ統合失調症のリスクが高いのか、欧米人と東アジアの人々の容貌はなぜ異なるのか。これらの謎には、人類進化の三要素である遺伝子、環境、文化が関係している。たとえば、あなたの友人二人が互いと友人である確率――「ネットワークの推移性」――は、あなた個人の運命と、三人のパフォーマンスに影響する。[1] しかし、この推移性は環境の影響を受ける。たとえば、孤立した村では推移性が高く、誰もが互いと知り合いだ。それに加えて、あなたの友人の数はあなたの遺伝子に影響される。[2] こうしたことの大半は偶然の産物であり、したがってあなたの人生は、あなたの意思に影響される以上に、あなたが誰で、いつどこで生まれたかに影響される。

現代は、人間がどのようにしてこれほど並外れた種になったかという、根本的な問いについて探究するには最適の時代だ。集団遺伝学、考古学、古生物学、人類学、心理学、生態学、社会学のエキサイティングな進歩が、人類の歴史について新たな洞察をいくつももたらし、人間という種がどのように発展してきたかについての理解が、根本的に変わろうとしている。たとえば、現生人類と呼ばれる人々はわずか二万年前（あるいは四万年前）に何らかの認知的、あるいは遺伝的革命によって出現したというこれまでの見方に、異議が唱えられるようになった。また、二〇〇七年にヒトゲノムが初めて解読されて以来、何千人ものゲノムが解読され、わたしたちが互いとどのようにつながり、最も近い人類の親類とどうつながっているか、すなわち、人間という集団の歴史が解明されようとしている。一方、考古学者は、新しい年代測定法を用いて、最古の工芸や技術について驚くべき発見をした。加えて、古生物学者は、人類が一本の道を歩むように進化したという教科書の話があまりに単純すぎることを明らかにした。

そして現代は、新たな協力の時代でもある。閉鎖的なことで知られるこれらの研究分野の人々が初めて互いと話し合うようになり、定説をひっくり返すだけでなく、豊富なデータ、洞察、経験を生み出している。この自然科学と社会科学の出会いによって、わたしたちは生物学的には似通っているのに、なぜ行動は大いに異なるのか、という重大なパラドクスが解明され始めた。わたしたちは自らを新しい目で見て、生態と文化と環境の深いつながりを理解しようとし始めているのだ。

超生命体へ

これから見ていく通り、文化進化は、適応上の多くの問題を遺伝的進化よりスピーディに、しかも種分化を伴わずに解決する。遺伝的進化、環境的進化、文化進化という三要素が相互に強化するサイクルによって、人間は自ら運命を切り開くことのできる並外れた種になり、数を増やし、住む地域を拡大し、その結果として、より複雑な文化への進化を加速させてきた。

現在、人間集団のサイズとつながりは未曽有のレベルに達している。同時に、人間は地球環境に劇的な変化をもたらし、人間を形成した惑星を、「人新世（アントロポセン）」、つまり「人間の時代」と呼ばれる全く新しい地質年代へと進ませた。道路、建物、耕作地など、人間がもたらした物質的変化の総重量は三〇兆トンと見積もられ、九〇億、さらには一〇〇億へと向かう世界人口の緊密な接続を可能にしている。(*) 周囲を見渡せば、目に映る物すべてがわたしたちの知性がデザイン

*この人工的な居住環境がなければ、わたしたちの人口は石器時代に等しい一〇〇〇万人以下に減るだろう。

した物であることがわかる。わたしたちは地球上のあらゆる場所に手を伸ばし、宇宙さえもゴミ捨て場にしている。

人間独自の性質がどのようにして種としての人間を変えたか、さらに、そうすることで、自然との関係をどのようにリセットしたかを見る旅へご案内しよう。

今、わたしたちは瀬戸際に立っている。人間の遺伝子と環境と文化の相互作用によって、超協力的な人類の集団から、新たな生命体が生まれようとしている。わたしたちは超生命体になりつつある。それをホモ・オムニス（Homo omnis＝集合性人類）、略して、ホムニ（Homni）と呼ぼう。

これは、わたしたちの超越の物語だ。

創世記

すべての文化には人類の起源を語る独自の神話があるが、好奇心旺盛な話すサルが自分たちの由来について面白い物語を創作したのは実に驚くべきことだ。だが真実は、それよりなお驚きに満ちている。

星を見上げよう。あなたが見ているのは現在の星ではなく、その数百万年前の姿だ。あなたは自らの目で過去に遡り、人間という種が誕生する前に送られた光、もしかすると、はるか昔に燃えつきた星の光を楽しんでいる。

わたしたちは自らの由来を、歴史を学ぶことで知る。また、科学を学ぶことも必要とするが、それは、わたしたちが誰であるかは、祖先が誰であったかによって決まるからだ。自らがえくぼを曽祖母から受け継いだことを知ったり、国の政策の基盤が古代の戦争に由来することを知ったりするのと同様に、現在の世界を動かしている構造とテクノロジーと行動の起源を理解するには、祖先に遡る旅をしなければならない。

その旅は最終的に、人間を誕生させた太陽との深いつながりを明らかにする。わたしたちの創世記は、ついには自らを操るようになるものを生みだした物理学と化学と生物学の物語だ。人間、地球上のすべて、地球そのもの、そして宇宙のすべての銀河は、深くつながっており、そのつながりは、およそ一三八億年前の一点に遡る。

第1章 概念

宇宙が誕生し地上で進化が働きはじめ人類が登場する

すべての舞台の誕生

一三八億年前、ビッグバンが生み出した、反物質を上回る量の物質が、今日の宇宙で見られるすべての起源だ。

量子ドットのような小さななにかが爆発し、以来それは壮大な無秩序へと拡大し続けている。宇宙で唯一、生物の存在が知られる星である地球では、その生物たちがエントロピーに戦いを挑み、混沌から秩序を生み出し、高エネルギー粒子から複雑な構造を作り上げている。

エネルギーは物質を生成し、物質は原子でできている。これらの小片が鉄になるか、ゾウの耳になるか、あるいは熱帯雨林の香りになるかは、その中心にある陽子の数で決まる。水素原子には陽子が一つしかないが、鉛には八二個もある。しかし、水素と鉛の違い（および、わたしたちにとっての有用性）の多くを決めているのは、それぞれの原子がどうやってエネルギーを伝達するかであり、それは電子によって決まる。電子は量子力学の奇妙な法則にしたがって、原子核の外側を回転している。

原子内や原子間で電子が移動するたびに起きるエネルギー交換は、ＤＮＡの複製から赤ちゃんの笑い声まで、地球上のあらゆる反応の基礎になっている。朝食のオートミールに含まれる電子が、昼食のサンドウィッチを噛むためのエネルギーを提供する。これらの電子の移動によって原子は結びついて分子を形成し、それが生細胞の建築ブロックとなって、わたしたちを形づくる。

宇宙に存在する元素のおよそ九〇パーセントは水素で、五パーセントはヘリウムだ。ヘリウムは陽子を二つもつ不活性原子である。どちらもビッグバンの後で、瞬間的に生まれた。恒星が輝くとき、水素原子が融合し、より重い元素である酸素、炭素、窒素などが生まれる。それらは宇宙ではきわめて稀だが、人体の大部分を構成している。わたしたちの材料を誕生させた暴力的なドラマは、わたしたちが最も大切にしている元素も生み出した。もしあなたが金のアクセサリーを身に着けているのなら、それは文字通り宇宙を揺るがすほどの星の衝突がもたらした破片だということを覚えておこう。

重力によって強く引き寄せられた水素、ヘリウム、星雲（塵からなる星間雲）は、核融合を起こし、莫大な量のエネルギーを放出し、新しい星々を誕生させた。わたしたちの物語にとって最も重要な恒星である太陽――宇宙塵の雲の中で水素を燃やす原子炉――は、四六億年前に生まれた。その周りを回っていた鉱物が一つにまとまって、太陽系の内側から数えて三つ目の惑星、すなわち地球になった。その直後、巨大な小惑星が地球に衝突し、大きな塊を削り取り、それが月になった。その衝撃で地軸は傾いた。その傾きによって四季と海流がもたらされ、月の影響で潮の満ち引きが生まれた。そしてこの地球の位置、木星の引力[1]、地軸の傾きのすべてが、宇宙で最もすばらしい実験のための坩堝(るつぼ)をもたらした。

水分子の総数は、地球を構成する分子の三〇〇〇万分の一にすぎないが、それが地表に集中していることがすべてを変えた。DNAの材料になるアミノ酸が彗星から降り注ぎ、地球の元素と結びついたことにより、四〇億年前に地球の海のどこかで生命が誕生した。分子レベルでは質量は非常に小さいので、重力の影響を受けず、静電引力や反発力といった分子間の力が支配的になる。最も驚くべきことの一つは、ある種の化学反応が分子の自己複製を導いたことだ。その奇跡はたった一度だったのか、それとも何度も起きたのか、確かなことはわからないが、自己複製するたった一つの細胞から、魔法をかけられたかのように、信じられないほど多様な生物が進化した。その一員であるわたしたち人間は、知恵のりんごをかじり、今や自然そのものを創造できるようになった。

進化には目的も方向性もない。たとえば、見る、歩く、飛ぶ能力は、さまざまな生物に現れては消えている。しかし、複雑な物を作るには時間がかかる。人間に似た動物が出現するまでに、数十億年におよぶ生物学的・環境的進化が起きた。当初、呼吸する生物はいなかったが、それは、世界初の大気が水素と水蒸気で構成されていたからだ。その後、古代のシアノバクテリアが、およそ二〇億年かけて、太陽光のエネルギーを利用して二酸化炭素から糖をつくり、その過程で廃棄物として酸素を放出し、大気を満たした。
光合成や呼吸、火山の噴火や地殻変動、地軸の傾きによる太陽からの距離の変化——これらすべてが、地球を暖める二酸化炭素と、生物を支える酸素との大気中のバランスを絶えず変化させ、気候を変えるとともに、海洋の化学組成と生物学的性質を変えてきた。地球は誕生してからの三五億年間、何度も氷河時代を迎えた。そして最近の氷河時代が終わった時、複雑な多細胞生物が爆発的に増えた。

生命の誕生は地球の物理的性質を根本的に変え、地球を呼吸する生きたシステムにした。植物が進化すると、それらの根は岩の崩壊を早め、川による浸食を助けた。光合成は地球システムに化学的エネルギーを吹き込んだ。動物は植物を食べることでこのエネルギーを取り込み、二酸化炭素を放出して地球を暖めた。そして死ぬと、岩だらけの地球に堆積層（土の層）をもたらした。

そのお返しに、地球の物理的性質は生物に影響を及ぼし、生物は、地質的、物理的、化学的条件に応じて進化してきた。過去五億年間で、超巨大火山の噴火、地殻変動、小惑星の衝突、大規模な気候変動などを原因として、大量絶滅が五回起きた。それぞれの後、生き残ったものは立ち直り、繁殖し、ランダムな遺伝的変異が何世代も受け継がれるにつれて進化した。環境は生物に進化圧を加え、生物はそれに適応した。このプロセスは双方向に働く。たとえば、植物が（遺伝的変異によって）砂漠での暮らしに適応すると、それらは砂漠を低木地帯や乾燥林へと変え、次には、そうした変化が、どの種とどの遺伝子がそこで生き延びられるかに影響するのである。

人類の登場

わたしたちの進化の道筋を振り返ると、それが方向づけられていたように思えるかもしれないが、人間という知的生命体が生まれたのは必然ではない。進化では、大小の偶然の出来事が雨のように降り注ぎ、飛び散り、水しぶきをあげ、滴(したた)り落ち、悠久の年月を経た後に、予測できない結果がもたらされる。そうしてこのパズルは、タコと人間ほども違うものが同じ時空を共有するという面白い結末をもたらした。

六六〇〇万年前の六月末のある日[2]、進化史に最大の亀裂が刻まれたことを、わたしたちは天に感謝すべきだろう。その日、エベレストが小さく見えるほど巨大な隕石が、秒速一四キロメートル（弾丸の二〇倍以上）のスピードで飛んできて、現在、メキシコがあるユカタン半島に落下した。[3]その衝撃は非常に強烈かつ急速だったので、隕石が地表に触れていないうちから、前方の大気にかかる圧力のせいでクレーターができた。衝突時、この巨大隕石は直径三〇キロメートルの穴をあけた。それはマントルに届くほど深く、衝撃波は地球全体を揺るがし、火山の噴火、地震、地滑り、炎の爆風を引き起こした。生き延びた生物もいたが、大半はそれに続く苛酷な気候変動によって絶滅した。それまで一億数千万年にわたって地球を支配してきた恐竜は滅びた。この生態系の空席を埋めたのは、わたしたちの先祖である哺乳類だった。

それから一〇〇〇万年ほど過ぎた頃、急激な気候変動のせいで世界は湿潤になり、熱帯雨林、ヤシ、マングローブなどが、北は現在のイギリス、カナダ、南はニュージーランドにまで広がった。北極海は摂氏二〇度ほどの温暖な海になったが、海流は止まった。地球全体で海面が上昇し、大量の動植物が移動し、あるいは絶滅した。哺乳類は多様化し、現在見られる種の前身が多く出現し、その中には最初の霊長類もいた。その後、今からおよそ五〇〇〇万年前にインドとアジアのプレートが衝突し始めた。大地は大きく褶曲(しゅうきょく)し、ヒマラヤの大山脈が誕生し、巨大なチベット高原が隆起した。この作用は今日も続いている。こうした地理的変化は、気候と生態に劇的な影響を与えた。サルは新世界ザルと旧世界ザルの系統に分かれ、また、東南アジアモンスーンを含む新しい気候パターンが生まれた。一方、アフリカの角の下の火山活動は、その大陸の東側を縦断する巨大な裂け目(大地溝帯)を作った。急峻な山々と深い谷が次々に生まれ、地形は分断され、気候は変化した。このように劇的な環境の変化は、進化のチャンスを大いにもたらした。

人間の優れた色覚はこの時期に生まれた。ほとんどのサルの色覚は青と緑に限られているが、わたしたちの祖先は三つめの錐体細胞を獲得する遺伝的変異が起きて、赤色が見えるようになった。赤色を見分けられるようになったことは、有毒植物を避けたり、熟した実を見つけたりするのに役立った。熟した実はカロリーが高く、より少ないエネルギーで消化できる。こうして栄養状態が良くなった結果、脳は大きくなった。果実を食べる霊長類は、草木を食べる霊長類より脳の容量が二五パーセントも多い。(4)(*)

また、わたしたちの祖先が森を出てサバンナに暮らすようになったことは、進化におけるもう一つのターニング・ポイントになった。根本的な原因は、三〇〇〇万年前の地質学的イベントにある。漂流していた南アメリカ大陸が、現在のパナマで北アメリカ大陸とぶつかった。これによって海流のコースが変わり、西に太平洋、東に大西洋とカリブ海が誕生した。熱帯の温かい海水は北極へ運ばれ、そこで冷やされて南へ向かい、現在、全球海洋コンベアと呼ばれる地球規模の循環を生じさせた。それは世界の気候のほとんどに影響している。メキシコ湾流が形成され、その海流が北極を凍らせる水分を運び、一連の氷河時代をもたらし、降雨パターンをリセットした。その結果、東アフリカは乾燥し、サバンナの風景が生まれた。

数十万年かけて、わたしたちの祖先の身体はサバンナに適応し、その一方で、気候変動のせいで、それまでの生息地だった森が減っていった。一年のほとんどの期間、サバンナでは果実が採れないので、祖先たちは根や球根を食べたが、それらは硬いので噛むのに時間がかかった。また、彼らは次第に社会集団に頼るようになった。こうして自己複製する化学物質のオーケストレーションから生まれた人類は、自己家畜化のプロセスを嬉々として歩み始めた。

＊たとえば知性のように、一見、環境とは無関係に思える生物の特徴の形成に環境が果たした役割は見過ごされがちだが、こう考えてみよう。植物が熟すと赤く甘くなる実を進化させたのは、種をばらまいてくれる動物を引き寄せるためだった。そして霊長類は、環境が提供するこのビュッフェに加わるために遺伝的適応を進化させた。環境がわたしたちをつくり、わたしたちが環境をつくったのだ。

第2章 誕生

ネアンデルタール人でなく人間を生き延びさせたもの

イベリア半島南端のジブラルタルでは、巨大な石灰岩が地中海に突き出ている。この白い地質学の象徴（トーテム）は、狭い海峡の向こうのアフリカからも見える。その岩のふもとにはいくつもの洞窟があり、中でも、入口が涙の形をしたゴーラム洞窟は巨大だ。この広々とした空間で、どのようなドラマが演じられたのだろうか。古代の波が穿ったこの洞窟で、誰が、そしてどんな王朝（ダイナスティ）が、生き、愛し、働き、生まれ、死んでいったのだろうか。この洞窟は数万年にわたって、わたしたちの近縁であるネアンデルタール人の家になり、ついには最後の住みかとなった。

三万五〇〇〇年前に遡ろう。ヨーロッパ大陸は氷河時代に突入し、温暖な気候を求めて旅立った動物たちも、多くは局所的に絶滅した。そのような厳しい時代にありながら、ゴーラム洞窟はのどかな場所だった。海面は今より数メートル低く[1]、狩り場になる広大な平原が、遠く海まで続く。岩の高いところから見渡せば、獲物や、ライオンなどの危険な動物を容易に見つけて、下にいる仲間に知らせることができた。洞窟の前には湿原が広がり、草が茂った砂丘や、湧水からなる湖があり、一帯は鳥やシカの住みかになっている。さらに、この半島には、アサリの群生地と、石器の材料になる燧石（フリント）が採れる山もある。ゴーラムを含む近辺の洞窟では、ネアンデルタール人が他のどこよりも多く暮らしていた。

日常の作業にいそしむ彼らのコミュニティを見てみよう。海岸では、子どもたちが流木を集めている。平原では二人の女性が、罠で捕えた美しい黒い羽のハゲワシを、家へ持ち帰るところだ。さあ、彼女たちの後について洞窟の中へ入っていこう。大きな炉のある広間はさまざまな活動で賑わっている――家族はグループに分かれて、食事を用意したり、道具を手入れしたり、衣服を作ったりしている。日焼けした、体格のよい二〇代の若者が、まっすぐなポプラの枝の先を石刃で削っている。槍を作っているのだ。丸まって落ちた木くずを炉の方へ蹴る。若者の隣では、がっしりした赤毛の女性が二枚貝を叩いて開き、尖らせた骨で貝の身を串刺しにしている。この柔らかい食べ物を最初にもらうのは、おそらく病気の叔母だろう。叔母の子どもはすでに亡くなり、埋葬された。

食事が支度されている間、年老いた男――おそらくシャーマン――は、贈られたハゲワシの美しい黒い羽を使って、ケープと頭飾りを作っている。彼らは豊かな精神を備えており、時間をかけて思考し、芸術を創造する。洞窟の奥深くへと進み、それぞれが火に守られた小さな寝室をいくつか通り過ぎると、岩壁に彫刻がなされた特別な場所にたどり着く。刻まれているのは網目模様だ。今となってはその模様の意味を知るすべはないが、はるか北方に暮らしたネアンデルタール人による創造物、すなわち、黄土(オーカー)で描いた動物、手形、ワシの爪を紐でつないだネックレス、オーカーで彩色した小さな貝殻の容器は、解釈がもっと容易だ。

彼らは知るよしもないが、アフリカの外で進化し、高度な文化と技術を備えたこの驚くべき人々は、その種の最後の生き残りだった。わずか一世代のうちに、干ばつのせいで、狩場になっていた深い森が、なじみのない草原になった。少数の家族が生き延びたが、死産や病気で弱っていった。おそらく彼らはすでに、やや細身の移民に遭遇していただろう。その移民は、より大きな集団で移動し、ネアンデルタール人が数千年間支配していた土地を占領していった。その移民の子孫であるわたしたちは、何と脆弱なことか。なぜ、今ここにいるのはわたしであって、はるか昔に絶滅した親類の子孫ではないのだろう。

「人間であるとは、どういう意味か」という問いに答えるには、まず、人間の生活すなわち文化は、他の動物の文化とどのように異なるのか、と問うべきだろう。人間は特別だ。動物は魅力的な行動をとるが、文化の複雑さや柔軟さに関しては、人間に遠く及ばない。ほとんどの動物は生来のスキルに頼り、互いから学ぼうとしないので、文化は蓄積されない。また、人間のテクノロジーと違って、彼らが使う単純な道具は、過去数百万年の間に大幅に進歩したとは思えない。

それでもさまざまな動物が、社会的に伝承された文化を持っている。そのような種は、新しい行動を学べるほど利口で、それを伝えられるほど社会的であるはずだ。中でも最も洗練された道具の使い手は、わたしたちにいちばん近い種であるチンパンジーだ。人間と共通の祖先から分岐したのはおよそ五〇〇万年前だ。霊長類学者はアフリカ全土のチンパンジーに三九種類の伝統を確認している（ほとんどの集団に、二〇種ほどの伝統がある）。とりわけ複雑な伝統は、ナッツ割りだ。

文化が時とともに選択的に用いられ、修正され、徐々に改善されていくには、多くのことが求められる。あるチンパンジーはナッツの殻を石で叩いて割ることができる。別のチンパンジーはこの文化を学び、実践する。どんな石を使っても、どのように叩いても、結局ナッツの大半は割れるが、もっと効率的にナッツを割るには、石の種類や形を選択したり、石を加工したりする必要がある。それは作業の段階が増えることを意味し、それぞれの段階は正しい順序で正しく記憶され、別のチンパンジーに伝えられなければならない。教わったチンパンジーは、同じく段階と順序を他の仲間に正しく伝えなければならない。時間が経つにつれて、修正がなされたり、新たな段階が追加されたりして、ついには最新のくるみ割り器（ナットクラッカー）が誕生する。遺伝的な進化と同様に、文化も正確にコピーされて初めて進化する。うまくいった修正は正確にコピーされて伝承され、やがてまた新たな修正が加えられる。チンパンジーはそれが下手だったが、わたしたちはそれが得意だ。

では、いつ、この推移が起きて、文化を進化させる特殊な動物が進化したのだろう。

進化の行進

自分の幼い頃の写真を見て、鏡に映る今の姿と一致させるのは難しい。写真に写っているのは確かにあなただが、年月の経過と心身の経験がその姿を変えた。

数千世代も前に生きた別の人類のことを振り返るには、さらに豊かな想像力と共感が必要とされる。とは言え、それらの人類は、あなたとそれほど大きく異なるわけではない。彼らもまた食料や安全な住みかを必要とし、仲間を求め、人生で出会う社会的問題や技術的問題を解決しようとした。そして彼らは成功した――ほんの束の間だったが。中には、ホモ・エレクトスのように、一〇〇万年以上にわたって成功し続けた人類もいた。まれにではあるが、これらのはるか昔に消え去った人類の、目的のある走りを支えた大腿骨や、思慮に富む心を宿した頭蓋骨が発見されることがある。しかし、わたしたちの心に強く訴えるのは、化石となった彼らの骨ではなく、彼らが作った道具や、壁に残した印など、装飾への衝動を今に伝える痕跡だ。

もっとも、わたしたちの前に生きた人類の大半は、痕跡をほとんど残していない。彼らは動物や植物から衣服や道具をつくったが、それらは朽ち果てた。彼らの身体は破壊され、彼らを生んだ環境に戻り、リサイクルされた。それでも、わたしたちのＤＮＡや特徴、人との交流の仕方には彼らの残響があり、当然ながらわたしたちは、文化的な先祖にして特異な生き方の先駆者である彼らに思いを馳せる。

これらの手がかりをもとに、古生物学者、人類学者、地質学者、気候学者など多くの専門家が、地球上に数十種の異なる人類がいた時代から今に至るまでの信頼できる図を再現しようとしている。ルドルフ・ザリンジャーによる一九六五年の有名なイラスト『進化の行進図』は、霊長類の祖先から現生人類までのホミニド（ヒト科）[*]のパレードとして人類進化を描いている。通常このイラストは、それぞれのキャラクターは左にいる祖先の直接の子孫で、先頭に立つ現生人類を進化競争の勝者として祝福していると解釈されている。しかし、最近の古生物学と遺伝学の発見によると、このイラストは漫画に等しく、正しく描けているのは現生人類の出現のところだけだ。実のところその絵に描かれたキャラクターの多くは、同じ時代に共存し、交配した可能性が高い。異なるホミニン(ヒト族)が性交して遺伝的な雑種が生まれるのはありふれたことだったらしく、現在、その証拠が見つかりつつある。この進化の推移のどこかで、特別な文化が生まれた。その詳細を知るには、ホミニンの過去を振り返る必要がある。

最も早い時期の候補は、およそ一八〇〇万年前に出現した人類の祖先、ホモ・エレクトスだ。この時までに、ホミニンの脳のサイズは、六〇〇立方センチメートルから一三〇〇立方センチメートルに倍増していた。[2] これらの賢く、社会性のあるホミニンは、多段階のプロセスを記憶することができた。三〇〇万年前に生きた初期のホミニドの道具は単純で、誰かに教わらなくても一人で作ることができたはずだが、ホモ・エレクトスの道具はそれらと違って、洗練されていた。ホモ・エレクトスは火と道具の扱いに通じた社会性のあるハンターで、アフリカからアジア、ヨーロッパの端までを征服した。彼らは言語を使用したと思われ、簡単な舟を作って遠方の島々へ渡った可能性もある。遺伝的にはきわめて多様で、さまざまな集団が地理的に広がり、数十万年にわたって近縁のホミニンと混じり合い、交配していった。しかし一二〇万年前に、おそらくは気候変動のせいで絶滅寸前となり、繁殖力のある個体は世界全体でわずか一万八五〇〇人になった。[3] その時期、一〇〇万年以上にわたって、わたしたちの祖先は今日のチンパンジーやゴリラ以上に絶滅する可能性が高かったが、この人口のボトルネックによってホミニンの多様性が減ったことは、わたしたちの先祖にとってプラスになったようだ。

人類の種がいくつ存在したのか、あるいはいくつの異なる「人種[**]（races）」があったのかはわからないが、およそ五〇万年前、ホモ・ハイデルベルゲンシスとして知られるアフリカ人が、気候変動による緑地の広がりに乗じてヨーロッパとその先へ広がり始めた。しかし三〇万年前までに、ヨーロッパへの移住は終わった。おそらく、厳しい氷河時代がサハラに砂漠をつくり、アフリカ人をその大陸に閉じ込めたからだろう。この分離が遺伝的差異を広げ、やがては異なる人類の進化を導いた。現生人類――ホモ・サピエンス――の最初の証拠[4]がアフリカに現れるのは、この時代以降のことだ。彼らはアフリカで文化を発達させ、最近発見されたホモ・ナレディなど、今は絶滅している他のアフリカの人種と交雑して子孫をもうけたらしい。一方、すでにアフリカから出ていたホミニンの集団は、より寒冷なヨーロッパ北部へ向かい、やがてネアンデルタール人やデニソワ人など、現在では遺伝学的に垣間見ることしかできない人種になる。

*ホミニド（ヒト科）はすべての人類と類人猿（現存種と絶滅種）を指し、ホミニン（ヒト族）はホミニドより範囲が狭く、現生人類と人類の祖先を指す。

**わたしはホモ・サピエンス、ネアンデルタール人、デニソワ人など、人類の近縁種の違いを「人種（race）」の違いとして表現する。それは、彼らが異種交配できるほど遺伝的に近く、繁殖力のある子どもを生んでいるからだ。ホミニンの個々の集団は多様性に欠けていたようだが――彼らは同系交配だったらしい――ホミニン全体の多様性は高かった。ホモ・サピエンスはその歴史のほとんどにおいて、他の人種と共存していた。現在、遺伝学上の人種は一つしかない。それはわたしたちだ。

自らの運命を決められる種

およそ八万年前、現生人類の最初の少数の集団がアフリカから脱出した。[5] 当時、ネアンデルタール人は、シベリアからスペイン南部までの広域で繁栄していた。わたしたちの遺伝子の中には彼らの痕跡がかすかに残っている。なぜならわたしたちの祖先は、他の人類に出会うたびに交配していたからだ。[6] わたしを含め、現代のヨーロッパ系の人は遺伝子の中にネアンデルタール人のＤＮＡを持ち、ヨーロッパではネアンデルタール・ゲノムの二〇パーセントが今も受け継がれている。おそらく、それらの遺伝子がヨーロッパでの生存を助けたからだろう。[*] その他の古代の人種も、現生人類の中に遺伝子を残している。オーストラリアの先住民はデニソワ人に由来する遺伝子を持つが、デニソワ人についてわかっていることはきわめて少ない。一方で、まだ確認されていない古代の人種が、わずか二万年前のアフリカ人を含め世界中の人々の遺伝子に影響を与えている。[7] わたしたちの祖先が、適応に役立つ遺伝子をさまざまなホミニンからこれほど多く集めることができたのは、おそらく好色だったからで、その性質は、祖先たちが世界のさまざまな環境に広がっていくのを助けたにちがいない。

人間が、同様の文化的実験を試みる別の人種と遭遇していた時代を想像してみよう。当時の人間は何と脆弱だったことか。そして、文化だけを頼りに、恐ろしい動物や苛酷な気候に立ち向かうのはどれほど危険なことだったろう。環境はあまりにも厳しく、対して人類の身体はひ弱だったので、人類はその歴史の大半を通じて、常にぎりぎりのところで生き延びてきた。たとえばわずか七万四〇〇〇年前、インドネシアにあるトバ火山が起こした超巨大噴火は、人類の祖先をほぼ一掃し、その人口は数千人にまで激減した。そうして今日、類人猿は数種類生き延びているが、人類で生き延びたのは人間だけだ。

つまり人間だけが、文化的な賭けに勝ったのである。同等の能力をもつ親類はすべて絶滅し、彼らが生きた数十万年は地球にわずかな痕跡を残すのみとなった。しかし、わたしたちの驚くべき成功を文化の賜物と見なすとしても、その成功が当然の結果ではなかったことを認めるべきだ。絶滅した親類、ネアンデルタール人の試みが悲劇的結末を迎えたことは、それを何よりはっきりと語る。彼らも豊かな文化を持ち、わたしたちの祖先より強靭で、脳は大きく、凍てつく環境でうまく生き延びてきた。ではなぜ、人間だけが生き残ったのだろう。

いくらかは、運がよかったからだ。気候は、サバンナのハンターにとって有利な方向に変化した。あるいはネアンデルタール人が免疫を持たない病気を、わたしたちの祖先がヨーロッパに持ち込んだのかもしれない。しかし最も重要なのは、ネアンデルタール人はホモ・サピエンスと出会うまでに近親交配が進んでいて[8]、しかも、人口は同時代のホモ・サピエンスのおよそ

*わたしたちがネアンデルタール人から受け継いだ遺伝子の多くは、皮膚や髪の成分であるタンパク質、ケラチンに関連する。これらがもたらす外見上の特徴は、わたしたちの祖先にとって、性的に魅力的だった可能性がある（ネアンデルタール人は赤毛だった）。また、皮膚を丈夫にする彼らの遺伝子は、アフリカからの移住者がより寒冷で暗いヨーロッパで生きていくのを助けただろう。しかし、ネアンデルタール人の遺伝子の中には現在、問題を引き起こしているものもある。かつては食料難に対抗したと思われる遺伝子が、今ではヨーロッパ人を2型糖尿病などの病気にかかりやすくしている。

一〇分の一だったことだ。遺伝学者の推定によると、彼らの進化的適応度――ある種が生き延びて繁殖できる可能性――は、ホモ・サピエンスより少なくとも四〇パーセント低かった。このことが彼らの人口と遺伝的多様性をさらに減少させた。人口、移住パターン、生態学的要因に基づいて、コンピューターでシミュレーションしたところ、ネアンデルタール人は、ホモ・サピエンスの到来から一万二〇〇〇年以内に絶滅すると推定された。[9]

結局のところ、進化上の成功は数によって測られる。じわじわとヨーロッパに侵入していくホモ・サピエンスは、やがてネアンデルタール人より多くなった。しかし、なぜだろう？一般に考えられているように、わたしたちホモ・サピエンスは知的に優れていたので、彼らを出し抜くことができたのだろうか。そうかもしれないが、あらゆる証拠が示しているのは、脳のサイズと道具の使用に関して、ホモ・サピエンスとネアンデルタール人に差はほとんどなかった、ということだ。それでも、わたしたちの生態あるいは文化に関する何かが、わたしたちの数を増やし、世界の陸地の三分の一が氷に覆われるほど苛酷な時代を生き延びることを可能にしたのは確かだ。

思うに、遺伝子プールの大きさと多様性が、豊かで多様な文化を導いたのだろう。ホモ・サピエンスは数が多く、緊密につながっていたので、利用できる文化的知識が多かった。また、社交が少々上手で、互いから学ぶのが少々うまく、世界に対する好奇心が少々強かったのだろう。ネアンデルタール人は数十万年間にわたって生まれ故郷を離れなかったが、わたしたちの祖先は当時から世界を探検していた。そして、さまざまな種の化石記録が証言する通り、広域に分布していると、破壊的な出来事が起きても生き延びる可能性が高い。

本書で見ていく通り、種としての人間の成功は、環境の変化、そして社会のサイズおよび形態とつながっている。気候の急激な変化と人口の急増、あるいは集中は、イノベーションと文化的活動を爆発的に前進させるが、その逆も起きる。そのすべてを通して、人間は試し、学び、経験し、生き残るための秘訣を互いに教えあった。人間は世界中に広がって、さまざまなニッチを住みかとし、遺伝子は否応なくそれらの環境に適応した。種として生まれた頃、人間の運命は完全に地球に委ねられていた。しかし文化が発達するにつれて、人間は地球という巣を修正し、自らの繁殖能力をコントロールするようになり、ついには自らの運命を決める唯一の種になった。

この変化を、四つの主な要素を通して見ていこう。まずは、人間の文化進化にエネルギーを投じた火花(スパーク)についてだ。

第1部　火

あらゆる生物は生きていくためにエネルギーを必要とし、動物は食物から、植物は太陽からそれを得ている。しかし人間は、野生のエネルギーを活用し、それがすべての違いを生み出した。今のわたしたちがあるのは、エネルギーを外部委託することで環境上の限界を超え、身体能力を拡張できるようになったからだ。では、わたしたちはどのようにして、環境と生態と文化の新しい関係を生み出したのだろう。

第3章　環境

火と道具を使って狩猟をする人間が環境を飼いならすまで

オーストラリア、クイーンズランド州の一二月は暑い。わたしはパシフィック・ハイウェイをドライブしていた。サトウキビ畑を通り過ぎ、開けた低木地帯を抜ける。セミのリズミカルな鳴き声に調子を合わせるかのように陽炎（かげろう）がゆらめき、粘つくタイヤが向かう先のアスファルトを溶かしている。平坦な土地に、強い熱風が吹き荒れる。サトウキビ畑の甘い香りは次第に薄らぎ、グリーンカマラ［トウダイグサ科の木本（もくほん）］やユーカリノキの、くせのある臭いが強くなる。低木の茂みのあちらこちらに高木を見かける。時折、路上にトカゲやヘビや鳥が落ちている。大半は死骸だ。道はたまにカーブするが、すぐ直線に戻る。延々と続くこの道が、時速八〇キロメートルでわたしを南に運ぶ。

ふと気づくと、道の両側に広がる乾いた草木の色が緑から黒に変わっていた。その変化をぼんやりと心に留め、同時に、辺りが静まっていることにも気づく。さらに車を走らせる。煙が見えてきた。灰色の薄い層になって、焼け焦げた地面を覆っている。前方では鳥が群れ飛ぶ。カラスや猛禽類だ。焼けた草原からハイウェイに逃れ出た獲物を捕らえようとしているのだ。黒く焼けた草原、黒い道、その上を飛び交う黒い鳥。さらに行くと、煙は一段と濃くなり、フロントガラスを覆う。不自然に暗い、不気味なモノクロの世界が広がる。物が燃える硫黄のような臭いが鼻をつく。暗い灰色の世界のあちこちに、金色の閃光が見える。炎だ。次第に数が増え、やがて道路のへりが、めらめらと燃える炎の川になった。

わたしは危険を感じ、不安になってきた。車体に守られてはいるが、フロントガラスからも、バックミラーからも、見えるのは同じ景色だ。方向の定まらない濃い煙を背景に、いくつもの炎が輝いている。わたしは車のスピードを落とした。

右も左も、炎の塊は増える一方だ。互いと近づき、一つになり、大きく燃え上がる。音も聞こえ始めた。うなる音、ぱちぱちとはぜる音。ドラゴンが炎を吹く音のようだ。突然、車は高い炎の壁に囲まれた。炎は車体より高くそそり立ち、周囲の空気をなめ、吸い上げる。熱で光が歪み、空気が歪む。炎は圧倒的なうなり声をあげて吹きつける。閉じた窓から煙が入ってきて、わたしはパニックに陥った。

時間がゆっくりと流れ、一秒一秒が細切れで進む。轟音は遠く感じられ、視界はトンネルのように狭まり、ハンドルを持つ両腕がこわばる。アクセルを強く踏み込み、数分で炎から抜け出た。後方では炎の上に煙が高く立ち昇っている。しかし前方には色が見えた。窓を下げ、樟脳(しょうのう)のようなユーカリノキの匂いをかぎ、緑色と青色で目を潤し、水鳥の声に耳を澄まして、鼓動を落ち着かせた。

人間が手なずけた世界では、自然の脅威に直面することは稀になったが、今も火は恐るべき力を保っている。それは景観や財産を破壊し、依然として多くの人命を奪う。あの火炎地獄のような光景の中にいた数分間は、わたしの体の深部に刻み込まれた。火は原始の本能を呼び覚ます。

とは言え、かつて火のない時代があった。地球は太陽の燃えたぎる炉の中で形成されたが、その地球に炎がない時代があったのだ。

地球の歴史の最初の一〇億年ほどの間、火は存在しなかった。なぜなら、燃える物もなければ、それを燃やす酸素もなかったからだ。光合成を行うバクテリアが進化し、その後、最初の森林が育って初めて火の材料ができた。生物が炎の餌食になるには、自らその条件を生み出す必要があったのだ。

火は、酸素と燃料が反応して熱と光を生み出す、目に見える化学現象だ。これは、あらゆる生命を維持している基本的反応と同じで、わたしたちはその反応によって、食物からエネルギーを得ている。しかし、生きた細胞で起きるそれは代謝と呼ばれ、ゆっくり進むが、火の燃焼はスピーディで、強いエネルギーを発散する。わたしたちの祖先はこの荒々しいエネルギーをとらえ、手なずけ、利用することを覚えた。人間は火によって、自分を作った環境を作り直し、ニッチを拡げ、運任せの「神の御業（みわざ）」と生態との力関係を永遠に変えた。

自らの筋力を超えるエネルギーを利用できるようになった人間は、生物としての限界を超えて、新たな存在になった。火という体外のエネルギーは、文化の累進的進化という、まったく新しい形の適応を可能にした。文化の累進的進化は、やがてわたしたちの種を定義づけることになる。わたしたちの祖先は、外部のエネルギーをうまく利用するために、文化的能力を高めた。その過程で脳は発達し、人間はより社会的かつ協力的になり、互いから学ぶことも巧みになった。つまり、エネルギーが人間を増強しただけでなく、エネルギー効率を追求したことで人間の文化は進化し、遺伝子は変化し、ついには全員がサイボーグ化したのだ。

いかに火を使い始めたのか

それは、何百万年も前の野火から始まった。

野火は森林を焼き尽くし、生物の生息地や食料源を消してしまうが、それはまた新たな植物、たとえば草などが生える場所を開き、動植物の生存の序列を書き換える。広々としたサバンナでは、野火の後、大型の草食動物が数を増し、それを狩る肉食動物も増える。

このように環境の食物密度を変える火の威力にわたしたちの祖先が気づかないはずはなく、進化のある時点で祖先たちはそれを利用し始めた。森で暮らした初期の祖先は、空から獲物を探す猛禽類と同じく、野火の後は動物たちの姿が露わになり、楽に狩れることを悟っただろう。主に植物を食べていたホミニドは、二足歩行をするようになり、森林から草原へと住まいを移すにつれて、肉への嗜好が強まった。エチオピアでは、三四〇万年前にアウストラロピテクスが、ウシやヤギほどの大きさの動物を大いに食べていた証拠が見つかっている。[1] この初期の人類は、肉を常食とするのに適した歯や顎を進化させていなかったが、生肉を石器で切り分け、骨を砕いて骨髄を食べていた。

生のままの肉を咀嚼（そしゃく）し、消化するのは一苦労だが、肉や植物に火を通してから食べると、よりおいしく、より衛生的かつ効率的にカロリーを摂ることができる。火が食物を化学的に変化させ、消化しやすくするからだ。加熱した物を食べる人は、生で食べる人より健康だっただろうし、十分長生きして自分の遺伝子を残し、食料調達の方法を子孫に伝えた可能性が高い。こうして火を使った食物は次第に、祖先の食生活の重要な要素になっていった。また、野火から立ち昇る煙は、はるか遠くにいる集団を引き寄せただろう。

やがてわたしたちの祖先は、野火を火種にして自分で火をつけることを知った。これは、火との関係における大きな一歩だった。驚くべきことに、オーストラリアのトビを含む猛禽類の中には、放火する習性を持つ個体群がいる。アボリジニが「ファイアーホーク」と呼ぶこの鳥たちは、燃える小枝を野火から拾うと、別の場所にそれを落として意図的に火をつけ、草むらから獲物を追い出す。わたしたちの賢い祖先が何百万年も前に同じことをしたり、キャンプ（生活拠点）を移す時に火種を運んだりしたことは、容易に想像できる。場所を変えながら長期間火種を保持するには、堅牢な社会的ネットワークが欠かせなかった。つまり、人間の火への依存度が高まるにつれて、互いへの依存度も高まっていったのだ。

また、火は身を守るブランケットにもなった。最初期の祖先は安全のために樹上で眠っていたが、その子孫は、火が捕食者や寒さから守ってくれたので、広々としたサバンナで眠れるようになった。別の言い方をすれば、火の文化は人間の生息地を変えた。つまり、火によって世界が安全になるにつれて、人間は自らの遺伝子に作用する環境圧力を変えたのだ。もちろん、人間は環境を変えた最初の動物ではないが、他のほとんどの生物は、（文化によってではなく）本能的にそれを行っている。種独自の方法で環境を変えるよう、遺伝的にプログラムされているのだ。ビーバーはダムを築き、アリは複雑な塚を作る。ビーバーが塚を作ったり、アリがダムを築いたりはしない。一方で人間は、環境を変える独自の方法を生来身につけているわけではないが、きわめて創造的であり、[2] 草原という、文化に導かれて暮らすようになった新たな環境に合う遺伝子を、長い年月をかけて進化させた。木登りに向く足を走りやすい平たい足に変化させ、完全に二足歩行になったのである。これは、火に守られて夜が安全になったからこそ実現したのだった。

次は火起こしだ。これはきわめて重要なスキルだが、人から教わらなければならない。火はとても大切なので、どの文化にもその起源を語る込み入った神話がある。古代ギリシアでは、火はプロメテウスが神々から盗んで人間に贈った、最も貴重なプレゼントだった。火を盗むという罪はあまりに重かったので、プロメテウスは永遠に鎖で岩につながれ、毎日ワシに肝臓をつつかれることになった。北極圏カナダのユーコン準州の先住民は、カラスが水中の火山から火を盗んだと語る。また、ナイジェリアのエコイ族の神話では、ある少年が創造神オバッシイ・オサウから火を盗んで、人々に火の起こし方を教えたが、その罰として少年は足が不自由になった。

わたしが想像する火の起源は、もっと平凡だ。石器を作る時に石を打ちあわせると、火花（スパーク）が散る。それを見た祖先がそうやって火を起こすことを思いつくのは、大した飛躍ではない。もっとも、知られている限り、その飛躍を遂げたのはホミニンだけだった。人類が火を使った痕跡は残りにくいが、これまでに見つかった最古の証拠は一五〇万年前のもので、東アフリカ大地溝帯の、考古学的遺物が豊富なトゥルカナ地方で発見された(3)。

火は、木の棒を別の木片の溝に擦りつけるという簡単な方法で起こすことができる。忘れがたい思い出だが、わたしはタンザニアの狩猟採集民であるハッザ族の狩りに同行した折に、彼らに教えてもらいながら火起こしを試みた。まず地面に座り、火床（平たい板）を両足でしっかり挟み、溝を掘る。次に、鉛筆に似た、滑らかでまっすぐな棒の尖った先をその溝に押し当て、両手で挟んで回転させる。わたしの場合、煙が出てくるまでに数分かかった。指南役は溝にひとつまみの火口（ほくち）（油脂の多い樹皮を削って乾燥させたもの）を載せ、それをカップ状にした両手で取り、息を吹きかけて、燃え上がらせた。

シンプルな方法だが、自分で思いつくことができたとは思えない。何より、棒や火床となる木の選択と探し方が肝心なのだが、それはあいまいでわかりにくかった。ハッザ族の男性の一人は、火起こし棒にひもを巻きつけ、手の平を使わずに棒を回すという効率的な方法を知っていた。彼はそれを他の人から教わったそうだ。いずれ、他の人に教えるだろう。フランスのいくつかのネアンデルタール人の住居跡で見つかった遺物は、彼らが光沢のある鉱物、パイロルーサイト（軟マンガン鉱）を用いる高度な方法で火を起こしていたことを示唆する(4)。パイロルーサイトを使うと、より低い温度で火を起こすことができる。考古学者らはこの黒い鉱石が大量に蓄えられているのを発見し、ネアンデルタール人はそれを粉状にして火口茸（ホクチタケ）［サルノコシカケ科のキノコ」と混ぜ、今日のマッチのように、必要なときにすぐ火を起こしていたと考えている。どんな方法を用いるにしても、その情報は火起こしの材料と同じくらい貴重[5]であり、世代から世代へと伝えられた。

この火花が、ホミニンと他の動物との大きな違いを明らかにする。霊長類の文化的な行動はシンプルで、賢い個体なら、自分で思いついたり改善したりできるだろう。しかし、火起こしは多くの段階があり、複雑だ。一〇〇万年以上前のホモ・エレクトスの時代になると、集団の文化的道具箱(ツールボックス)には、火起こしから道具作りまで多様で複雑なスキルが収められており、それは一人のホミニンが一生のうちに思いつけるようなものではなかった。彼らは互いから学び、練習を重ね、詳細を記憶して、文化的知識を蓄積していった。つまり、人間の文化は常に形成され、進化し続け、祖先たちの脳はそうした文化を学べるように進化していったのだ。

では、脳が大きくなり、賢くなったせいで、火を起こせるようになったのだろうか。それとも、火を起こすようになったせいで、脳が大きくなったのだろうか。答えはその両方だ。遺伝子と文化と環境は、何十万年もの年月をかけて、相互に強化し合った。ギリシア人が気づいたように、火は人間に、自然を支配する神のような力を与えた。ホミニンはこのエネルギーを使って、環境を作り変えていった。食料である草食動物のために草原を増やしたり、生態系に手を加えたりして[*]、自らのニーズを満たし、生き残る確率を高めていった。

言い換えれば祖先たちは、文化に依存することをよしとする環境を構築していったのだ。自分と子孫にとっての環境をコントロールできるようになればなるほど、世代を超えて文化的情報を伝えることの利点は大きくなる。こうして人間は自らを作っていった。

狩猟と社交

祖先たちがサバンナに移住し、環境を作り変えた結果の一つは、高カロリーの脂肪や肉を蓄えた大型動物を狩りやすくなったことだ。人間が狩猟を行った最初の証拠は約二〇〇万年前[6]のもので、祖先たちの身体構造や行動を変える、文化上の重大な変化が起きたことを語る。

何百万年もの間、ホミニドはおもに菜食だったが、文化や環境が肉食を後押しするようになると、身体もそれに適応した。わたしたちの祖先は持久力のあるハンターへと進化し、土踏まずのある足で走るようになった。股関節と骨盤の幅は狭まり、臀部に筋肉がつき、背骨はS字型に、顔は平たくなった。広くなった歩幅に合わせて胴体や腕が長くなり、また、物を投げる能力も発達した。一部の霊長類は時々物を投げるが、石や槍を常に高速で正確に投げられるのは人間だけだ。それは、肩と胴体に投石器のような適応が起きた結果だが、そうなったのはおよそ二〇〇万年前だと解剖学者らは推定している[7]。

また、体毛がなくなり、汗腺が劇的に増えた。おかげで、熱帯の炎天下を走っても、汗の蒸発によって体温を低く保てるようになった。ほぼ無毛になり、他のどの霊長類よりも汗腺の密度[8]が高くなり、冷却用の汗を一日に何リットルも出せるようにしたのは、おそらくたった一つ

＊このような驚異的な家畜化のプロセスは、やがて植物や動物の栽培種、人工的な生命の創造、バーチャルリアリティのヘッドセットの中にしかないような不自然な風景の発明につながる。

の遺伝子の変異だろう。同じ頃、肌を黒くする遺伝子が出現し、紫外線から身体を守れるようになった。わたしたちの遺伝子は、文化的行動に対応して体を変え、サバンナのどの動物よりも持久力が高く、槍などの射程距離に入るまで動物を追い詰められるようにした。

この一連の身体構造の変化は食生活を向上させたので、きわめて「適応的」な変化、すなわち、ある環境での生存率を高める進化的変化だったと言える。そしてこの変化は、認知、文化、社会の変化と結びついていた。遺伝子が定めた進化が軌道修正されたのは明らかだ。人間は鋭い歯や爪を持たず、身体は貧弱で、サバンナの他の肉食獣とは似ても似つかないが、文化と身体構造が変化した結果、最も強力なハンターになった。文化に関して言えば、わたしたちの狩猟道具や武器は、二〇〇万年前の物でさえ、チンパンジーが獲物を追い立てる時に使う棒や、イルカが海底の砂地を掘って餌を探す時に鼻先をガードする海綿より多様で、意図的に作られていた。他の動物と違って、わたしたちの祖先は多彩な道具を使って獲物の骨や角や皮を加工し、さまざまな目的で利用した。作業の内容に応じて道具を使い分けるのは、汎用的な（つまり、何にでも使える）筋肉エネルギーを蓄えておくより効率がよい。

狩猟は文化的適応として学習され、その多段階の作業は、何千という世代を経るうちに、今日のグローバルで機械化された食肉生産工業へと進化していった。[9] また、狩猟は社会を根本的に変えた。それは、狩猟者と採集者という分業をもたらし、定住期間はより長くなった。同時に、火への依存は相互的になった。つまり、人間が火に依存する一方、火の方も人間による絶え間ない配慮と、燃料補給を必要とするようになったのだ。そのために祖先たちは、薪を探しに遠方まで頻繁に往復するようになった。こうして増えた労働コストをまかない、また、狩猟のエネルギー効率を高めるために、人間はより多くの世代を含む、より大きな集団を作るようになった。

言い換えれば、狩猟は人間を社会的にしたのである。狩猟には三、四人の協力が必要で、獲物がマンモスのように大きい場合は、さらに大人数で仕留めなければならない。チームとして成功するには、仲間の行動はもとより、周囲にいる捕食動物の行動も予測する必要があり、それには他者の考えや視点を想像する能力が求められた。また、長時間の忍耐、熟練、注意深い観察、戦略が必要とされた。人間は、動物の足跡を見分けて追跡したり、その行動を理解したりすることを学んだ。やがて狩猟は慎重に計画されるようになり、人間は未来の状況（たとえば数時間後にメンバーの喉が渇くだろうこと）を想像し、その考えを仲間に伝えるようになった。彼らは水を、動物の皮か膀胱に入れて携帯した。人間が強い動物に勝つことができたのは、流した汗に代わる水を携帯していたからであり、また、疲れ果てていても、互いを励ますという精神的な戦略によって前進し続けることができたからだ。わたしたちは、生物としての本能や衝動を抑え、「壁」を乗り越えることができる。激しい運動や飢餓によってストレスを受けると、血は、筋肉より脳に優先的に送られる。[10] わたしたちの進化のどこかで、速い思考が速い動きより重要になったのだ。

狩猟は社会的にも知的にも複雑で、肉体への要求も高く、危険だったが、そうしたエネルギーコストを埋めてなお余りあるカロリーをもたらした。こうして狩猟と脳が相互に強化しあったことが、人間をさらに進化させた。

協力して狩りをするには高い知力が求められ、それには大きな前頭葉が必要とされた。前頭葉は、社会的行動や意思決定や問題解決をつかさどる脳部位だ。実のところ、集団で狩りをする唯一の大型ネコ科動物であるライオンの前頭葉は発達している。特にメスライオンは、長い時間を集団で過ごし、狩りの大半を担うので、前頭葉がさらに大きい[11]。またイルカは、人間の漁師と協力して狩りをすることがあるが、うまく協力する群れは、イルカ同士のつながりが緊密であることがわかっている。その緊密さゆえに、人間と協力して狩る技術を互いに教えあうことができるのだ[12]。新しい行動が動物集団に拡散するのは、その動物が社会的で、互いの行動を模倣できる場合に限られる。人間はカロリーを効率的に得るために、おそらくは家畜化に先立って、さまざまな動物の社会性を利用してきた。たとえばサハラ砂漠以南のいくつかのコミュニティは、ミツオシエという小さな鳥と協力する。この鳥は人々の呼びかけに応えて、彼らをハチの巣に案内する。そこで人間は巣を煙でいぶしてハチを追い払い、人間も鳥もハチミツを得る。一部の狩猟採集民では、そうやって得たハチミツのカロリーが摂取カロリーの一五パーセントを占める。

とは言え、人間が最も頼りにするのは人間だ。他の霊長類と違って、人間は単独では狩りをしない。それに、手に入れた食料はコミュニティに持ち帰って分配する（ホミニンが食料をコミュニティに持ち帰ったことを示す二〇〇万年前の証拠がある）。このことは、仕事の専門化を導き、ひいては狩りの効率を上げる。つまり、槍を一番うまく作る人と、槍で一番うまく狩る人が違っていても、集団は両方のスキルの恩恵を受け、全体としてはより多くの食料を得ることができるのだ。協力し、食料を分配することで、集団はより強くなり、スキルはいっそう多様化した。ハンターの身体能力は二〇歳代がピークだが、狩猟能力がピークになるのは四〇歳を過ぎてからだ。なぜなら、狩猟をうまくこなすには、豊かな知識と洗練された技能が求められ、それらを習得するには年月がかかるからだ[13]。狩猟採集民の社会では、大半のハンターは一八歳頃まで自分を養うに足るカロリーを生産せず、ましてや他者を養うことは到底できない。対照的にチンパンジーは、乳児期を過ぎてまもない五歳頃から、必要なエネルギーを自力で確保できる。自分の食料をたとえ一部でも他者に依存していると、集団から追い出された時や、食料が十分にない時に飢える恐れがある。しかし、集団に依存し、協力しあうことは、個人だけでなく集団の生き残りを助ける。特に人間の場合は、そうした方が自立するよりメリットが多かった。

火を管理する、戦略的に火を使う、協力して狩りをするなど、集団生活のエネルギー効率に頼るようになればなるほど、個々人が得られる食料は多くなり、生存率と、遺伝子を伝える可能性が高くなった。社会を築き、うまくやっていくには、エネルギーと時間が必要だが、社会化は生存率を高めるので、それを後押しするメカニズムが進化した。あらゆる霊長類は、社交の手段として日に数時間、互いにグルーミング（毛繕い）する。そうすることで絆が長く維持され、集団における各自の地位が確保される。またグルーミングをすると、エンドルフィン（アヘン様物質）が分泌されて快感を覚えるので、いっそうその社会的行動は促される。わたしたちも、社交によって快感を覚える。ある神経回路は、社会的接触をするとオキシトシンやドーパミンという「報酬」が得られるようになっており[14]、その報酬につられて、わたしたちは再び社会的な活動をしたくなる。中でも、音楽の演奏や舞踊のように他者と同調して行う活動では、脳内にそれらの物質が多く分泌され、その活動を繰り返すようわたしたちをプログラムする。逆に、社会的な拒絶は苦痛をもたらし、脳内では身体的な苦痛を受けた時と同じ反応が起きる。もっとも、わたしたちの祖先は、貴重な日中の時間をグルーミングに使ったりせず、火の明かりによって昼間を延長し、夜間に社交するようになった。人間の大人は一日におよそ一六時間以上起きている。大半の哺乳類は八時間程度なので、人間は並外れて長い。また、世界中のさまざまな文化において、夕刻は「社交」が始まる時間だ。

火と道具と狩り

多彩な道具と火を用いて戦略的に狩りをする、この文化的に進化した生物は、環境に劇的な影響を与えた。今日の東アフリカには、六種類の大型肉食動物がいる。ライオン、ヒョウ、チーター、ブチハイエナ、シマハイエナ、野生のイヌだ。しかし二〇〇万年前までは、クマ、ジャコウネコ、サーベルタイガー、クマほどの大きさのカワウソを含め、大型肉食動物は一八種類もいた。わたしたちの祖先が狩りを始めるとそれらの数は急速に減り[15]、祖先が行く先々で、同じことが起きた。およそ一万一〇〇〇年前の更新世の終わりまでに、約五〇〇万人の人間が、一〇億頭の大型動物を一掃した。すべてを狩りで殺したのではないとしても、同じ獲物を狙ったり、獲物を横取りしたりして、それらと競いあっただろう。もっとも人間は雑食性なので、大型ネコ科動物と違って、獲物がない時はいつでも植物性の食料に頼ることができた。多くの頂点捕食者がいなくなったことで、東アフリカの生態系は、栄養カスケード［捕食・被食の関係を通じて、生態系が変化すること］を起こし、小型の哺乳類や草食動物が爆発的に増え、樹木はますます減っていった。この生態系で新たにトップの座に収まったのは、地球史上、最も成功した捕食者だった。今日でも、ほとんどの大型動物は槍などの飛び道具を恐れる。それはわたしたち人間に対する適応だ。

火と道具と狩りという三つ巴の進化は、生態系にさまざまな影響を及ぼし、多くの動植物の進化の道筋を変え、それがまた、人間の進化の道筋を変えた。草食動物が減り、また、人間を恐れるようになると、槍を用いる狩りは難易度が高くなった。そうなると、槍を巧みに使うハンターほど、生存可能性と集団内での地位が高まり、多くの遺伝子を伝えたので、世代を経るうちに、解剖学的にも文化的にもそのスキルは向上していった。誰もがそのスキルを練習している環境で育つと、自然にそれが上手くなるものだ。

火起こしのスキルは、人間の道具箱の要だった。それによって人間は環境を変えただけでなく、進化に割り振られた熱帯というニッチから解放された。他の霊長類は今もそこに縛りつけられているが、人間は移動する獲物の群れを追い、好きな場所にキャンプを設け、住むのに適さない生態系を意図的に変えることができた。人間の拡散の先駆者になったのはホモ・エレクトスで、熱帯地方から寒帯地方にまで住み着いた。それから何十万年も後に、ホモ・サピエンスの集団が似たような移動を始め、雨の乏しい時期には帯水層からの湧き水を頼りながら、アフリカの外へ出て行った。拡散のスピードは緩やかで、考古学的証拠や太古のＤＮＡの証拠によれば、平均で一年に一キロメートルずつ移動しながら、中東に入り、さらに東へと広がっていった。

一部のサピエンスは、中東からはるか彼方のオーストラリア（当時はニューギニアとつながっていた）に渡った。六万年ほど前に、おそらく大規模な山火事の煙に惹かれて、彼らは航海に乗り出した。それは外洋を一〇〇キロメートルも渡る、命知らずの船旅だった[16]。煙があるなら火があり、火があるなら植物に覆われた陸があり、そこには豊穣で（部族間の争いのない）平和な世界が広がっている、と彼らは夢見た。それは驚くほど進化した種による、途方もない旅だったが、そうするだけの価値はあった。最初のオーストラリア人になった彼らは、巨大な有袋類や鳥類や爬虫類がいて、先住者はいない、広大な世界を発見したのだ。

時が経つうちに、火によって飼いならされた世界中の環境は、人間による定期的な野焼きに依存するようになった。オーストラリアでは「ファイヤースティック（火焼き）」農業によって、生態系が劇的に変わった。乾燥した林とサバンナがモザイク状に分布するようになり、カンガルーなどの草食有袋類が増えた。開けた土地で人々は、食用果実や花やブッシュポテトなどを栽培した。このような土地管理をすると、どこでも耐火植物が生き残り、可燃物は減るので、現在オーストラリアで頻繁に起きている大規模な火災は、当時はかなり抑えられていた。

アフリカのサバンナでは毎年、アメリカ本土の半分ほどの面積が焼かれる。牧草地の草をよく茂らせ、低木を燃やすためだ。しかし彼らを含め、ユーラシアのステップや南アメリカのサバンナに住む人々が遊牧から農業へとライフスタイルを変えるにつれて、野焼きは減りつつある。一九九八年から二〇一五年までの間に、世界の年間の燃焼面積は二四パーセント（約七〇万平方キロメートル）減少し、絶滅が危惧される一部の肉食動物の生息地が減少した。自然は、自然を手なずけ意のままにする文化的人間を作り出しただけでなく、自らの存続を人間に頼るようになった。今日、世界の火事の大半は人間が起こしている。

第4章 脳を育てる

人間だけが火で脳を大きくし調理で身体を変えた

二〇一八年三月一一日、日曜日、ケンタッキー州フランクフォート地域医療センターで、経験豊かな助産婦であるエミリー・ダイアルは、帝王切開の手順にしたがっていつものように手を洗うと、分娩室に待機する医療チームに加わった。全員が手術用手袋をはめている。手術前の簡単な打ち合わせをすますと、エミリーは手術台にのぼり、あお向けに寝て、手術着をたくし上げた。

麻酔医がエミリーの感覚を麻痺させ、医師が彼女の腹部の線維組織にメスを入れたが、赤ちゃんを取り上げるのは、彼女自身だ。

医師は切開した場所にエミリーの両手を誘導した。分娩室は静まり、医療機器の音だけが響く。彼女は赤ちゃんの頭を慎重に手で探り、そのつるつるした体を巧みにつかみ、回しながら自らの胎内から取り出した。ピンク色でしわだらけの新生児は、エミリーが胸に抱くと産声をあげ、分娩室に拍手が沸き起こった。この助産婦は自分の子どもを取り上げたのだ。

この助産婦の出産[1]は驚異的だが、通常、人間の出産には助けが要る。それは、母体の産道は狭いのに、赤ちゃんの頭は大きいからで、そうなったのは、人間が自ら変えた文化や環境に応じて進化させたエネルギー分配システムが、身体のどこよりも脳を優先しているからだ。人間はチンパンジーより力が弱いが、知力ははるかに優っている。火を使うようになったことで、人間の脳は、生物としての限界を超えて大きくなることができた。そのせいで、出産に助けがいるようになったが、聡明で社会的になり、生き延びる確率が高くなった。

前章では、火を使うようになったことで、人間がどのように環境を変え、ひいては自らの生態や文化を変えてきたかを見てきた。本章では、火がどのようにして人間の例外的に大きい脳を発達させたかを見ていこう。人間の種としての特異性の大半は、脳が大きくなった結果だ。そしてそうなるには、文化と生態と物理法則による複雑なダンスが必要だった。

人間が難産になったわけ

一般に動物は身体が大きくなるにつれて脳が大きくなり、そして脳の大きさは、知性や社会性や文化の向上と相関する。たとえば、イルカには人間に似た行動や文化が見られる。彼らは遊んだり、仲間の子どもの面倒を見たり、協力して狩りをしたり、名前を呼んだり（シグネチャーホイッスルと呼ばれる鳴音）、情報を教えあったりするのだ。そのような社会性や文化的豊かさは、脳がきわめて大きい動物にしか見られない[2]。さらに、身体に見合うより大きい脳を持っている動物は、とても賢い。チンパンジーの脳は、同じ大きさの動物の脳より総じて二倍も大きい。しかし、人間の脳はそれをはるかに上回る。身体のサイズに比しての大きさは霊長類で最大で、身体に見合う大きさより七倍も大きく、チンパンジーの脳より三倍以上大きい[3]。

社会性は大きな脳を必要とするが、大きな脳を得た結果でもある。わたしたちの祖先は何世代にもわたって知性を頼りに生き延びるうちに、脳が大きくなり、より社会的になった。それは、そういう特徴を持つ人ほど長く生きて、子どもを持つことができたからだ。最近、遺伝学者たちは、脳の発達に関与する、人間だけに見られる三種類のほぼそっくりな遺伝子（重複遺伝子）を発見した。彼らは、それらの重複が脳の増大を加速させたと考えている[4]。最初の重複は三〇〇万年前か四〇〇万年前の、初めて石器が作られた頃に起きた。この遺伝子はその後も二回重複を起こし、現生人類が持つタイプの遺伝子を作り出した。哺乳類において、年月による変化が最も少ない遺伝子、言い換えれば最も重要な遺伝子は、脳に関する遺伝子だ。しかし人間は例外で、過去二〇〇万年間に、脳に関する遺伝子の九〇パーセント以上が発現量を増やし、影響力を強めてきた[5]。

人間の優れた知性は脳の大きさだけによるものではなく、ニューロンの数や、接続具合も寄与している。たとえば、人間の大脳皮質はきわめて大きい。それは、認識、記憶、言語、意識といった高度な認知機能に関与する部分だ。大脳皮質は大脳の表面を包む、厚さわずか数ミリメートルのしわくちゃの神経組織だが、平たく伸ばせば、Ａ４の紙四枚分に相当する。かたやチンパンジーの大脳皮質はＡ４の紙一枚分で、サルはハガキ大、ラットは切手大だ。大脳皮質の厚さや、その他の主要な部分のサイズも重要で、大脳皮質が薄い人はＩＱがやや低く[6]、前頭前野が大きい人は一般に友人が多い[7]。わたしたちの祖先は配偶者の選択において、鈍重で攻撃的な人より、聡明で社交的な人を選ぶようになったらしい。つまり、自らを飼いならしたのである。

しかし、脳を大きくすることにはリスクも伴った。脳を大きくした選択圧（狩猟での成功）は、身体の他の部分にも適応的な変化を引き起こした。両足でうまく走れるよう、股関節の幅が狭くなり、骨盤が小さくなったのだ。チンパンジーのメスは、身長は人間の女性の半分ほどで、産道の大きさはだいたい同じだが、その新生児の脳は約一五五ccで、人間の新生児の脳の半分以下だ。したがってチンパンジーの出産は楽だが、人間の赤ちゃんは大きな頭で狭い産道を通り抜けなければならず、母子ともにそれは命懸けのチャレンジとなる。

種にとって子どもの死は望ましくないが、母親の死はそれほどでもない。多くの動物において、母親は出産後すぐ死んだり、食べられたり、姿を消したりする。しかし、それは哺乳類には当てはまらず、霊長類には、まったくもって当てはまらない。本能に頼らず、技能や行動に頼る文化的な種は、長期的に親が子を守り、世話をしなければならない。わたしたちの種が生き延びるには、母親が生き延びることが欠かせなかった。

この出産のジレンマを解決するには、社会性と身体構造にいくつか進化的変化を加える必要があった。その一つが、赤ちゃんの頭を一時的に小さくすることだ。これは、胎児の頭蓋骨の癒合（ゆごう）を遅らせることで達成された。出生時の赤ちゃんは、頭蓋骨が六つの骨板に分かれていて、産道を通る時には、それらが重なったり動いたりして頭が変形し、小さくなる。また、出生時の脳の大きさは、チンパンジーでは大人の脳の四〇パーセントもあるが、人間の場合は三分の一以下（二八パーセント）だ。人間の赤ちゃんはあまりにも未熟な状態で生まれるため、産後の三カ月はしばしば「第四トリメスター」と呼ばれる［英語圏では妊娠期間の九カ月を三分割して、それぞれをトリメスターと呼ぶ］。また、人間の赤ちゃんは、「ハンター」向きの狭い骨盤を通過するために、危険な回旋をするようになった。類人猿の胎児は、母親のかなり広い骨盤を楽に通り抜け、通常、回旋はしない。顔が母親と向き合う形で生まれ、産道から引き出したらそのまま乳首まで運べる。わたしたちと同じ二足歩行だった三〇〇万年前の祖先、ルーシー（アウストラロピテクス・アファレンシス）が出産した場合、その子は四五度回旋しなければならず、そのため顔は横向きで、母親の足を向いて出てきただろう。しかし、人間の赤ちゃんは、二周回旋して生まれる。そのためへその緒を首に巻きつける危険性があり、しかも出生時の顔は、母親の尾骨の方を向いている。

人間には、出生時まで脳を小さく未熟にしておく、頭蓋骨をゆがめる、といった適応的変化が起きているにもかかわらず、世界のどの文化でも、安全に出産するには他者の助けが必要だ。人間の強い社会性は大きな脳を必要とするが、それは助産の必要性と足並みを揃えて進化した。女性同士の友情と協力はそのような出産の鍵であり、集団の強さと存続の鍵であっただろう。

さらに、人間の母親は出産後も、新生児を死なせないために補助を必要とする。わたしは自分の子どもを持つまで、授乳は生来備わった能力で、簡単にできると思っていた。哺乳類と言うくらいだから、呼吸と同じくらい当たり前にできることだと思い込んでいたのだ。しかし、初めて授乳しようとして、わが子も自分も何もわからないことを知って愕然とした。乳首の含ませ方、抱き方、授乳のタイミングを教わらなければならず、時間をかけての練習が必要だった。一週間ほどたってようやく、チンパンジーの母親と同じくらい自然に授乳できるようになった。どの文化でも、女性は出産後に授乳の仕方を教わり、母親にそれができない場合は、家族やコミュニティの他の女性が授乳する。あるいはもっと最近では、母乳の栄養組成に合わせて作られた調合乳を、専用の哺乳ビンで与える。

出産と授乳は、自らの遺伝子を残し、種を存続させるために何より重要なことだが、人間の場合、どちらも教わる必要があり、一人ではうまくこなせず、母子ともに高い死亡リスクを伴うほど難しい技術だ。そうなったのは、見返りとして得られる大きな脳、高度の社交性、そして文化的ノウハウが、進化の観点から見て価値があったからだ。そして、他の進化的変化の多くと同様に、それらは火を使えるようになったことと連動して起きた。火に守られることなく、困難な出産が日常的に行われていたとは思えない。平原で暮らすことは、敵の目にさらされることを意味するが、人間の赤ちゃんはガゼルなどの子どもと違って、跳び上がったり駆けたりして身を守ることができない。したがって、脳がきわめて大きくなり、出産が困難になったのは、わたしたちの祖先が火をコントロールできるようになってから後のことだと考えられる。

協力して育てるのが大事

「協力」という文化的適応は非常にうまくいったので、わたしたちの祖先は子育てでもそれに頼るようになった。大半の哺乳類は、生まれてすぐ立ったり走ったりできる。しかし人間の赤ちゃんは、寝返りさえできない。また、頭蓋骨が癒合するまでの二年間、社会的な保護が欠かせない。もっとも、その二年間で脳はさらに成長する。人間の脳は誕生後の数年で、チンパンジーの脳よりはるかに劇的に成長する。それは主に、ニューロン間の接続、すなわち白質が爆発的に増えるからだ。脳の大きさは知能にとって重要だが、文化的学習の多くはニューロン新生（新しいニューロンが生まれること）によってではなく、ニューロン間の新たな接続が形成されることでなされる。人間の脳は、少なくとも三〇歳まで成長し続ける。[8] そして生涯を通じて、新しい情報、環境の変化、あるいは怪我に対応して、ニューロンの接続を再編・成長させることができ、学習能力も向上する。人間の子どもは乳離れして歩けるようになった後も、子ども時代を生き抜き、社会的な大人になって、集団の中で自分の地位を確保するために、親やコミュニティから時間と資源を投資してもらう必要がある。

人間の赤ちゃんは胎内にいる期間が長く、誕生後も長いあいだ多くの助けを必要とするが、人間の出産間隔は類人猿より短い。通常は二年から四年のあいだを空けるが、一年間隔で産むことも可能だ。一方、チンパンジーでは五年の間隔が空く。この違いだけでも、人間の方が個体数がより速く増え、社会的集団がより大きく複雑になり、文化がスピーディに進歩することがわかる。

人間の母親が、手のかかる幼子を複数同時に育てることができるのは、食料を分かち合う文化[9]（現在でも、狩猟採集民はほぼ例外なく食料を分配する）や、その他の社会的支援があるからだ。狩猟採集民の社会では、母親は、新生児の世話をしているあいだは食料の調達を他者に頼り、自分が食料を集めるあいだは子守りを他者に頼ることができる。類人猿の母親はめったにわが子から手を離そうとしないが、人間の母親は一人で子どもの世話をするわけではない。アフリカ中央部で遊牧と狩猟採集を行うエフェ族の赤ちゃんは、誕生後の数日間、平均で一四人もの人に世話される。[10] これは「アロペアレンティング（共同養育）」と呼ばれる慣習で、父親、年上の兄弟姉妹、伯母（叔母）、祖父母といった肉親だけでなく、義理の家族まで参加する。おそらく人間の集団の特異性は、父系の家族がわかっていることだろう。このように社会的ネットワークが広いことは、子育てに役立ち、子どもが文化を学ぶ機会を増やして、スキルや知識の伝播を助ける。また、近親交配を減らすと同時に、性的パートナーの遺伝子プールを広げることにもなる。加えて思春期の見習い修業のような、子どもが学ぶための機会や支援を提供する。そして、遺伝的なつながりはない義理の家族にとっても、次世代を生き残らせるという点で利益をもたらす。[11]

種が生き残るには協力が欠かせない。ある実験によると、人間の子どもは生後三カ月という早い時期から、非協力的な人形より協力的な人形を好み、[12] そのわずか数カ月後には、非協力的な人形を「罰する」ようになる。[13] このように、性格を判断する能力が早くから備わっているのは、一つには、霊長類の中で唯一、人間の子どもは日常的にさまざまな人に世話されるので、誰を信用し、誰から学ぶべきかを早くから見分ける必要があるからだ。

総じて狩猟採集民や牧畜民の社会では、母親は一人で子どもの世話をするわけではなく、その責任も負わないので、産後間もない頃から集団の食料調達に貢献する。それらの集団では女性が持ち帰る食用の葉や根茎や塊茎、小動物のカロリーは、男性が持ち帰るカロリーより多い。[14]

フィリピンのナナドゥカン・アグタ族や、ウェスタンオーストラリア州のアボリジニであるマルトゥ族など、多くの狩猟採集民社会では女性も狩りを行う。さらに、女性は高齢になっても子守りをする。シャチやコビレゴンドウを別にすると、人間は閉経する唯一の哺乳類だ。[15]他の種のメスは、出産年齢を超えて生きることはめったにない。この適応は、狩猟採集民社会において、家族に年配の女性がいると子どもや孫の生存率が上がるという「祖母効果」のために進化したようだ。たとえばハッザ族のコミュニティでは、年配の女性が家族の食料を集めるために投じる時間と労力は、若い女性より多い。[16]

先進国の社会でも、親は学校などの公的機関を含むアロペアレンティングに頼り、出産も専門家のいる病院などに頼る。[17]このような養育の外部委託（アウトソーシング）のあり方は、わたしたちの多くが暮らす都市部では特に、劇的な変化を遂げつつある。たとえばフェイスブックの子育てグループには、一人以上の子どもを持つ妊婦からの、出産中やその後の時期に上の子の世話をどうすればいいでしょうか、という投稿が載っている。これは最近の現象であり、人間の歴史のほぼすべての期間を通じて、妊婦にはそういう時期に手を貸してくれる拡大家族や友人がいた。

母子や夫婦を超えて、社会的絆を親戚やコミュニティにまで拡げ、強めたことは、人間という種にとって重要な文化的進歩だった。その起源は、母親が出産と子育てを社会に頼り、協力して育児をしたことにあるようだ。[18]それは脳が大きくなったことの直接的な結果でもある。この強化された協力行動は集団の回復力を高め、干ばつなどの苦難の時期に生存を助けたことだろう。数百万年の間に、わたしたちの祖先は聡明で社交的で脳の大きな人間になり、強く協力的な社会を築けるようになった。

火が脳を大きくした

わたしたちの祖先は、文化的なスキルや行動を備えた、聡明で社交的な唯一の動物というわけではなかったが、文化が発展して環境や身体構造を変え、脳の成長をさらに促したのはわたしたちだけだ。他の類人猿はそうではなく、脳や文化は何百万年もの間、ほとんど変わっていない。なぜ彼らは脳が大きくならなかったのだろう。

わたしから見て最も説得力のある答えは、単にその余裕がなかった、というものだ。脳はきわめて多くのエネルギーを消費する。ニューロンは、細胞膜上の電荷を維持し、脳内のゴミを取り除き、新しい神経伝達物質を作り、いつでも働ける状態を維持しなければならない。グラム当たりではニューロンは体細胞より多くのエネルギーを消費し、脳が大きければそれだけ消費エネルギーは多くなる。人間の脳の重さは体重の二パーセントしかないが、エネルギーの二〇パーセント以上を消費する。一方、大型類人猿は、食物の獲得と摂取に長い時間を費やさなければならないので、今以上にニューロンを増やす余裕はない。ある研究は一七種の霊長類について、体重、食物、採食習慣、ニューロンの数を調べ[19]、チンパンジーが人間と同等の脳を持つには、体重をわずか二六キログラムに抑えたうえで、一日に七時間を食事に費やさなければならないと結論づけた。チンパンジーが今の体重のままだと、七時間食べ続けても、維持できるニューロンは最大で三二〇億個にしかならないという（人間のニューロンの数は一〇〇〇億個[20]）。

文化が発達し、認知的要求が高まるにつれて、人間はさまざまな進化的適応によってエネルギー効率を高め、ニューロンに十分なエネルギーを供給できるようにした。こうした適応のひとつとして、脳では、グルコースとクレアチン（グルコース欠乏時の予備のエネルギー）の輸送体を制御する遺伝子が生まれたが、筋肉で発現する遺伝子は霊長類のものから変化していない。つまり人間の進化は、筋肉より知能を優先したのだ。[21]

このように、脳のパフォーマンスを向上させる適応が起きても、脳の力は利用可能なカロリーによって制限されていた。氷河時代に生きたわたしたちの祖先は、体温を維持するために一日に少なくとも三五〇〇キロカロリーを摂取する必要があっただろう。やや体の大きなネアンデルタール人の場合、体温を保ち、冬場の採食行動を支えるために、一日に三三六〇キロカロリーから四四八〇キロカロリーが必要だった。[22] ネアンデルタール人の鼻の大きい独特な容貌は、「強力呼吸（ターボ）」、つまり、呼吸量を増やし、効率を上げるために進化したと人類学者たちは考えている。ターボ呼吸は、彼らが高エネルギーを消費する生活を送り、高カロリーの食事を必要としていたことを示唆する。一方、霊長類が日常的に食べるものは、蜂蜜や果実や、たまに食べる脂肪の多い肉を除けば、カロリーは高くない。そういうわけで霊長類は食物の摂取に長い時間をかけなければならず、脳（と文化）は進歩しなかったのだ。

ルーシーのような最初期のホミニドの脳には、最高で四〇〇億個のニューロンがあった。彼らは類人猿のように一日七時間食べ続ければ、それらを維持できただろう。ホモ・エレクトス（六一〇億個のニューロンを持っていた）は、日に八時間以上食べる必要があっただろう。さらに時代を下って、ネアンデルタール人やわたしたちのような人間は、一日に少なくとも九時間、食べなければならない。そうなると、採食、狩猟、社交その他の文化的活動をする時間はほとんど残らない。明らかにそれは不可能だ。毎日九時間食べるだけの食物を集める時間はないし、それを食べる時間もない。それでもわたしたちが生きてこられたのは、火と契約を結んだからだ。

生物を理解するシンプルな方法の一つは、生物を、環境からエネルギーを抽出して自らを動かす化学的システムと見なすことだ。あらゆる生物は、このエネルギー関係を中心として動いている。そして実際のところ、自然選択は、生物界のエネルギーの流れをよりスムーズにする作用と見なすことができる。人間以外の動物や植物をそれぞれの役割に留めているのは、エネルギーコストだ。チーターは、短距離の全力疾走では時速一二〇キロメートルで走れるが、筋肉にかかるエネルギーコストのせいで、それより速くは走れない。対照的に人間は、宇宙船アポロ一〇号に乗って、最高時速四万キロメートルで移動した（人類史上最速の人工物であるNASAの宇宙船ジュノーは、時速約二六万五〇〇〇キロメートルで移動する）。チンパンジーが人間ほど賢くないのは、脳を大きくするために必要なエネルギーコストを負担できないからだ。人間はそのようなコストを外部から調達することで知能を高めた。

少しの間、ビッグバンの頃に戻ろう。ビッグバン以来、あらゆるものは拡散し、宇宙は混沌とした無秩序状態になった。この状態から秩序を作り出すには、エネルギーが必要とされた。植物は、太陽から大量に放出されるエネルギーを吸収している。しかしそのエネルギーは密度が低いので、植物が光合成によって大気中の分子の化学結合を解いて新しい組織を作る、つまり、植物が生きて、成長し、繁殖するには十分だが、それだけだ。光合成に頼る植物は、自力ではほとんど動けない。一方、植物を食べる動物は、より密度の高いエネルギーを得ており、他の動物を食べる動物は、さらに密度の高いエネルギーを得ている。

人間が種として成功したのは、基本的には、他のどの生物よりもうまく外部のエネルギーを利用したからだ。人間は、食物を体内で生化学的に分解する以前に、文化によって分解した。つまり、物理的に加工したり、（発酵や酢漬けによって）あらかじめ消化したりした。だが何より重要なのは、火を使って調理したことだ。

火を起こすには、最初にエネルギーの爆発（火花）によって、物質を構成する原子や空気中の酸素原子の結合を解かなければならない。その後、それらの断片が再結合してエネルギーを放出する。わたしたちの体でも似たようなことが起きる。食物からエネルギーと身体組織を得るには、まず食物の分子を分解して新たな結合を形成しなければならず、それにはエネルギーが必要とされる。一般に、同じ栄養やエネルギーを得るために、草食では肉食よりはるかに多くのエネルギーが要求される。ウシは、初めは口で、次は四つの胃で、何時間もかけて食料を咀嚼し、長いセルロース鎖を分解してようやく脂肪として蓄えることができる。人間の脳は、高エネルギー、高タンパクの食物を必要とし、肉と脂肪はその両方を提供してくれる。肉食、すなわち、狩りか死肉漁りによって肉や脂肪を手に入れ、道具や手や歯によって引き裂き、咀嚼し、消化し、代謝して、分子を分解するには、エネルギーコストがかかるが、草食に比べるとそのコストは格段に低い。

加熱した食物は消化しやすいが、それは胃腸の仕事の多くを火が代行してくれるからだ。生肉よりも、加熱した肉を食べる方が、およそ一〇倍効率が良く、同じ重量ならより多くのカロリーを摂取できる。肉に限らず、食物を加熱すると、身体はより多くの栄養を吸収できるようになる。肉のタンパク質では四〇パーセント以上、穀類や根菜の炭水化物では五〇パーセント以上、吸収率が高まる。[23] また、火を通すことで、鉄や亜鉛やビタミンB12などの重要な栄養素を取り込みやすくなる。それらは、複雑な脳の構築と維持に欠かせない。

調理がもたらしたもの

調理を発明した結果、食べる物の種類も変わった。他の大型動物は消化しにくい塊茎やイネ科植物を好まないので、人間はそれらを楽に入手できた。そして、穀類の種子を砕いてタンパク質や穀粒を取り出したり、硬いデンプン質の根菜によく火を通してカロリー豊富な消化しやすい食物に変えたりする方法を覚えた。また、火が言うなれば外部の胃腸になったおかげで、食物を速やかに消化できるようになり、たとえばライオンのように、大量の死肉を何時間も胃に入れておかなくてもよくなった。しかし、その結果として世代を経るうちに人間の腸は短くなり、他の霊長類が食べる生の葉や果実の多くを消化できなくなった。このように食物の選択肢を減らすことは、進化上の大きな賭けだった。飢饉に対して脆弱になり、また、他の霊長類は食べても平気な植物の毒に対する耐性を失うからだ。それでも、人間は腸の無駄を省くことで、貴重なカロリーを大きな脳に回せるようになった。

今日の狩猟採集民がカロリーの半分強を動物から、残りを採集した植物から得ていることからすると、[24] 調理は、わたしたちの祖先が食物を集め、処理し、咀嚼するのに費やす時間を大幅に減らしたと考えられる。チンパンジーは日におよそ五時間かけて咀嚼するが、人間が食事にかける時間はトータルでおよそ一時間なので、他の動物にはない時間の余裕が生まれる。また、物理的に、化学的に、あるいは熱によって加工された食物は、顎の負担を減らした。加えて、わたしたちの祖先は狩りで獲物に嚙みついたりしなかったので、肉食動物の顎を保持する必要がなくなり、口、唇、歯、顎の開きは、（身体との比で言えば）リスザル並みになった。調理という文化的適応が起きたことで、顎は弱くなり、目立たなくなり、顎の短い筋肉は耳のすぐ下までしか届かなくなったが（他の霊長類では、頭のてっぺんまで伸びている）、そのことが発声のスキルを向上させた（このスキルの向上は社会的に重要だったので、咀嚼力を犠牲にしても、人間集団全体に拡散した）。ホモ・エレクトスの頃にはすでに顎と歯と口が小さくなり、生肉を嚙み切るのは難しかった。ホモ・エレクトスは大量のエネルギーを必要とする大きな脳を持っていたので、加熱した上質の食物を必要とし、また、そういう食物を作れるほど聡明だった。

つまり、加熱する文化は、人間の脳の進化を推し進める主要な力だったのだ。高エネルギーの食物が、祖先の脳を自然の限界を超えて大きくするとともに、腸を短くした。このような進化的変化は、ごく短い期間に起きる可能性がある。なぜなら食物の変化は、生存率に強く影響するからだ。ダーウィンフィンチを調べた最近の研究[25]によると、一度の干ばつのせいで得られる食物が数種類の硬い種子だけになると、くちばしが硬い個体ほど生き残りやすく、遺伝子を伝えやすかった。そして次の世代では、通常のくちばしを持つ個体はわずか一五パーセントに減った。この変化は一年以内に起きたが、その影響は一五年間も続いた。

調理という発明も同様に生活を変え、個体数が少ない時代には種全体を変えた。それは、個体数が少ないと、遺伝的な違いが非常に強く影響するからだ。この現象は「遺伝的浮動」と呼ばれる。先祖たちの平均寿命はかなり短かっただろう（ちなみに、チンパンジーはおよそ三〇年だ）。飢饉などの逆境の時期には、個体数が激減し、集団全体の生存が危うくなることもあった。十分なカロリーを確保できない女性は月経が止まり、不妊になった。妊娠しても子どもは死産になるか、母親の母乳が出ないせいで、乳児期に亡くなった。そのように困難な状況では、何とか栄養を確保できたメスが遺伝子を伝える確率は、格段に高くなった。また、加熱すると、食物は柔らかくなり、消化しやすくなり、毒が分解され、細菌や寄生虫が死ぬので、離乳期の乳児や幼児にとって、はるかに安全で栄養価の高いものになる。調理するようになると、子どもが大人になるまで生きる確率は、大いに高まっただろう。

およそ二〇〇万年前から一七五万年前(*)まで、急速で極端な気候変動のせいで、環境からの圧力がきわめて強くなった。そのため、小さな遺伝的変化による生存効果が高まり、いくつかの形質が継承されやすくなった。この時期、個体群は分断されていたので、それぞれの中で新型の遺伝子が生まれた。個体群が再び互いと接触するようになると、その新型遺伝子が選択的に拡散し、遺伝的多様性が増した。つまり、進化と種分化が加速したのだ。実際、ウシ科を含む多くの哺乳類で、それが起きたという証拠がある。[26]この苦難の時期に、わたしたちの祖先は火を利用し、料理によって摂取カロリーを倍増しつつ、エネルギー損失を減らしたことにより（火は夜間の体熱の損失を減らすとともに、捕食者から人間を守った）、大いなる変化を遂げた。彼らは新しい霊長類になっただけでなく、まったく異なる存在になった。自分が環境に適応するだけでなく、環境を自らに適応させるようになったのだ。

食事が変わると身体も変わる

高カロリーのブドウ糖を低コストで得る方法を見つけたことで、脳のサイズは食事に制限されなくなり、急速に増大した。[27] 二〇万年前には人間の脳は狭い骨盤を通過できる最大のサイズに達していたが、脳の配線は効率を上げ続けた。ところがここ数十年、安全な帝王切開が普及したことが、進化的影響を及ぼしている。かつての自然分娩（経腟分娩）では、骨盤が狭すぎる女性は母子ともに命を落とす可能性が高かったが、今では無事に出産し、自らの遺伝子を伝えられるようになった。その結果、骨盤が狭い女性が増えてきた。げんに、骨盤が狭すぎるために帝王切開を受ける女性の数は、ここ六〇年で三パーセントから三・六パーセントに増えている。つまり、二〇パーセントという大幅な増加を遂げたのだ。[28] いずれは、助産師に頼っているのと同じくらい、帝王切開に頼るようになるかもしれない。

一方で過去一万年の間に、人間の脳の大きさは約一〇パーセント減少し、体格との比率では三から四パーセント減少した。社会が複雑になったせいで、小さな集団では生き残れなかった、あまり知的でない人々を「抱えられる」ようになったからだという説もある。だが脳の縮小は家畜動物にはよくあることなので、わたしたちの極端な社会性や協調性に関連した遺伝的変化

＊ホモ・エレクトスが現れ、火を起こした最初の証拠が出てくる時代である。

なのかもしれない。知的な人々ほど子どもが少ない傾向にあることは注目に値する。[29]おそらく知性は、遺伝子プールの中で薄められているのだろう。いずれにしてもわたしたちは、蓄積された知識を文献やデバイスという外部の脳に移すことが増えているので、生き延びるために、それほど賢い脳を必要としないだろう。

　最近流行しているローフードダイエット（生食健康法）ほど、人間の身体がいかに調理に依存しているかを痛感させるものはない。その提唱者は、（遠い）祖先は生のものを食べていたのだから、生食の方が健康的だと主張する。しかし、この健康法を試した人は、数百年前の人々が食べていたよりはるかに高カロリーなものを食べているにもかかわらず、急激に体重が落ち、すぐに調理した食物に戻る。もっとも、生食の流行は今に始まったことではない。古代ローマ人はイノシシの中にクジャクを入れ、その中にニワトリを入れ、その中にネズミを入れるといった、生肉のマトリョーシカ人形のようなメニューを考案した。これを食べる人は、やけどしそうな熱い風呂に入り、料理に熱を加えようとした。当然ながら、このような生食は深刻な病気を引き起こし、何人もの死者を出して、風刺詩人のユウェナリス[30]や博物史家のプリニウス[31]などの知識人に嘲笑された。

　実のところ、わたしたちは食品加工に熟達しているので、動物性食品を食べなくても、必要なエネルギーと栄養素を凝縮した形でとることができる。しかし、肉を食べないのは簡単だが、食物とそれを調理するための燃料を自分一人で調達するのは不可能だろう。ましてやそれを七五億の全人口が行うというのは考えられない。他の動物は起きている時間の大半を食べることに費やしているが、人間は火と調理によってそのくびきから解放され、種として文化を発展させる時間を得た。しかし火と調理は、社会的にも文化的にも、人間を自らの集団にいっそう強く結びつけることになった。

そして、このことは人間の身体に害を及ぼしている。調理文化の最近の進歩は、人間集団全体を生物学的に変えつつある。一九六〇年代にテレビ・ディナー［主菜と付け合わせがセットされた冷凍食品］などの革新的な食品が登場し、毎日の食事の支度や関連する作業にかかる時間は、平均で四時間から四五分に短縮された。このような食の工業化は、わたしたちと食品との関係、その起源や味との関係を劇的に変えた。わたしたちは生の食材を扱う代わりに、調理済み食品を何十秒か電子レンジにかけるだけだ。これらの食品の大半は、砂糖や塩や油脂といった安価な調味料をふんだんに使っており、長期的にはわたしたちの健康を害する恐れがある。実際、甘味や塩味のついていない食品を探すのは難しく、味覚がこの文化的変化に適応した結果、わたしたちは子どもの頃から、味のない食品をまずいと感じるようになった。わたしたちの祖先は蜂蜜やデーツのような甘い食物にはめったに出会わず、当時は肥満より飢餓を心配すべきであったことを、わたしたちの身体は語っている。

自分の食料を確保することは生きていくために欠かせないが、驚くべきことに、人間はそれを出産と同じく他者に頼っている。なぜなら調理は文化的なスキルで、学ばなければできないからだ。しかしそのことはわたしたちにとってプラスに働いた。調理という革命が起きてから何万年も経った現在、わたしたちは多種多様な食事を楽しんでおり、遺伝子もそれに適応してきた。たとえば農耕民族の子孫は、穀類を食べなかった狩猟採集民の子孫とは、唾液に含まれるデンプン分解酵素の量や、デンプンの分解を助ける腸内細菌のバランスが異なる。狩猟採集民の腸は、環境に合わせて微妙に調整されており、マイクロバイオーム（微生物叢）は一年のサイクルで変動する。同様に、牛乳やアルコールを摂取する文化的背景を持つ人々は、それらの消化を助ける遺伝子を持っているのだ。

第5章 文化の爆発

文化は道具で身体能力を拡張し集団知で問題解決させる

一八六〇年、一九人の隊員、二六頭のラクダ、二三頭の馬、六台の荷馬車からなる探検隊が、オーストラリア南海岸のメルボルンを出発した。目指すはおよそ三二五〇キロメートル離れた、北部のカーペンタリア湾だ。未開拓の内陸部に、陸上電信線を敷く最適ルートを見つけるのが目的だった。ロバート・バーク（元陸軍軍人で警視）とウィリアム・ジョン・ウィルズ（測量技師）が率いるこの隊は、一万五〇〇〇人以上の観衆が見守る中、ファンファーレに見送られてロイヤルパーク公園から出発した。

失敗の兆候は早くからあった。二年分の食料、さまざまな家具、それになぜか中国製の銅鑼（どら）を積み込んだ六台の荷馬車は、総重量が二〇トンにもなり、そのうち一台は公園を出ないうちに壊れた。メルボルンの郊外にたどりつくまでに三日かかり、それまでにさらに二台が壊れた。

当時、ヨーロッパ人が到達していた最奥地であるクーパー・クリークに到着する頃には、積荷の大半を捨てていた。その中には、名目上はラクダの壊血病を防ぐための、六〇ガロン［約二七〇リットル］のラム酒もあった。一行はその地で二隊に分かれ、一隊はクーパー・クリークに補給地を設営して残り、バークとウィルズとチャールズ・グレイ（船員）とジョン・キング（兵士）の四人だけが、夏の盛りに三カ月分の食料を携えて、北海岸に向かった。

バークは出会ったアボリジニの先住民を信用しようとせず、魚料理を振る舞おうとする彼らの頭上に発砲し、仲間には、先住民を近づけないようにと命じた。五九日後、食料が乏しくなり衰弱した一行は、行く手を沼に阻まれたために引き返すことを決意した。食料不足は深刻で、荷役用のラクダやウマまで食べた。グレイは赤痢で亡くなったが、残る三人はどうにかクーパー・クリークに戻ることができた。そこで残りの隊員（補給隊）と合流する予定だったが、補給隊はバークたちは死んだと思い込み、数時間前にその地を去っていた。

その後も災難続きだったが、やがてアボリジニのヤンドゥルワンダ族に出会い、魚や豆や、ナルドー（ngardu）という種子から作る主食のパンを分けてもらって生き延びた。それでもバークはヤンドゥルワンダ族を信用しようとせず、ついにはその一人を撃って、彼らを追い払った。この不運な探検者たちは旅を続け、半水生のシダ植物から採れるナルドーの実を自力で見つけた。初めのうちは茹でていたが、やがて、アボリジニがその実を挽いていた石を見つけた。三人は大喜びし、それからの一カ月は、日に五ポンドから六ポンド［約二・五キログラム］のナルドーパンを食べて暮らした。しかし奇妙なことに、彼らは次第に衰弱し、痛みを伴う排便に苦しむようになった。便の量は「食べるパンの量をはるかに超えているように見える。

見た目も少し違っている」。日記にこう書いてから一週間もしないうちに、ウィルズとバークは亡くなった。残ったのはキング一人で、ヤンドゥルワンダ族に救われて、何とか生き延びた。三カ月後、メルボルンからの救助隊がキングを発見し、連れ帰った（その三カ月の間にキングは、ヤンドゥルワンダ族の女性との間に子をなした）。

多くのヨーロッパ人探検家と同じく、バークとウィルズは文化的知識の欠如という罠に陥った。もし彼らが先住民の蓄積した知恵を利用していたら、ナルドーをうまく調理して栄養をとり、生き延びられたはずだ。ナルドーの実にはビタミンＢ１を破壊する酵素のチアミナーゼが多く含まれる。したがって、若くて青々とした実ではなく、それが熟してから採り、すり潰して、水に晒さなければならない。そうすればチアミナーゼを流し落とすことができる。また、ナルドーの生地を直接灰で包んで焼くと、チアミナーゼはさらに分解される。そのような文化的知識を持たなかった彼らは、知らずしらず自らに毒を盛っていたのだ。

わたしたちは、食べるもの、着るもの、基本的な道具など、日常の必需品を見ると、いざとなったら自分で作れると思いがちだ。なにしろ人間は地球で最も知的な動物なのだから。しかし、わたしたちをここまで導いたのは、個々人の賢さではない。

先の章では、人間はエネルギーを外部委託（アウトソーシング）することで、環境や身体を変化させ、大きな脳を構築してきたことを見てきた。本章では、エネルギーの外部委託を可能にした文化的な梃子（テコ）に目を向けよう。人間は道具によって身体能力を拡張し、問題解決に必要な認知的コストは集団の知性に委託してきた。また、文化を累積的に進化させて個体数を増やし、エネルギー効率が最も良い方法で環境を利用してきた。以上のことはすべて、文化のテコに支えられて実現した。

　人間はテクノロジーのおかげで、きわめて有能な地球の操縦者になり、今では指一本でキーを叩くだけで、莫大なエネルギーを利用できるようになった。では、人間は何を使っているのだろう。脳だろうか？　イエスでもあり、ノーでもある。この貧弱な霊長類を頂点に押し上げた物理的なテコは、認知的なテコと結びついている。そのテコとは、社会の集団脳だ。人間は、火起こしから調理まで、道具、行動、技能を社会の集団脳に頼り、生き残りさえも頼っている。

コピーと教育

　人間にとって土地（ローカル）の知識が欠かせないものになったのは、進化におけるトレードオフの結果だ。つまりわたしたちは、祖先が暮らした環境に対する生来の適応性を捨てる代わりに、あらゆる環境で生き残るための文化的適応性を手に入れたのだ。しかし、生態学的なニッチを捨てることには代償が伴った。暮らしにくい環境で生き残るために、他者の知識に頼らなければならなくなったのである。

　あるコミュニティで何世代にもわたって蓄積された文化的知識は、その集団が情報を集め、環境を読み、食物や住みかを見つけるのを助ける。たとえば、どこかの都市に立ち寄ったヨーロッパ人がすぐカフェを見つけるように、ヤンドゥルワンダ族はヨーロッパ人には見えない食料を見つけることができる。わたしたちは皆、自分の環境については幼い頃から学んでいるので、そのナビゲートに関しては専門家だ。現像液に含まれる化学成分に反応して一枚の写真が生まれるように、その人の文化の現像液――その社会に特有の行動、技術、その他の文化的慣習――が、その人の行動、認識、見方、人格、知性、身体能力などを形づくっている。

その証拠を、人間の神経系に見ることができる。わたしたちの脳は、文字通り、文化によって形成されている。最近のある研究では、人間とチンパンジーの脳、数百個について、知能程度の指標になる大脳皮質のしわを調べた。溝と呼ばれるこれらのしわは、出生後も成長し、変化するが、二つの種には違いがある。[1] チンパンジーでは、しわの形状や位置が主に遺伝によって決まる（兄弟姉妹のしわの形状や位置はほぼ同じだった）が、人間では、遺伝子の役割ははるかに小さく、環境と社会の要因が脳を形成しているのだ。チンパンジーは人間よりはるかに認知力が遺伝に縛られるので、脳の発達にも、新しい行動や技能を学ぶ能力にも限界がある。一方、人間はチンパンジーに比べて脳が未熟な状態で生まれるが、出生後、脳を高度に発達させる。それには外界からの刺激が大きな役割を果たしている。

人間の脳の並外れた可塑性は、祖先の知能と文化の発展を促した。しかし、それが意味するのは、わたしたちが生き残るにはほとんどのことを他者から学ばなければならないということだ。この文化的学習の要求に応えるには、非常に大きな脳、学習するための長い幼少期と思春期、強力な社会的集団を必要とする。これらの特徴は、人間が成功するための戦略として、足並みを揃えて進化した。最初の教師は母親だ。赤ちゃんは、生まれつき母親に惹かれるようになっていて、その声や顔を認識し、探し、自然に母親の視線を追う。そして成長するにつれて、他の家族や仲間、信頼するグループの年上のメンバーが教師になる。

人間は、生きていく上での問題を社会的資源を利用して解決するようにプログラムされているので、往々にして自力で解決しようとせず、すぐ他者に助けを求める。他者のやり方を真似て問題を解決すれば、一人で試行錯誤するより肉体的および精神的労力が少なくてすむからだ。しかしチンパンジーはそうではなく、すべてを自力で解決しなければならない。言うなれば、毎回、車輪を一から発明しているようなものだ。チンパンジーの脳は小さく弱いだけでなく、同じ問題を解決するにも人間より多くの仕事をしなければならないので、認知力に余裕がない。そういうわけで、スキルを組み合わせて複雑な文化をつくり出すことができないのだ。一方、人間は文化進化によって効率的に最善策を見つけられるようになった。

当然ながら、人間が問題解決を集団脳に頼ることができるのは、巧みな模倣(コピー)のメカニズムが文化進化を支えているからだ。遺伝子配列のコピーが進化の基本であるように、模倣は文化進化の基本だ。さまざまな文化的慣習はわたしたちが正確かつ忠実にコピーしなければコミュニティの中で存続せず、累積的な文化は生まれない。[2] 忠実なコピーは文化的変異の寿命を延ばし、コミュニティは、はるかに豊かで多様な文化を持てるようになる。[3] なぜなら、何らかの慣習が正確にコピーされるほど、それに加えられた少々の変更や改良もコピーされて存続していくからだ。つまり、変異がバリエーションにつながるのである。

人間はコピーすることでこの世界を築いた。わたしたちが使っている文化的解決策、慣習、技術の背後に設計者がいないというのは、信じられないかもしれない。わたしたちは発明と発明者を結びつけることに慣れている。たとえばトマス・エジソンは電球を発明し、ヨハネス・グーテンベルクは印刷機を発明したことで知られる。しかし実際には、たった一人の天才によって何もないところから発明されたものは存在しない。通常、イノベーションや発明は、偶然生まれるか、あるいは、既存の技術を何度も改良したり組み合わせたりして生まれる。すなわち、ダーウィンの言う盲目的な自然選択によって生まれるのだ。[4] 実際、累積的な文化が複雑性を増していく過程をモデル化して観察すると、新しい形質が発明される割合はイノベーションの数にほとんど影響しないが、既存の形質が組み合わされる割合は、大きく影響する。[5] ある慣習を正確に模倣すれば、それは集団内に長く浸透し、他の慣習と組み合わされる。文化はそれらを自然選択のふるいにかけながら、複雑性と多様性を高めていく。

それでもやはり、人間がこれほど大きな脳を進化させたのは主にコピーするためだった、というのは直感に反するように思えるし、多くの専門家は、問題を解決する最善策になるのはアイデアの発明か、それともコピーか、という疑問の答えを出せていない。結局のところ、霊長類と同じく人間も、問題を解決するには、常に変化する環境と直接関わることで、自分が必要とする、現実に即した最新の知識を得られるからだ。

二〇一〇年、進化生物学者のケヴィン・レイランドは、実験によってこの問題の答えを出そうとした。そのために彼のチームは、コンピューター上でのトーナメントを企画した。それは、参加チームのアバターが、奇妙な世界（ゲームの「サバイバー」と「セカンドライフ」の中間のような仮想世界）で困難を乗りこえて生き残れば、一万ポンド（約一三〇万円）の賞金がもらえるというものだ。神経科学者や計算生物学者や進化心理学者も含む一〇〇組以上のチームが競いあった。彼らは自分たちのアバターを、刻々と変わる馴染みのない環境を生き延びられるようにプログラムした。レイランドはこの分野の専門家の大半と同じく、最善の生き残り戦略は、イノベーションと模倣（コピー）を組み合わせたものだろうと予想した。

しかし、その結果はレイランドらを驚嘆させた。どの状況でも、コピーがイノベーションを圧倒したのだ。[6]「勝敗ははっきりしていた。イノベーションとコピーの組み合わせも起きなかった」と、レイランドは語る。トーナメントを勝ち抜いたのは、数学と神経科学を研究するふたりの大学院生だった。彼らのアバターは、環境の変化が速い時には、最新の行動を優先的にコピーするという戦略を採用していた。つまりそのアバターは、古くなった行動にはあまり注意を払わなかったのだ。わたしたち人間も戦略的かつ選択的にコピーする。状況に応じて学ぶ相手を選び、最新の情報を信頼できる人から得ようとする。

ナルドーの調理法にしても、誰か一人がその手順をすべて考えたわけではない。そうではなく、世代から世代へと伝えられるうちに徐々に変化し、より良い方法ほど頻繁にコピーされ、やがて最善の方法が見つかり、コピーすべき文化的慣習になったのだ。もっとも、ある文化的慣習が何世代も伝えられていても、文化の現像液の中で他の人にそれを伝える理由は、それが伝統になっているからであって、その慣習の実際の利点とは無関係な場合もある。ヤンドゥルワンダ族の女性たちが、面倒だと嘆きながらもナルドーの処理（石臼ですり潰して、水にさらす）を続けたのは、それが一種の儀式になっていたからだ。そうすることでチアミナーゼ中毒のリスクが大幅に減ることを科学者たちが発見したのは、ごく最近のことである。

わたしたちは、慣習の各段階がなぜ重要なのかを知る必要はない。全体の手順さえ覚えていれば十分だ。そこが、他の知的動物との決定的な違いだ。ドイツのマックス・プランク研究所の進化心理学者マイケル・トマセロが行った実験は、それを如実に語る。トマセロは、おやつの入った仕掛け箱を人間の幼児とチンパンジーに与えた。その箱は、つまみを押したり引いたりといった一連の手順を経なければ開かない。トマセロは幼児とチンパンジーそれぞれの目の前で、その手順をやって見せた。その動作には、明らかに意味のない動作（最後の手順の前に、自分の頭を三回たたく）が含まれた。幼児もチンパンジーも彼の動作を真似ておやつを手に入れたが、頭をたたいたのは幼児だけだった。チンパンジーは、この動作はおやつを得ることとは無関係だと見抜いて、省略した。一方、人間の幼児は疑いもせず、すべての手順を真似た。幼児は自分に教えてくれる人を信頼し、どの手順にも何か理由があるはずだと思うので、過剰に模倣してしまうのだ。実のところ、目的がはっきりしない手順ほど、幼児は慎重かつ正確に模倣した。[7]

模倣はきわめて重要なので、人間はその役に立つ文化的および生物学的メカニズムを進化させた。長い子ども時代、大きな社会集団、優れた記憶力などである。また、人間は子どもを教育する。母親は子どもに何らかの仕事をやって見せて、子どもがそれを真似るのを見守る。その出来ぐあいに合わせて、母親は教え方を変え、相互にやりとりしながら、うまくできるまで導く。それができたら次の段階をやって見せる。他の動物はそのようなことはしない。

教育すれば、知識を正確に伝えることができる。また、教わる方はただ模倣するよりはるかに効率的に学べる。とくに複雑なスキルや、一連の動作を正しい順に行わなければならないスキルについてはそうだ。石器を作る技術の学び方を比較したある研究[8]では、教育は他の伝達方法の二倍も効率的だった。教育は忠実な伝達を可能にするメカニズムであり、そのおかげで人間は累積的文化を築くことができたのだろう。この石器の技術の研究から、初期のホミニドが七〇万年以上の間、技術革新の停滞期に陥り、原始的なオルドワン石器を作り続けた理由がわかる。より複雑なアシュール石器を作るには、より長い手順を決まった順序で行わなければならず、模倣だけでその技術を正しく伝え、広めることはできなかった。アシュール石器の作り方は、積極的に教える必要があったのだ。つまり、そういう石器が出現したのは、一八〇万年前にホモ・エレクトスが出現し、脳がその技術を教育できるようになったからなのだ。

しかし教育は、教える側にコストがかかる。したがって、情報を伝えることのメリットがそのコストを上回る場合だけ、教育はなされる。チンパンジーなどでは、コストを支払ってまで親が子を教育する必要はない。彼らの子どもたちは、必要とされる比較的簡単なスキルを自然に身につけるからだ。動物の世界では教育は、アリやミーアキャットのように、アロペアレンティング（共同養育）を行うわずかな種に見られる利他的行動だ。複雑な文化は、教育によって知識が正確に伝えられることに依存するが、同時に文化の複雑さゆえに、教育は費用対効果の高い伝達手段になっている。と言うのも、文化が複雑になるにつれて知識の価値が高まり、コピーに頼るのは非効率的で、信頼性に欠けるようになるからだ。それに文化が複雑になるにつれて、知識の量が増え、教えるに値する知識を持つ人が増える。教育は文化の複雑さを説明するものであると同時に、文化の複雑さの産物でもある。これもまた、人間の進化のフィードバック機構の一つだ。

創造的爆発

文化的な慣習や技術は、何世代にもわたって模倣され、無数に反復されることによって文化の道具箱に蓄積していく。しかし、環境の変化が生物の爆発的な進化を引き起こすように、環境が変わったことで、文化が爆発的に多様になることもある。たとえば、およそ三二万年前に東アフリカで気候と環境が激変したことが、鋭利な黒曜石の石刃の製作と交換といった、複雑な文化の出現を導いたと研究者たちは考えている。[9] 必要が常に発明の母になるわけではないが、この石刃の登場は、新たな選択圧がかかると技術や行動の変化がスピードアップすることを示している。陸上の獲物が乏しくなったせいで、それまで稀だった釣り針を作る技術が拡散することもあるだろう。[10] また、六万五〇〇〇年前のオーストラリアでは、草原が拡大するにしたがって、種子をすり潰す技術が広まっていった。[11] 進化は、適応者が生き残る過程であると同時に、不適応者が消えていく過程でもある。文化進化においても、多様な工程や技術が存在する中で、一部のものは適応できず、世代を経るうちに稀少になるか、消えていく。それ以外のものは模倣され続け、社会集団に活用され、集団が柔軟に適応していくのを助ける。

環境の変化は集団の大きさに影響し、ひいては集団の知性（集団脳）の大きさに影響するため、文化にも大きな影響を及ぼす。集団脳は、個人の学習の労力を減らすテコの働きをする。その文化的テコが長いほど、つまり、文化的慣習を多く含むほど、その集団のエネルギー効率は高まり、文化の累積的な進化が加速する。イノベーションはしばしば既存のアイデアの組み合わせから生まれるので、集団の道具箱の道具がいくつか増えるだけで、多大な影響が出ることがある。なぜなら、組み合わせのバリエーションが増えるからだ。三つの道具があれば（順番にこだわって、それぞれ一回だけ使うとして）組み合わせは六通りだが、四つあれば二四通りになり、一〇あれば三五〇万通り以上になる。大きな道具箱を持つことができるのは大きな集団だけであり、同様に、利益を得るための物理的なエネルギーコストを支払う余裕があるのも、大きな集団だけだ。そういうわけで、集団が拡大するうちに、ある転換点(ティッピングポイント)に達すると、突如として複雑性が急増し、文化の爆発が起きる。

考古学的遺物に見られるイノベーションから判断すると、そのような創造的な爆発の一つは、およそ四万年前にヨーロッパで起きたようだ。一部の専門家は、複雑な言語や道具を含む現生人類の文化はこの時に生まれた、と主張する。[12] 彼らは、この頃ネアンデルタール人との交雑で生じた遺伝的変化により、わたしたちの祖先の認知力が爆発的に向上し、現生人類らしい行動が始まったと考えている。しかし、それを裏づける強力な証拠はない。ヨーロッパのその時代の地層で人工物が豊富に見つかるのは、そこに暮らした人々が特別だったからではない。ヨーロッパの遺跡は、これまで何世紀にもわたって大がかりに研究されており、また、熱帯に比べると環境(多くの場合、洞窟)が冷涼で乾燥していて、古代の遺物が保存されやすかったからなのだ。

より信憑性が高いのは、この頃のヨーロッパで起きた人口、社会、環境、文化の変化が、文化の複雑性を推し進めたという説だ。四万年前から五万年前に、先史時代では最大規模の人口の増加が起きたことを、遺伝学者たちは最近になって発見した。[13] 一方、別の遺伝学者チームは、四万五〇〇〇年前にヨーロッパで起きた文化の爆発と、九万年前にアフリカのサハラ以南で起きた文化の爆発を比較し、両地域の人口密度が似通っていたことに気づいた。[14] 規模が大きく、文化的に多様な集団は、物理的あるいは社会的環境が変わった時に、より多くの解決策を利用できる。その結果、文化的慣習を適応させる機会が増え、社会の回復力が高まり、彼らの道具や人工物の作り方は存続し、ますます複雑さを増していく。すなわち、集団が大きくなるほど、文化的テコは長くなるのだ[15]。また、集団が他の集団と密接につながり、集団内でも人々が密接につながるほど、個人が新しい文化的慣習や技術を獲得する機会は多くなる。逆も真なりで、小さく孤立したコミュニティでは、技術は単純になり、多様性を失い、実質的に文化が失われていく。ときには、基本的な技術さえ失われることもある[*]。一方、栄養状態の改善、出生率の増加、乳児死亡率の低下などを導いて、集団の人口を増やす文化的慣習は、当然ながらその担い手の数を増やすので、速く遠くまで拡散する。こうして、火起こしなどの技術はたちまち一般的になる。

文化的技術は喪失と拡散を繰り返し、その技術を支える集団に依存する社会が広がっていく。わたしは今、パソコンを使ってこの文章を打ち込んでいるが、それぞれのキーがどのようにプラスチックから作られ、文字が描かれ、キーボードに取りつけられたかを知る必要はない。文字が画面に現れる仕組みも知る必要はなく、指でキーを叩けば文字が現れることを知っているだけで良い。わたしは、エンジニアや職人や工員や坑夫など、何千人もの人の込み入ったネットワークに頼っている。彼らがいなければ、わたしの仕事は成り立たない。それが、物質的・文化的に複雑なグローバル社会に生きるということだ。つまり、わたしはここまでのあらゆる過程を知ることはできないし、ましてや、それらを再現するのは到底不可能だ。さらに驚くべきことに、この数知れない活動に関わる人々は皆、同じ状況にある。坑夫はどの石に、どの角

＊これについては第10章で詳しく検討する。

度で鑿を打ち込めばいいかを学ぶが、自分が地球から採取する塊がその後加工されて船体になるのか、電子部品になるのかを知らない。生物進化によって途方もなく多様な生態系や、複雑な生物が誕生したように、文化進化によって、わたしたちの日常を支えるシステム全体が築かれたのだ。

文化はエネルギーを節約する

わたしは一つの石を握っている。微小な海洋生物の死骸からできたフリント（燧石）だ。それらの生物は、食物から得たエネルギーを殻に変えた。その殻が変質して石英の一種になり、何百万年か後に、地殻変動の巨大なエネルギーによって崖の岩肌に吐き出された。その後このフリントは、人間の手によってさらに変化し、涙のような形状になった。わたしが今、手に握っているのは、四万年以上も前に作られた石斧だ。一人の人間が、環境にある材料から独創的な道具を作ったのだ。作り手と同じ人間であるわたしの手は、大きさもほぼ同じで、この石斧はわたしの手にぴったり収まる。その重さと、この道具の考え抜かれた人間工学的な造形を感じながら、そのくぼみに本能的に指を合わせる。やり方を教えてもらえたら、仕留めたばかりの鹿の肉をそれではがすこともできるだろう。それはこの石斧が、わたしの手に収まる前にした最後の仕事だったかもしれない。

この石斧は言うなれば、その時代のスイスアーミーナイフで、無くてはならない万能の道具だった。それは石をかいて作られ、何かを切ったり、そいだり、くり抜いたり、形を整えたり、削ったり、攻撃したり、木の道具を作ったりするのに使われた。手間のかかる多くの作業も、それを使えばずっと楽になった。言い換えれば、それは物理的な、文化的テコだった。

これまでに発見されている最古の石斧は一五〇万年以上前の物で、狩猟採集民のコミュニティの一部では、同様の石斧が前世紀まで使われていた。サハラ以南のアフリカから北極圏まで、洞窟に残された石斧や、崖の下の作業場に積まれた石斧が見つかっている。石斧は人類にとって生き延びるために不可欠な物だったが、その制作は驚くほど難しく、作り手は、石の見つけ方、採掘の仕方、製作方法などを他者から教わる必要があった。もっとも、その頃の平均的な人間の道具箱には、石や木でできた道具、斧を柄にくくりつけるための紐、火打石と火口、動物の皮や腸など、さまざまな道具が入っていたと考えられる。「石器時代」という言葉はしばしば「原始的」とか「遅れている」という意味で使われるが、数十万年前でさえ、そして、わたしたちの種が誕生した頃には確実に、石の加工は、熟練した技能と、地質学、破壊力学、岩石の熱的性質などの知識を必要とする、非常に高度な技術になっていた。近ごろ人類学者たちは南アフリカで、五〇万年前にホモ・ハイデルベルゲンシスが作った、精巧な石の槍先を発見した。[16] こうした複合的な道具には、石の穂先、木の柄、穂先を柄に括りつける紐など、別々に作らなければならない素材の知識が必要だった。槍先をしっかり留めるには、樹脂糊（特定の木の樹皮から採る）を加熱し、柔らかくする必要があっただろう。

複雑な道具を作るには、非常に高い認知能力が必要とされる。なぜなら道具作りでは、複数の情報を同時に引き出し、保持し、処理するために作業記憶（ワーキングメモリ）を使うからだ。ワーキングメモリはマルチタスクや戦略の構築に欠かせないが、動物を捕らえる輪縄や落とし穴など、初期のさまざまな技術にも必要とされた。罠を作るには、動物をすばやく捕らえて逃がさない装置を思い描くことから、実際にそれを作り、その後、成功したかどうかを確かめるまでの作業が求められる。罠の材料を集めると体力を消耗するので、身体的な負担が大きく、また、集中して作業すると精神的に疲れる。そのような犠牲を払っても、成功するのは、作り方を教わっていて、正しく再現できた場合に限られる。一人で一から革新的な道具を作ろうとしたら、何時間も試行錯誤を繰り返し、無駄なエネルギーを費やすことになる。エネルギーの消費が増えればより多くの食物が必要になり、それを得るのにさらに時間とエネルギーが必要になる。やり方を教わっていて、その技術を十分体得していれば、費やすエネルギーは大幅に減るはずだ。

信頼性の高い忠実なコピーによって、時間とエネルギーの無駄を省いたことにより、わたしたちの祖先の技術は加速度的に複雑化し、エネルギーをさらに節約できる適材適所の道具が生まれた（ナイフを使ってネジを締めようとしたことのある人は、作業に適した道具がいかに効率を上げるかを知っているだろう）。そうなるまでに、個人だけでなく集団全体が、相当な時間とエネルギーを投資しなければならなかった。そうした投資が実を結ぶのは、専門的労働を許容できる大集団ならではの「規模の効率性」が働く場合に限られる。実のところエネルギーを投資できたのは、集団脳を持つ大きな集団だけだった。こうした規模の拡大による効果は、集団が大きくならなくても、他の集団と良質で信頼できるネットワークを築くことによっても得られる。他の集団と資源や技能を交換することで、各集団の労働コストを削減できるのだ。そういうわけで、より大きく、他の集団とより連携した集団ほど、より高度な技術を生み出すことができた。

文化進化による技術の複雑化は、人間が認知処理、記憶、知識、身体的労働の多くを集団に委託することで成り立ち、結果的に、生物としての能力をはるかに超える生産能力を人間にもたらした。エネルギー効率は強い選択圧となって、人間の生物的進化だけでなく、文化進化にも作用した。人間は次第に、個々人の身体能力や生物としての能力をはるかに超える能力を身につけ、環境を変えるようになった。武器や食物を加工する道具を発明したことにより、他の肉食動物のような大きな顎や歯や爪がなくても生きていけるようになった。もっとも人間が、他のどの動物の能力もはるかに超える行動ができるようになったのは、社会的な道具のおかげだ。火からペーパークリップ、スマートフォンに至るまで、わたしたちが今手にしている道具はすべて、人間という種がエネルギーを効率よく活用したことで生まれた。

技術が進化するにつれて、身体的なテコは長くなってきた。わたしたちが一日に二〇〇〇キロカロリーの食物で得るエネルギーは、（平均的な代謝率では）一時間あたり約九〇ワットに相当するが、わたしたちの使う電力はそれをはるかに超えている。九〇ワットとは、白熱電球一個が消費する電力だ。わたしは執筆しながら、白熱電球二個の照明の下に座っている。後ろではデスクランプが点灯し、目の前にはコンピューターとモニターが起動中だ。ラジオとさらにファンヒーターもつけていて、洗濯機は脱水に入ったところで、オーブンではわたしの一日のカロリーの大半が調理されつつある。明らかに、このすべてを、朝食べたポリッジ（粥）のカロリーでまかなうのは不可能だ。平均的なイギリス人は、家庭用電力だけで代謝エネルギーの四倍のエネルギーを使用し、アメリカ人は、ほぼ一二倍だ。人類全体では、約一七・五テラワットの電力を使用し、一人当たりでは二三〇〇ワットになる。これは人間が「自然に」得るエネルギーの二六倍だ。このような驚異的なテコが実現したのは、エネルギーと時間を要する活動を外部委託し、分散したからだ。その結果、エネルギー、食物、時間の余剰が生まれ、それが人口増加を招き、規模の経済によってエネルギーと資源の利用効率がさらに高まった。たとえば、労働を分散することで、専門家はより多くの時間とエネルギーを利用できるようになり、文化の進化が加速する。文化的テコが物理的な効率を上げ、規模を拡大した結果、人間はもう一つの転換点に到達した。食料調達から輸送までの労働が集約され、非常に安価で自由に利用できるようになり、人間は地球の操縦者になったのだ。今や人間は地球の総一次生産――植物が太陽からとらえる全エネルギー＝光合成によって生産される有機物量――の四〇パーセント以上を使っている。

文化進化の主な推進力は、新しい慣習がエネルギーの生産や流れを向上させ、わたしたちの遺伝子の生存率を向上させることだ（もっとも、子どもを持つことはエネルギーコストが高く、どの動物でも代謝の限界によって、出生率が制限される）[*]。しかし、文化進化の成功は最終的に、文化の生き残りと、遺伝子の生き残りを切り離すに至った。不思議なことに、産業社会が豊かになればなるほど、子どもの数が減っていく（一部の社会では、食料や医療サービスが行き届いているにもかかわらず、出生率が非常に低いせいで人口が減少しつつある）。人間は文化進化によって、生物進化の重要な約束事を書き換えているのだ。

人工物の発明

人間はエネルギーを利用して環境や自分自身を変えたが、同様に、エネルギーを使って自然界の物を人間界の物に変えてきた。日常生活で使う物や、周囲を取り巻く物の大半は人工物であり、わたしたちはそういう人工的なインフラストラクチャ（構造基盤）を利用して、エネルギーの流れや社会の流れを管理している。わたしたちが「人工的」と見なしている物は、元をたどればわたしたちが自然界から採取した物だ。人間は所詮、自然の一部なのだ。そして、文化進化が人間の生態の一部になっているように、文化進化の産物は、わたしたちが創造した新しい地球の一部になっている。

鳥が巣を作り、ビーバーがダムを作るように、動物も、環境にある物を有用な物に作り替えるが、地球から生の素材を取り出し、それを使って多様で複雑な物を作り、物質的な進化を導いたのは人間だけだ。技術は組み合わせることで進化し、また、社会と文化は相互に結びついているので、新たな発見や実践は、社会的・技術的な依存関係のネットワークを通じて無数の他者に伝播していく。また人間は、新しい発見を認識し反応する知性や、脳の可塑性を備えている。たとえば、粘土について考えてみよう。わたしたちは粘土からさまざまな物を作ることができる。粘土で作った物を焼くと、柔らかい分子のシートがまったく異なる性質を持つ立体的な硬い物質、つまり陶器に変わり、その形は永続的になる。粘土を焼くことは、粘土の性質を大いに変えるが、人間の文化も大いに変化させた。

＊他の霊長類に比べて人間の赤ちゃんが未熟な状態で生まれるのは、母親が自分と胎児を養うための代謝コストが、妊娠四〇週を超えると維持できなくなるからだという説がある。

陶器は、シチューやスープの調理を可能にした。また、脂肉や魚介類を調理したり、発酵飲料を作ったり、液体を運んだりできるようになった。陶器が登場する前の遊牧民は、水の運搬や備蓄に動物の膀胱か皮を使っていたので、血液、乳、水、油、内臓などを入れることのできる硬い容器の登場は画期的だっただろう。スープを作れるようになると、乳児の離乳が早くなり、また、滋養豊かで、消化がよく、解毒した食品を幅広く食べられるようになった。危険性のある食物を工夫して食べることも増えただろう。また、陶器の鍋で作った魚のスープにはオメガ3などの脂質が多く含まれ、子どもの脳の発達や女性の生殖能力の向上を促した。スープ一つで、子どもの健康状態や生存率が向上し、結果的に人口が増えたのである。

陶器が農業を可能にしたとも考えられる。陶器がない時代に、どうやって穀類を貯蔵し、調理し、発酵させたのか、想像もつかない。世界各地で、農業が始まった時期に陶器文化が爆発的に発展したのは明らかだ[17]。また、食料の貯蔵は、平等主義だった[18]狩猟採集民社会の社会構造、土地所有、経済に永続的な影響を及ぼした。貯蔵された食物は所有・再分配できるので、政治的活動の機会をもたらしたのだ。

粘土は人間が人工物に変えた最初の自然素材であり、社会が発明を生み、その発明が社会の可能性をさらに広げるという、フィードバックの関係を明らかにする。何千年という文化進化の間に、陶器を成形・焼成・装飾する技術[19]は、世界中で、より複雑かつ多様になり、同時にその製品も牛乳壺から置物、レンガ、屋根瓦、照明器具、便器、電子部品へと、複雑かつ多様になっていった。製陶術で一番コストがかかる工程は焼成で、燃料を集め、窯（かま）を高温に保たなければならないが、陶器は同時に何個も焼くことができる。つまり、陶器は大量生産によってコストダウンできるので、一度に一個しか作れない籠細工や木箱作りのような競合技術にとって代わり、急速に普及したのだ。

社会がより多くのエネルギーをコントロールするようになると、技術はさらに進歩し、より多くの仕事を、より効率よく行えるようになった。窯の技術は陶器作りのために発展したが、その高温を保つ技術が、冶金術を生み出したと考えられる。[20]装飾のために岩石を砕くと、銅の小粒が火床に残り、それらは叩いて溶かすことができた。鮮やかな緑色の孔雀石（マラカイト）、銅藍（どうらん）、硫化銅といった鉱石を高温の火で溶かすと銅が得られるという発見は、衝撃的だったはずだ。地面の下に埋もれている単なる岩に、驚くべき新素材が隠されていて、それはどのような形にもなり、繰り返し作り直して使えることがわかったのだから。

冶金には、陶器作りより多くのエネルギーを必要とした。窯に石炭をくべ、ふいごで燃焼を助け、その内部を摂氏一〇〇〇度以上の高温にしなければならなかったのだ。それでも、この新たに登場した銅製の硬い刃を使えば、骨や木や石さえ断ち切ることができた。ちなみに、エジプトの巨大なピラミッドの石を、奴隷たちは銅製のノミで削った［青銅製という説もある］。約三〇万個のノミが必要だったと推定され、それだけのノミを作るには、坑夫の命が一年ももたない過酷な環境で、およそ一万トンの銅鉱石[21]を採掘しなければならなかった。

紀元前三〇〇〇年頃には、銅に錫（すず）を混ぜる技術が発明され、青銅が生まれた。[22]銅より硬い合金だ。[23]青銅の登場により、新しい交易路が開かれた。錫は比較的希少で、イングランドのコーンウォール地方から調達しなければならず、そこからはるかアフガニスタンまで、錫の道ができたのだ。この交易路は、商品だけでなくアイデアも広めた。それは最初の大規模な国際交易ネットワークであり、新興のエリート層をきわめて裕福にした[24]。紀元前一二〇〇年頃、この交易路が遊牧民の侵入によって遮断されたため、人々は青銅に代わる物を探した。それはそこら中にあった。ほぼすべての岩石に、最も庶民的な金属である鉄が含まれていたのだ。こうして鉄器時代が幕を開け、それは今も続いている。

鉄鉱石を精錬するには、銅よりはるかに高温の火が必要とされた。古代の低温の炉で作ることができたのは、塊鉄と呼ばれる穴だらけのスポンジ状の鉄で、硬さは銅と大して変わらなかった。ハンマーで叩けば強度が増すが、青銅のおそまつな代用品にしかならない（それでも紀元前一五〇〇年頃の古代エジプトでは、叩いて強くした鉄が広く使われていた）。しかし、木炭を燃料にして高温の火を起こしコントロールする方法を鍛冶工が見つけたことにより、ブレークスルーが起きた。こうして、炭素を含む鉄の合金である「鋼（はがね）」が生まれた[25]。鋼は非常に強い金属だが、そうならないこともあった。含まれる炭素の量が重要だということが後に判明した。炭素を一パーセントにすれば良質の強い鉄になるが、四パーセントでは弱くもろくなるのだ。もっとも、どうすれば成功し、どうすれば失敗するかをわたしたちが理解するのは、二〇世紀に入ってからだ。

それまで、成功した製鉄法は、きわめて複雑な秘密の工程として、何世代も受け継がれた。古代ローマ人はイギリスを去るときに、鉄釘作りを始めとする冶金術を注意深く隠して、折れない剣、導水管、鉄を用いた船を作る知識が漏れないようにした。スコットランドの炭坑跡では、撤退するローマ軍が埋めた鉄や鋼の釘が七トンも見つかっている。イギリスで重要な製鉄技術が失われたことは、アーサー王の魔法の剣、エクスカリバーのような、折れない武器の伝説として神話化された。

高炉――木炭と鉄鉱石を層状に炉に挿入し、空気を送って木炭を燃焼させ、鉄を得る技術――は、世界各地でさまざまな形で発明され、今日でも使われている。この平凡ながら素晴らしい金属が作られたからこそ、現代世界を築くことができた。鉄の鋤(すき)は、広い土地を速く耕すことができる。鉄の斧は石の斧より早く木を切り倒すことができる。鉄の釘や導水管や橋は、インフラストラクチャを強固にする。これらの物はすべて、人口の多い街や都市の出現につながった。しかし、人間は、より多くのエネルギーをコントロールしようとして、人間を生み出し人間社会を支えている環境を変えてしまう。冶金に用いる石炭の需要の高まりもまた、世界各地で森林破壊や環境破壊を引き起こし、社会経済に影響を及ぼしている[26]。

一人の人間が鉄鉱石を偶然発見したり、どれほど優秀でも、たった一人で石から鉄を作る方法を発明したりするのは不可能だ。さまざまな技術は多くの手順を必要とし、それらは何世代にもわたって習得され、伝達されてきた。そのような複雑な文化は、教育と学習を重視し、広域に及ぶ強いネットワークを持つ社会に依存している。それは分業が成り立つほど規模が大きく、労働者に十分な食料と水を提供できる社会だ。つまり、今日の世界が存在するのは、技術や社会が複雑に進化し、エネルギーコストを支えるだけの人口やネットワークが成長したからなのだ。

人間は、火を起こし、コントロールすることで、地球の物質を人工世界の素材に変えることができるようになった。火起こしは、人間の物語のターニングポイントであるだけでなく、地球の生物の物語のターニングポイントでもある。と言うのも、それは人間がこの惑星を支配する第一歩になったからだ。人間は生物と環境の間のエネルギーの力学を永遠に変えたが、それができたのは、戦略的に互いをコピーし、賢明な集団脳を構築したからだった。

第2部　言葉

進化は、個体から個体への情報の伝達、すなわち、情報が忠実にコピーされ、保存され、伝えられることに依存している。生物の進化では、遺伝情報はＤＮＡによって記される。人間の文化進化では、文化的知識という重要な情報は、言葉によって記される。生物が遺伝子の繁殖プロセスを向上させる戦略を進化させてきたように、文化もまた、自らその繁殖を向上させる適応を進化させてきた。

第6章　物語

その発明が集団のメモリーバンクとして文化を伝達する

　波が打ち寄せる砂浜、焚き火のそばでアボリジニの長老が誰に聞かせるともなく歌っている。彼はゆらめく明かりの中で、身を起こしたりかがめたりする。夜闇に黒い肌が溶け込み、白いボディペイントが浮かび上がる。まるで精霊のようだ。目と歯を輝かせ、腕を振り回し、リズミカルに足を踏み鳴らし、身をよじりながら踊る姿を見て、わたしは畏敬の念に打たれる。長老は歌いながら足で赤土を踏みしめ、絵が描かれた杖を地面に打ちつける。暖かな地面が振動する。ボディペイントを施した一〇代の若者がディジュリドゥ［アボリジニの木製の金管楽器］を吹き鳴らすと、長老はますます激しく動き、のけぞって空を引っ掻き、恍惚となりながらもリズミカルに踊り続ける。火はパチパチと音を立て、周りのアボリジニたちも、棒を叩いたり、乾いた豆の莢を振り鳴らしたりして、歌に加わる。何時間経っても、このヨルング族の長老は踊りながら歌っている。明けの明星が昇るまで歌い明かすのだ。

彼が歌っているのはオーストラリアの創世記、「ドリームタイム」だ。それは創造主である女神バルヌンビル（金星の化身）によって、最初の人間が、海と陸を越えてオーストラリアに運ばれたことを語る。バルヌンビルは自らの旅を語り、道筋の目印や創世の物語を伝えた。長老の歌、踊り、儀式用のボディペイントは魅惑的で、わたしの脳裏に鮮やかな印象を残した。足踏みのリズム、拍子木、太鼓の音、ディジュリドゥ、きらめく炎、心に響く反復性の曲、それに、意義深い経験を共有したという感覚は忘れがたい。確かに、これらの歌は今日まで忘れられなかった。歌は何千年もの間、何世代にもわたって教えられ、学ばれ、受け継がれてきた。もしかすると、最初の人間がオーストラリアにやって来て以来、六万年にわたって伝えられてきたのかもしれない。これらの歌が「ソングライン」だ。

「ソングライン」のような物語は、口伝される文化的知識であり、それを共有する人々を結びつけ、家族や社会の変数（パラメータ）を巧みに再定義する。アボリジニの部族にはそれぞれ独自のソングラインがあり、法律、儀式、義務、責任、それに精神的な祖先や地形などを詳しく語る。また、ソングラインは、オーストラリアを縦横に走る目に見えない道からなる、生命の宿る地図を語る。メロディの変化や図柄やダンスによって、ランドマーク、樹木、岩の突出部、生き物、天候のパターン、水飲み場を説明し、しばしば星座についても語る。そのため、ソングラインは言語の違いを超えて、多くの部族に伝承されている。歌の各フレーズが道案内になっているので、歌を知っていれば、ある道の終わりから別の道へ進むことができる。「（ソングラインは）

この世界について自分の道を見つけるためのメモリーバンクだ」と、イギリスの作家ブルース・チャトウィンは、独創的な作品『ソングライン』で述べている。[1]

この例が示すとおり、人間の物語が広く普及しているのは、それらが集団のメモリーバンクとなって詳細な文化的情報を保存するからだ。物語は、文化的知識が集団の記憶の中に十分長くとどまり、蓄積され、進化するのを助ける。さらに物語は、多様な背景を持つ複雑な文化的情報を広く伝えるための、信頼性が高く効率的な方法になっている。[2] 人間の文化が複雑になるにつれて、ストーリーテリングが重要な文化的適応になっただけでなく、人間の脳自体が、認知の一部として物語を利用するように進化した。物語は、人間の心と社会と環境との相互作用を形づくった。そして物語は人間の命を救うのだ。

ソングラインがアボリジニを救った

今からおよそ六万五〇〇〇年前、[3] オーストラリア大陸に上陸したのは、比較的少数の開拓者たちだった。彼らは急速に拡散し、一族やコミュニティとして繁栄し、環境をどのように利用すれば生き残ることができるかを学んでいった。野焼きをして農業を行い、銛（もり）や槍といった複雑な道具をさまざまな素材から作った。この集団は頻繁に移動した。乾季と雨季の変化に合わせて、水場や他の資源を求めて渡り歩き、行く先々の土地を口伝の地図に記録していった。物語は、学び、思い出し、教えるのに役立つ技術だ。あるアボリジニの長老が語る通り「我々は本を持たない。我々の歴史はこの大地にある。祖父母から神聖な場所を教わり、物語を聞かせてもらい、ジュクルパ（天地創造の物語）を一緒に歌ったり踊ったりして学んだ。この物語を踊るとき、心と体と足でそのすべてを思い出す。常にジュクルパを再現しているのだ」[4]。何世代にもわたってソングラインで受け継がれてきたこの文化的技術は、オーストラリア全土で人間を繁栄させた。

そもそも、物語を語ることは社会的な活動であり、人々が精神的な土台を共有し、共に現実を忘れて仮想の時空を探索することを前提とする。ソングラインはアボリジニの種族が互いを区別するのを助けるが、きわめて重要なこととして、人々を一つにまとめる働きもする。物語、土地、人々、文化にまつわる類い稀な口伝の地図は、アボリジニのアイデンティティを守るために欠かせなかっただけでなく、彼らを絶滅から救った可能性が高い。

およそ二万年前、厳しい氷河時代がオーストラリアの環境を破壊した。地球の反対側では全長四五〇〇キロメートルにおよぶ氷床がユーラシア大陸を覆い、海面は二〇メートルも下がった。大量の水が氷に閉じ込められ、世界中で雨が降らなくなった。干ばつが進むにつれ、多くの哺乳類が死んでいった。オーストラリアの巨大有袋類はこの時期に絶滅し、人間は六〇パーセントも減少した。何とか生き延びた集団は、この広大な大陸で互いとは遠く隔たった場所に暮らし、次第に孤立していった。この状態が何千年も続いた。苛酷な環境条件にさらされて孤立した小さな集団は、典型的な絶滅のシナリオを歩み始める。遺伝子プールが更新されず、死を招く突然変異が生じ、集団が弱体化していくのだ。

進化の袋小路に突き進むはずだったこれらの集団――すなわち、世界から隔絶されたオーストラリア大陸で、孤立して何万年も生きてきた末に、さらに小集団に切り離された人々――は、しかし、局地的な絶滅には至らなかった。[5] 他の大型哺乳類が絶滅した時期に、アボリジニはどうやって生き延びたのだろう。

ソングラインが彼らを救ったのだ。この時期、過酷な環境問題に直面した人々が必要な資源を見つけて生き延びるには、これまで以上に専門的な知識が必要とされた。この氷河時代にすでに挽き臼が使われていることから、当時の人々がナルドーの実を加工する技術[6]を知っていたことがわかる。また、大人の臼歯に特殊な摩耗のパターンが見られることは、彼らが繊維を加工して漁網を作っていたことを示唆する。これらの複数の段階を持つ複雑な技術は、集団のメモリーバンクに保存され、伝えられたのだろう。仮に、ある集団が暮らす土地にナルドーが生えていなかったりして、一時的にそうした情報が役に立たなくなっても、何世代も後に命を救う情報として思い出せるよう、伝えられたのだ。

また、「利己的な遺伝子」がその運び手たる人間を増殖させたように、ソングラインは、自らを伝承する健康な人々を増殖させたという見方もできる。過酷な氷河時代を通じて、ソングラインとその儀式は種族が孤立して生きていくのを助け、一方、その孤立は、ソングラインと儀式の存続を助けた。異なる考えを持つ異質な人々が流入しなければ、文化は変化を強いられないからだ。もっとも、ソングラインはすべてのアボリジニが共有する文化なので、部族間の結びつきを後押しすることもあっただろう。つまり、婚姻ネットワークとなって遺伝子の交換を促し、遺伝的多様性を促進し、絶滅を防いだのだ。ソングラインは文化プールと遺伝子プールを健全に保ち、氷河時代のアボリジニ文化が、孤立と結合の間でバランスを取れるようにした。これは、他の大型哺乳類にできることではなかった。その後、気候が温暖になり、大陸が暮らしやすくなると、アボリジニの人口は急増した。一七世紀のオーストラリアには、三〇〇の異なる言語集団に属するおよそ一〇〇万人のアボリジニが暮らしていた。

人間が環境と社会のさまざまな困難を経験しながら世界中に拡散した時期、物語は人間を導き、結びつけた。そして社会が複雑になるにつれて、物語もそれに適応して進化した。人間の物理的・社会的環境は、身近な場所からグローバル化した世界へと拡大してきたが、その環境をナビゲートするための精神的な技術を、物語は人間に教えた。「オオカミ少年」の物語や「転ばぬ先の杖」などの格言がその例だ。ストーリーマップ（物語地図）も昔から広く使われてきた。たとえば、ホメロスの『オデュッセイア』は、詩的で記憶に残りやすい地中海沿岸地域の地図だと言われている[7]。ちなみに、ゾウもストーリーマップを使っている可能性がある。人間と同じくゾウは体の大きさに比して脳が大きい。そして進化はゾウに、優れた記憶力、コミュニケーション能力、協力する能力を与えた。群れの雌のリーダーは、人間のおばあさんのように、大昔に干ばつから仲間を救った遠くの水場を覚えていて、群れを導くという。

物語が生存するための強力な手段になるのは、それが過去を思い出しやすくするからというだけでなく、時間とエネルギーを無駄に費やすことなく、未来のシナリオを検討できるからでもある。わたしたちは物語を通じて、仮想世界での思考実験を行い、危険なことや困難なことを試し、その結果を記憶する。わたしたちはいつも直感的にこれを行っている。たとえば、二つの水源まで実際に行かなくても、それぞれの道筋を想像し、どちらがよいか検討するのだ。

物語に動かされる脳

仮に、「あの大岩のそばに近づかないようにしなさい。危険ですよ」と言われても、わたしたちはあまり気にかけないだろう。しかし、こう言われると気にかけずにはいられない。「わたしのいとこがあの大岩のそばに座っていたら、そこを寝床にしているライオンに顔を食われたんだ」。物語が文化のメモリーバンクとして機能するのは、事実情報を理解、整理、共有、保存するための、文脈の「基盤（インフラ）」を物語が提供するからだ。

物語として語られた情報は、はるかに記憶に残りやすい。ある研究によると、[8] 単に事実情報を告げられた場合よりも、二二倍以上記憶しやすいそうだ。それは、物語が脳のさまざまな部分を活性化させるからだ。事実の羅列を聞いて活性化するのは、言語処理の脳領域（ブローカ野と、言葉に意味をもたせるウェルニッケ野）だけだが、同じ情報でも物語として聞くと、その内容と関係のある脳領域が活性化する。走ったりジャンプしたりする物語なら、運動野が活性化し、誰かのサテンのブラウスについての物語なら、感覚に関わる脳領域が活性化する。脳は、わたしたちがその物語の中で生きて、じかに体験しているかのように反応する。そういうわけで、語り手は、聞く人の心に感情と思考と発想を植えつけ、それを経験しているような気分にさせることができるのだ。実のところ、ストーリーテリングの最中、語り手と聞き手の脳が同調していることが、脳スキャンによって確認された。神経学者はそれを、「話し手と聞き手の神経結合（ニューラル・カップリング）」と呼んでいる。[9]

別の言い方をすれば、人間の脳は物語を通して世界を理解するよう進化したので、物語は驚くほど強力な文化的ツールになっているのだ。これもまた、遺伝子と文化が相互に強化し合う共進化の一形態である。わたしたちは人生のあらゆる出来事を物語に織り込み、物語を通して世界と自分の人生を理解している。そして多くの人は、この進行中の年代記の作者は超自然的な創造主だと考えている。

物語を通して世界や人生を理解しようとするのは、適者生存の進化の過程で磨かれた、人間の脳の高度な予測システムの一種だ。脳の主な仕事は、目、耳、皮膚、内臓といった体の各所からの感覚的な入力を受け取り、それらの情報から、現実を知覚し、自己を認識し、周囲の世界を理解することだ。これはしばしば「意識」と呼ばれる。脳は常に、新しい感覚情報にしたがって予測ツールを更新し、その予測に基づいて環境に即した対応を導き出し、食物を得たり、危険を回避したりしている。この予測システムがあればこそ、わたしたちは、重い物は落ちる、影にある物は暗く見える、液体は嚙む必要がない、といったことを予測できる。[10]

脳は、何が起きているのか理解するために、原因やパターンを探しながら、受け取った情報の断片を組み立てる。たとえば、半分食われた牛の亡骸を目の当たりにし、唸り声を聞いたら、その牛はライオンに襲われたにちがいないと考えるだろう。そしてこの物語を心に留め、囲いを作って、残った牛たちを守れば、それ以上の犠牲を出さずにすむ。一方、原因がはっきりせず、牛が理由もなく死んだように見える時には、運が悪かった、村の年老いた魔女が呪いをかけた、精霊が怒っている、というように別の物語を考える。運が悪かった場合にできることはあまりないが、原因が魔女なら魔女を溺れさせ、原因が精霊なら、供物を捧げて怒りを鎮めることができる。そうした行動を取った後、他の牛が生き残っていれば、わたしたちは物語を更新する。魔女を追い払ったおかげだ、精霊が捧げ物を喜んでくれたからだ、運が変わったからだ、というように。こうして人間は、有益ではあっても問題をはらんだ所見を文化的知識バンクに加えていく。

また人間には、物語のないところに物語を見つけようとする傾向がある。そうすれば、人生に意味が生じ、経験に基づいて問題を解決しやすくなるからだ。一九四四年にアメリカで行われた実験[11]では、三四人の大学生に短いアニメーションを見せた。大小二つの三角形と一つの円が画面を横切り、一つの長方形が傍らで静止しているというアニメだ。何が見えたかと尋ねたところ、三四人中三二人が、図形を擬人化して物語を語った。円は「心配している」、小さな三角形は「無邪気な子ども」、大きな三角形は「怒りと欲求不満で我を忘れている」といった具合だ。一人だけが、見えたのは画面上の幾何学的な形だけだと言った。

脳は基本的に、周囲の世界の幻覚をわたしたちに見せているので、[12]入力データを少し調整するだけで、その幻の世界を変えることができる。これは非常に強力なメカニズムで、牛の死のような外界の出来事について自らに語る物語だけでなく、自らの経験についての解釈も変えてしまうことがある。そうなるのは、肉体から受け取った感覚データを解釈し反応する際に、脳が物語を利用するからだ。医者が、痛みを訴える患者に「これは鎮痛剤です」と言って錠剤を渡したら、その錠剤は痛みを抑える可能性がある。痛みが消えるのは、その薬が効いて体内のヒスタミンが減ったのかもしれないが、脳が錠剤の作用を期待して、ヒスタミンの生成を減らすよう体に指令を出したのかもしれない。たとえその錠剤が、砂糖でできた偽薬（プラセボ）であっても、医師の言葉と、患者が自身に言い聞かせる物語だけで、錠剤が引き起こすのと同じ生化学的反応が起きるのだ。

実のところ、その錠剤が偽薬(プラセボ)だと患者が知っていても、その象徴的な力が生み出す物語は、脳に治癒反応を起こさせるようだ[13]。さらには、施術者が白衣を着たり、錠剤のパッケージに処方薬のような説明書や成分を記載したりして（それが空気の成分だったとしても）、いかにもそれらしい形をとって、物語をより強力にすると、その効果は高まる。いくつかのケースでは、注射で投与したプラセボのほうが、錠剤のプラセボより明らかに効果が大きかった。そのほうが物語の真実味が増すからだ。

プラセボが効くのは、その物語がその人の文化の現像液に組み込まれているからであり、文化によって効き目は異なる。たとえばドイツでは、潰瘍のプラセボ薬は近隣のデンマークやオランダの二倍の効果をあげたが、血圧を下げるプラセボ薬は他国よりはるかに効果が低かった[14]。信念によって生成される脳内化学物質は、炎症やストレスなどへの反応を変化させる。中国の占星術は、生まれ年によって死の原因になる器官が決まっていると説き、それを信奉する人々は、宿命とされた器官の病気になると、平均で四年から五年早く死亡する[15]。これは驚くべき発見であり、研究者たちは、生まれ年が同じ中国系アメリカ人とヨーロッパ系アメリカ人の死亡率を比較した。すると、この宿命的な話を信じる中国系アメリカ人は、ある病気に罹ると実際に死亡率が高くなり、この文化的通念の信憑性を高めた。この場合、寿命は遺伝子によってではなく、文化的な物語の力によって決まったのだ。

体を癒すよう脳を説得する物語の力は、他の形でも機能する。一〇代の若者や若い女性が、明らかな原因のないまま次々と失神したり、集団ヒステリーを起こしたりする例は、歴史上何度も報告されている。二〇一二年、アフガニスタン北部タハール州の州都タロカンにあるビビ・ハジェラ高校では、女子生徒と教師たちが体調不良を訴え、病院に運ばれた。当初、タリバンが毒を盛ったとされたが、多数の血液検査と尿検査を行った末に、世界保健機関はその症状が「集団ヒステリー」だったと結論づけた[16]。ヨルダン川西岸でも同様の事件が起き、イスラエル人とパレスチナ人が互いを非難しあったが、最終的に医学者たちは原因は心理的なものだと結論づけた。マサチューセッツ州で起きたセーレム魔女裁判も、少女たちの集団ヒステリーが発端だった。こうしたすべての出来事において、被害者たちは恐怖を感じる環境にあり、彼女らの脳は、危険が迫っているという物語を解釈して、実際に身体症状を引き起こしたのである。化学療法（抗がん剤）を始めようとしている患者の約六〇パーセントが、予期性の吐き気[17]を経験する。そうなるのは、脳が化学療法の副作用を予期するよう条件づけされているからだ。

　これは「ノセボ（反偽薬）」効果と呼ばれる。ノセボはプラセボとは逆に有害な影響を及ぼす[18]。呪いや邪悪な呪文、黒魔術の力は、ノセボの効果として説明できる。なかには呪いで死んでしまう人もいる。記録に残る事例は、八〇年ほど前にアラバマ州で起きた。黒人男性がブードゥー教の呪いをかけられ、衰弱し、死にかけていた。診断したドレートン・ドハーティという医師が何を言っても、男は死を確信しており、男の脳もその思いに拍車をかけた。そこでドハーティは、別の物語でブードゥー教に対抗することにした。男に強力な吐剤を与えて吐かせ、巧妙な早業で（カバンから）生きたトカゲを取り出したのだ。そして、「ブードゥーの呪いによってきみの体内でこのトカゲが孵化していた。それを取り除いたから、また元気になれるよ」と請け合った。そして、その通りになった[19]。

進化の観点から見れば、こうした身体的な反応が出るのは理にかなっている。危険な場所にいたり、安全でない食物を食べたりした場合、悪心や嘔吐は危険信号となって、逃げるか、何か行動を起こすことを促す。逆に安全で快適な場所にいる時には、脳は痛みと炎症を鎮める物語を語る。これが特に当てはまるのが子どもで、ひざを擦りむいた時に、親がキスするだけで痛みが和らぐ。これもまた、現実（脳が信じている物語）と感覚的な経験を一致させるという脳の戦略だろう。

物語は、人間が世界を理解し、世界と関わるために進化させてきた認知ツールだ。わたしたちは物語の中で夢想し、経験を物語として語り、物語を通じて世界を理解していく。その物語において、わたしたちは主人公だ。これまでの歴史は序章となり、周囲の世界は、自分の人生の背景になる。わたしたちの多くは、人生を「旅」、目標を「目的地」ととらえ、その旅では、「方向を見失ったり」、「岐路に立たされたり」する。物語を語るのは人間の普遍的な特性だ。それは子どもの頃に自然に始まり、あらゆる文化に存在する。わたしたちは言葉を話す前から、物真似や身振りで物語を語る。わたしの娘はまだ歩き始めて間もないが、一匹のチョウチョを示して、嬉しそうに手をひらひらさせる。彼女は物語を語っているのだ。物語は出来事と感情を結びつけるので、記憶に残りやすい。

人類の祖先がストーリーテリングを行っていたことは、数十万年前に彼らが顔料（オーカー）を塗った洞窟や岩肌を見ればよくわかる。何もない大地にいた彼らは、縄張りの主張を超えた何かを伝えようとして、手形や意図的な印を残した。それらは、人間には自分の物語を語り、他の人に知ってもらいたいという欲求があることを伝えているようにわたしには思える。作家のカズオ・イシグロはこう述べている。「物語とは、わたしはこう感じるけれど、あなたも同じように感じるだろうか、と人が人に語りかけるものだ」[20]。顔料を使った手形は、アフリカ南部からオーストラリア、ヨーロッパまでのさまざまな場所で発見されている。それは、人類の歴史が始まって以来、おそらくはまだ言葉を話さないうちから、途切れることなく行われてきたストーリーテリングだ。二〇一七年、オーストラリア、ニューサウスウェールズ州の最高裁判所のガラスの壁面が、赤い顔料の手形で汚された。アボリジニの少年を殺害した男に寛大な判決がなされたことに、アボリジニの人々が抗議したのだ。赤い顔料は正義を要求するとともに、その大陸に最初に暮らした人々がそれを文化的ツールとして使った頃とのつながりを物語っていた。

洞窟のなかの映画

スペイン北部バスク地方の奥地、カンタブリア州の、二つの川と三つの渓谷が出会う場所に洞窟群がある。中でもエル・カスティージョ洞窟は、動物の群れの移動ルートにあったせいか、何千年にもわたってネアンデルタール人とわたしたちの祖先の住みかとなり、過酷な氷河時代には避難所になった。迷路のように入り組んだ洞窟の小部屋の壁には、六万四〇〇〇年前にこの二種類の人類が描いた素晴らしい絵が残されている。しかし、つい最近になって科学者たちは洞窟の奥深くで、あり得ないほど素晴らしいものを発見した。わたしはそこを訪れたとき、ガイドに電灯を消してくれるよう頼んだ。描いた人が意図した通りに鑑賞したかったからだ。

数秒の間、暗闇の中で目を凝らす。やがて、ガイドが掲げる松明の灯りの中に、立体的な半獣男（バイソン・マン）の怪物が現れた。恐ろしげな表情で、天井からわたしを見下ろしている。松明の灯りが高さ三メートルの堂々たる石筍の周りを動くと、この半獣男は大きくなり、歪み、天井を歩いていく。畏敬の念と驚きと恐怖が混じりあった原始的な感情が湧きあがる。この驚くべき像は、一種の映画だ。遅くとも一万五〇〇〇年前には、一人のアニメーターが、獣脂を燃やすランプを動かして観客を魅了した。石筍の膨らみを利用して、一連の絵に光をあてたり影を落としたりして、動きと意味を生じさせたのだ。こうして語られた物語は、創作者が頭の中で生み出した考えを他の人々に伝えただろう。ストーリーテリングは、社会的な絆を深める絶好の機会になる。また、わたしたちが物語の中で語る嘘は、合意に基づいている。つまり、物語を聞くときのわたしたちは、境界を越えて新たな現実や想像上の風景に観客として入ることに合意しているのだ。

　映画という多感覚に訴える経験は、ストーリーテリングの効果を増幅する。映画の威力の一つはスケールの大きさだ。たとえば映画で使われるクローズアップは、脳が人の姿や顔のイメージをどのように認識するかに強く影響する（また、一秒間に一二枚の絵、あるいは二四コマが動くと、脳は理性を働かせる時間の余裕がなくなり、現実と虚構を錯誤し、登場人物に感情移入する）。太古の洞窟の映画製作者が、映画が観客にどのような感情を呼び起こすかを知っていたのは明らかだ。洞窟の壁や石筍の表面にさまざまな姿で描かれていたのは、まぎれもなくバイソン・マン（おそらくバイソンの皮をまとったシャーマン）だった。この神秘的な暗い洞窟で、どのような世界が創造されたのだろう。どのような霊的な幻影が、それを共に見て、共に崇める人々を結びつけたのだろうか。

　人生で遭遇する謎や、容易に説明できない事柄を、わたしたちは想像上の神や不思議な力の物語を通して、理解し、受け入れようとする。多くの人にとって、想像上の世界と現実世界の区別は不明瞭で、区別する必要もない。物語は安心感をもたらし、特に神にまつわる物語は、社会への依存度が高い種である人間にとって、災難に直面したときの究極の支えになる。実際、地震が起きた後は信仰心が高まる。[21] それは、慈悲深い神に祈ればストレスが減るのに加えて、宗教的儀式や社会的支援は安心感をもたらし、ひいては体の痛みまで癒してくれるからだ。[22] 信仰の篤い人が間違いを犯すことをあまり恐れないのは、[23] どの宗教もある程度、宿命という概念を含み、最終的な責任を神々に委ねるからだろう。宿命と神を信じることで、人間は思い悩むことから解放された。その信念は人間という種の生き残りを助け、進化上プラスになってきたようだ。

　実のところ、物語に基づく慣習は、一見不合理に思えるものの有益だからこそ、広く受け入れられてきたらしい。狩猟を例にとれば、世界中のさまざまな社会において、狩りにはさまざまな儀式が伴う。たとえば、狩人が動物の真似をする、狩場を限定する、一見、効率の悪いやり方をする、といったことだ。しかし、研究者が分析したところ、儀式的な狩りは、過去の成功にパターンを見つけてそれを模倣する合理的な狩りよりも、往々にして優れた戦略であることがわかった。狩りの場所を選ぶ際、過去の成功にパターンを見つけようとすると、過去に狩りが成功した場所に戻ることになるが、動物の方は、すでにそうした場所を避けることを学習している。一方、儀式的な狩りでは、狩場はランダムになり、人間の認知の弱点であるバイアスを避けることができる。バイアスに悩まされず、行動を無作為に選択できるという点では、チンパンジーの方が人間より上手だ。

また物語は、天然資源を持続可能な形で利用し、集団のために守るメカニズムをもたらす。驚くようなことではないが、アニミズムは狩猟採集社会に普及しており、言語を持たない初期のホミニンの間にもアニミズムは存在していたと考えられている。[24] そうした宗教的な物語の大半は、人間と自然界との互恵関係を前提としている（ユダヤ教とキリスト教に共通する、自然を人間の支配下に置く発想は例外的だ）。たとえば、シベリアの先住民ヤクート族はトナカイを狩るが、神の力がトナカイに宿り、トナカイ自身が捕獲されるべく自らを捧げると信じている。狩りはすべて儀式的に行われ、人間に贈り物をもたらした動物の霊への感謝と敬意を表す。

このような自然を信仰するシステムにおいて、部族の祖先は重要な役割を担っており、多くの文化で、祖先の霊は動物や自然物に宿ると考えられている。誰かが亡くなっても、その人はコミュニティの中で何らかの役割を果たし続け、世代やライフスタイルを超えた社会的な絆を強める。死をめぐる慣習はあらゆる文化の物語に組み込まれており、また、考古学者が発見した中で最も重要な装飾品の多くは、死者を飾るために用いられたものだ。文化は、何世代も途切れることなく継承されて初めて、累積的に進化することができる。したがって、個々人が亡くなっても、彼らが支えてきた文化的慣習は生き残らなければならない。集団の物語と儀式を通じて祖先が生き続けることは、この途切れることのない継承を可能にし、社会的絆を強化する。だからこそ、そうした物語や儀式はこれほどまでに普及しているのかもしれない。今でもわたしたちは、記念碑からマリリン・モンローのポスターに至るまで、形ある物を使って文化の記憶を刻み、故人の物語を継承している。

世界のどこでも、物語を語ることを生業（なりわい）とする人々は尊敬されている。フィリピンの狩猟採集民アグタ族は、物語を語る能力を他のどの技術よりも重視し、狩りの能力の二倍も重んじる。そして人類学者の研究報告によると、優れた語り手ほど子どもの数が多いそうだ。[25]

物語と文化

物語は情動的波長を聞き手に送り、理解と信頼と共感を引き起こす。人類が誕生した頃から、このプロセスにおいて、火が重要な役割を果たしてきた。火は、一日を長くし、想像力あふれる会話を可能にした。人類学者がナミビアとボツワナで、現代の狩猟採集民の会話を分析したところ、昼間の会話ではもっぱら、経済問題や土地の権利など日常的なことが語られるが、夜の火明かりのもとでは、会話の八〇パーセント以上を物語が占めた。[26]
わたしたちはこの世界を解釈し、独自の不思議な世界や獣を創作し、そうしたアイデアを物語や芸術、歌やダンスを通じて他の人に伝える。言うなれば、心から心への語り掛けだ。こうしたコミュニティの儀式は強い力を持ち、絆を強め、信頼関係と連帯感を強固にする。サッカーの応援歌から宗教の讃美歌まで、他の人々と協調して歌ったり踊ったりする経験は、単なる数分間の共同作業にとどまらない。[27] 脳はそれを、はるかに多くのものを共有しているかのように処理し、[28] わたしたちはそれを通じて疑似家族になる。ある研究によると、人々は一緒に歌ったり踊ったりした後にはより協力的になり、グループの財源により多くのお金を寄付し、結果的に、全員がより良い配当を得られる[29]。

物語が威力を発揮するには、脳の予測システムが独自の物語を生み出すだけでは不十分で、個人の物語がグループの物語と一致する必要がある。物語は共通の信条の下にわたしたちを結びつけ、共同事業を通して見知らぬ人同士を団結させる。物語を語ることで食べ物や他の資源がもたらされるわけではないが、語りの技術は、集団の絆と協力体制と社会的ルールを強化し、文化的知識を伝えるために進化したと思われる。たとえば、アグタ族では優れた語り手のいるグループのほうが協力と共有のレベルが高いことが人類学者の調査によって明らかになった[30]。アグタ族が語る物語の約八〇パーセントは、協力、男女の平等、平等主義、ルールを破った場合の罰など、グループの存続を後押しする文化的振る舞いについてのものだ。物語で協力の大切さをあまり語らない、たとえば自然について多く語るような社会では、集団としての協力はあまり見られない。

物語は、社会も、個人も、より協力的にする。わたしたちは物語を通して、自分や他の人や世界についての情報を伝え、人とどう関わり、どのように共感し、どう振る舞えばよいかを学ぶ。すなわち、人間の本質を探究し、他の人の考え方を知るのだ。そうすることで自己の信念や感じ方を補強したり見直したりする。

どの言語圏でも、物語を理解し、自己認識を深め、他者への共感を高める時に脳内で起きる変化には共通点がある。心理学の実験で、英語、ペルシア語、標準中国語で物語を聞いている人々の脳をスキャンしたところ、人々がその物語に意味を見出したときには、脳の活動に同じパターンが見られた[31]。別の研究では、小説を読むと、人種や宗教が異なる人を含む他者への共感が大幅に高まった。また、物語が好きな人ほど、実生活で親切な行動をとりがちだ。たとえば、実験で研究者が「うっかり」ペンを落としたところ、物語を「夢中になって読んだ」と報告していた被験者がペンを拾う確率は、そうでない被験者のおよそ二倍だった[32]。また別の研究では、小説は「他者の主観的経験にアクセスするために必要な心理プロセスにユニークな形で関与している」という結論が出た[33]。簡単に言ってしまえば、小説を読めば他者の感情を読み取れるようになり、それは協力的な社会を形成するために欠かせないスキルなのだ。

また物語は、反発を招く恐れのある新しいアイデアや行動を社会に提示し、社会や制度の文化進化を緩やかに後押しする方法でもある。物語は人から人へ伝播し、拡散していくので、そのメッセージを破壊したりコントロールしたりするのは難しい。その結果、反体制的なメッセージも生き残り、非力な集団に力を与える[34]。きわめて保守的なアフガニスタンでは、ランダイと呼ばれる作者不詳の二行詩が、パシュトゥン（アフガン人）の女性の間で口伝されている。それらの詩は、性と女性の解放にまつわる禁断の物語を語る。「姉妹が一緒に座っていれば、いつでも兄弟を褒めたたえる。兄弟が一緒に座っていれば、姉妹を他人に売り渡す」「あなたの自爆ベストにわたしも入れて。でも、わたしがキスしないからだとは言わないで[35]」などがある。物語として語ることで、女性の解放や奴隷解放など、危険を伴う政治思想や社会思想の反響を調べることができ、それが現実の変化につながる。さらに、それが書籍になると、その影響力は並外れたものになる。ジョージ・オーウェルの『一九八四年』と、メアリー・シェリーの『フランケンシュタイン』は現在でもしばしば引用される。トスカーナの詩人ダンテ・アリギエーリは、ラテン語ではなくトスカーナ方言で『神曲』を書き、以来、トスカーナ方言がイタリアの母国語になったと言われる。アレクサンダー大王はホメロスの『イリアス』に心酔し、東方遠征の際にも、この叙事詩の写しを枕元に置いていたと伝えられる。

叙事詩的な物語は、国民としてのアイデンティティを形成するのに役立ち、人々に自分たちがどこから来たのか、何者であるか、隣人をどのように見なすべきかを教える。物語を伝播することで、社会を結びつける共通の歴史が形成される。——実のところ、多くの言語において「ストーリー」と「ヒストリー」を意味する単語は同じだ。わたしたちは物語を通して、民主主義や愛国主義、その他のイデオロギーの概念を創造し、共有する。たとえばおとぎ話は、世界を自分たちが望む通りに変えたい、教訓を伝えたい、という欲求から生まれた。『美女と野獣』のようなヨーロッパのおとぎ話の起源が、およそ六〇〇〇年前のインド人とヨーロッパ人の共通の祖先にまで遡ることが、文芸人類学者によって発見されている[36]。これらの物語のルーツをたどると、太古の人々が人口を増やし拡散した足跡と、何千年にもわたって伝承されてきた物語の根強さがわかる。「醜い人にも優しい心は宿る」という教訓は永遠のものだ。このような背景ゆえに、今でもヨーロッパの人たちは、二五〇〇年ほど前にギリシアの奴隷アイソーポスが語ったイソップ物語の教訓を伝えている[37]。

人間は何千年にもわたって、時代と聴衆に合わせて登場人物や細部を変えながら、同じ物語を語ってきたらしい。一八七二年、考古学者のジョージ・スミスは、バビロニアの粘土板に記された楔形文字を解読し、世界最古の物語をよみがえらせた。四〇〇〇年前に語られた壮大な叙事詩、「ギルガメシュ叙事詩」である。しかし、ロマンチックなドラマと冒険に満ち、永遠の生命を探し求めるその叙事詩は、不思議と馴染み深いものだった。ギルガメシュの「大洪水伝説」では、ウトナピシュティムという人物がシュメールの神エンキから、大洪水で人類を滅ぼすという神の計画を教えられ、エンキの指示にしたがって、現世の財産を捨てて箱舟を作り、妻と家族、村の職人、動物の赤ちゃんと食糧を積み込んだ。ユダヤ教、キリスト教、イスラム教で語られる「ノアの方舟」とほぼ同じであり、それらにインスピレーションを与えたのは間違いない。

実のところ、ギルガメシュの物語が粘土板に葦のペンで刻まれていた頃、アンクという名のエジプトの書記官は、この世に語られなかったことは何も残っていない、と嘆いた。「未知の言葉を知りたい……祖先が語り、使い古され、何度も繰り返されてきたものではない言葉を！」[38]。おそらく基本的なプロットは一握りしかないのだろうが、それらの限られたルールから、人間は無数の可能性を紡ぎ出してきた。そして常に、聞き手に合わせて語り方を変えているので、物語自体が聞き手の環境に適応して進化していく。したがって、新たな物語を生む必要はないのだ。

人間は必要とする物語を創作し、それらは、その時代の文化の現像液を反映し、文化の変遷を覗き見る窓になる。多くの宗教的な物語は、初めのうちは、道徳規範や人間の行動を監督することには無関心だった。最初に文書に記された神々は、人間を支配する力を持ちつつ、テレビドラマのような刺激的な生活を営んでいた。人間は儀式や供物によって神々のご機嫌をとり、ご加護によって報われることもあった。羞恥心は重要な動機になったが、『イリアス』に描かれるゼウスは、正義には無関心だった。また、当時の古代ギリシアは家父長制社会で、息子は成人した後も、父親が死ぬまで権利を一切持たなかった。

それから五〇年ほど後の『オデュッセイア』の頃には、他民族の侵略、経済危機、階級闘争、社会混乱、個人の不安などにより、激動の時代になっていた。氏族制度は弱まり、個人の権利と責任を求める声が高まり、強力で道徳的な家父長制を脅かした。ギリシア人は、社会的正義への欲求を宇宙に投影したようだ。『オデュッセイア』に描かれるゼウスはより批判的で、人間は「邪悪な行いによって、必要以上の困難を招いている」と断じる。そしてゼウスは道徳的になるにつれて人間らしさを失い、オリュンポスの神々への信仰は、畏怖の宗教になった。『イリアス』には「神を恐れる」という言葉は出てこないが、『オデュッセイア』では、神を恐れることは称賛に値する美徳と見なされた。[39]

空気に対する見方も変化し、汚染（瘴気（しょうき））に対する恐れと、浄化する儀式の重要性が増した。しかし、『イリアス』では浄化の儀式は形式的なものにすぎず、登場人物たちは新鮮な空気を吸う。しかし、『オデュッセイア』の、後に出された版では、空気を汚染する悪魔が登場し、オイディプスは汚れた追放者になる。汚染はランダムに人に感染する病原菌のような、外的で取るに足りない出来事として始まるが、やがてそれは子孫の代に伝わり、浄化されるまで各世代を卑しめるものになった。そこから、瘴気は罪や欲望がもたらす病と見なされるようになり、人々は罪を犯すことを恐れるようになった。浄化の儀式はより複雑になり、精神の浄化もなされるようになった。

物語は非常に強力な認知テクノロジーであり、人間は物語を通じて罪のような概念を生み、集団としてそれらの概念を信じ込む。また、物語は人間の行動や社会を形づくり、繁殖の成功に影響し、死刑や堕胎などを通じて生存を決定する。さらには、たとえば自分の遺伝子を誰と共有することが罪深いかを教えることにより、生物学的な進化の原動力にもなっている。

　つまりストーリーテリングは、発想と発明を永続させるための適応であり、文化的な情報を人から人へ正確に伝達する役目を果たしているのだ。しかし、社会が大きくなるにつれて、物語にならない情報、たとえば、誰が誰にどのような義務を負うかというような情報の保存も重要になってきた。それには、インカ族が用いた複雑な結び目のある紐、ひっかき傷をつけた貝殻、刻み目を入れた粘土板や石板などの、物理的な記録が必要とされた。オーストラリアでは何万年にもわたって、大陸全土で「メッセージスティック（伝達棒）」が使われてきた。それは長さ三〇センチほどの木の棒で、招待、取引、依頼などの情報を伝えた。異なる地域の人々にも理解できる記号が刻まれており、他の部族の領土を通過する際の、パスポートの役目も果たした[40]。

文字の発明は何を変えたのか

　およそ五〇〇〇年前、人類は「文字」という、柔軟性のある、極めて優れた情報保存ツールを発明した。文字は、大量の情報を正確に管理・保存・伝達することのできる、エネルギーと時間の両面で圧倒的に効率の良い方法だった。言うまでもなく、それは文化の累積的進化の要（かなめ）になった。

　しかし、文字の読み書きを学ぶには相応の時間（と子どもの努力）が必要とされるため、文字を採用したのは、それに見合う利益が得られる社会だけだった。狩猟採集民の場合、小規模の言語集団が広大な地域に散らばって暮らしていたため、文字を使うことへの選択圧はかからなかった。土地、小麦の量、ヤギの数、子どもの数といった「財産」を記録する必要が出てきたのは、定住するようになってからだ。農耕社会では、作物の種類がその社会の運命を決めることがある。小麦や米のように定期的に収穫される穀物は課税しやすいため、国は豊かになり、インフラが発展する。そうなると、文字を使えることはいっそう有益になり、また、必要とされる。もっともそのような社会でも、読み書きができるのは、政府の役人や宗教のリーダーといった一部の男性に限られた。

文字を発達させて使用したのは、十分な食料を生産し、さまざまな商売をする膨大な人口を養い、多数の異なる氏族を統治する権力を持ち、安全で安定した、戦争が起きない定住社会だった。紀元前三〇〇〇年頃には、メソポタミアの穀物農家に支えられて、最初の都市と国家が誕生した。社会は、氏族を中心とする集団から、無名の個人からなるはるかに大規模な国家へと、劇的な変貌を遂げた。それを可能にしたツールの一つが文字だった。

人間が誕生してから長い間、人々が何を言って何をしたかを記録した文書は存在しなかった。歴史が始まったのは、課税や商売のための所有権、都市の港で輸出入される商品の量、統治者の財産、変更可能な法規、戦争の勝利の記録といった世俗的なことがらを粘土に書きつけるようになってからだ。初期のシュメール人の書きつけから、現代のフェイスブックのアカウントに至るまで、わたしたちは、生活について記録を残したいという衝動に駆られ続けている。このような情報の保存法と伝達法が進化したおかげで、社会は規模と複雑さを増し、文化的知識が集中するネットワークの拠点になった。

より複雑なデータを伝える文字（たとえば、牛の絵を四つ描くのではなく、牛四頭を表す記号を用いる）や、音声を伝える文字は、異なる文化で別々に進化した。この重要なプロセスをこなすには、音声を表す記号を必要なだけ揃えなければならなかったが、多くの社会が、互いの表音記号を取り入れることでそれを成し遂げた。表音文字には、古代中国の文字から、一音一語のシンプルなルールのアルファベットまで、さまざまな種類がある。アルファベットの起源は一つで[41]、古代ギリシア人はそれを、プロメテウスが人類にもたらした火よりも尊い、最高の贈り物と見なした。アルファベットの文字は、初期のセム文字に基づいている。「アルファ」、「ベータ」などはギリシア語では意味を持たないが、αは、横にすると雄牛の角になる。「aleph」はフェニキア語で「雄牛」を意味し、これはカナン語の「alp」から来ている。一方、βを横にすると、丸屋根のついた家になる。フェニキア語ではbetは「家」を意味し（たとえばベツレヘム〔Bethlehem〕の原義はhouse of bread）、古代エジプトの「家」のヒエログリフが起源とされている。つまり、牛の図形αで「aleph」の頭音〔最初の音〕を表し、家の図形βで「bet」の頭音を表したのだ。このフェニキア人の発明が、アラビア語からラテン語まで、今日わたしたちが使っている多種多様なアルファベットの祖先だ[42]。

アルファベットは進化し続けている。この数世紀で、英語は六つの文字を失った。ð（eth、theのthをより強く発音する）、þ（thorn、thingのthをより弱く発音する）、ȝ（yogh、lochのchを喉に響かせる）などである。

文字が溢れる世界に生きるわたしたちにとって、大規模な都市社会が文字なしで機能することは、ありえないように思える。しかし、洞窟に閉じ込められた魚の目が、何世代にもわたたって使われないうちに退化するように、文化も技術や慣習を失うことがあり、ときにはそれが何世紀にも及ぶ[43]。これは、文化進化に方向性はなく、必ずしもより良い方向へと「進歩」するわけではないことを示すもう一つの例だ。そのような暗黒時代が、古代ギリシアで破滅的な侵略と自然災害が続いた後に訪れた。紀元前一二〇〇年頃、ギリシアの人々は都市の廃墟に暮らし、読み書きもできなくなっていた。

そのような文字の失われた暗黒時代に、おそらくまだ重要な港町だったスミルナ（現在のイズミル）で、ホメロスが不朽の叙事詩を創作したのは驚くべきことだ。詩は、音楽のように披露されることを前提として作られる。その言葉、比喩、リズム、音楽性は、声に出すことで命が吹き込まれる。伝説の盲目の詩人ホメロスは、記憶を頼りに詩を語り、聴衆はそれを覚えて、他の人に披露した[44]。もっとも、ホメロスも同時代の人々も、読み書きはできなくても、文字の存在は知っていた。文字の書かれた神殿や碑の残骸に囲まれていたし、フェニキア人など、文字を持つ人々と交易していたからだ[45]。ホメロス自身も『イリアス』の中で、文字について以下のように言及している。ある使者が折りたたまれた金属板を持ってきた。そこには「この書簡を届けた者を殺せ」と書かれていた。

文字が失われた時代に生きつつも、どこかに文字が存在することを知っている作家の気持ちを想像してみよう。もっとも、盲目の作家にとっては最善の時代だった。ホメロスと同時代の人々は、もう一つの認知ツールに頼っていた。すなわち記憶力だ。そして、文字を持たない人々の方が記憶力はすぐれている[46]。ホメロスの時代に文字がなかったことをわたしが不思議に思うのと同様に、ホメロスの時代の人々は、現代人の記憶力の悪さに驚くだろう。『オデュッセイア』のような叙事詩は暗記しやすいように作られた。厳密な韻律はセリフを覚えるのと即興するのに役立ち、また、繰り返しが多いことも暗唱を助けた。それでも、教養ある人々にとっても、何千行もの詩を暗記するには技術が必要とされ、また、彼らの脳には、測定できるほどの変化が起きていただろう。何千もの通りの名前や方角を記憶しなくてはならないロンドンのタクシードライバーのようなものだ。彼らの脳では、海馬が大きくなるといった脳の構造上の変化が起きている[47]。

ギリシア人は記憶術（ニーモニック）と呼ばれる高度な技術を編み出した。ニーモニックは文化的に習得され、地形や星座を物語に読み込むアボリジニのソングラインと同じような働きをする。伝えられるところによると、古代ギリシアの詩人であるケオス島のシモニデスが、詩を朗読するためにある宴席に参加した。シモニデスがその建物から出た直後、屋根が崩れ落ち、中にいた全員が亡くなった。遺体は無惨なまでに損なわれていたが、シモニデスはニーモニックを使って頭の中で大広間をめぐり、誰がどこに座っていたかをすべて思い出した。こうして客人たちの身元が明らかになり、埋葬することができた。彼は、想像上の「精神の宮殿」に記憶を刻みつけることの技術を、その後も磨き続けたと伝えられる[48]。この記憶術では、文化的、生物学的に共進化してきたストーリーマッピングの能力を利用して、空間を思い浮かべ、そこにさまざまな情報を配置していく。この精神の宮殿をめぐること、つまり、物語を追体験することは、大量の情報のリストや公の場でのスピーチ、あるいは抒情詩を記憶するきわめて効果的な方法だ。

もっとも、この記憶術は多大な認知的労力を要する。文字を読み書きできるようになったおかげで、人間は記憶に必要なエネルギー・コストを外部委託し、図書館や、最近ではオンライン上に保存されている集合的記憶に頼るようになった。

読み書きの習得は、文化的に習得される大半のスキルと同様に、人間を生物学的に変える（もっとも、遺伝的に変えるわけではない）。識字能力のある人々とそうでない人々の脳には、八歳頃になると違いが生じる。脳の視覚処理システムが、字を読むことに特化するからだ。こうした変化によって、脳内のネットワークの一部が強化され、物体認識能力や言語能力が高まる一方、顔の認識など、脳の別の領域が担っている能力は低下する。狩猟採集民が動物の足跡の微妙な違いを読み取るように、識字能力の高い人は言葉に敏感になる。わたしたちの目は、環境に母国語の文字で書かれた単語があればそれに飛びつき、無意識のうちにそれらを解読し、意味を読み取ろうとする。

綴りが少々不正確でも、読むのにそれほど支障はない――脳が自動的に補正してくれるからだ[49]。脳は、文脈から推測して、文章や会話を再構築するのが得意だ。その理由の一つは、読むことに慣れた大人は、子どものように文字を音声に変換してから理解するのではなく、文字を直接意味に置き換えているからだ。その方がはるかに迅速で効率が良い。平均的な大人は一分間に約二三〇語を読み、二〇歳までに約四万二〇〇〇語を覚える。その後も一日に一つか二つ新しい単語を覚えていくので、引退する頃には、大学を卒業したばかりの若者よりはるかに語彙が豊かだ。このように年長者は、蓄積してきた知識ゆえに、文化的豊かさと人間社会の多様性の貴重な宝庫になっている。

手を動かして書くという行為自体、さまざまな脳領域を使い、広範な認知的効果をもたらす。書くことによって、脳の基底部にある、情報をふるいにかける細胞群が刺激され、注意を集中させるため、情報は紙の上だけでなく、記憶にも刻まれる。書くことで考えが整理され、とらえどころのない漠然とした感情はページの上に結晶化し、思考は理解可能な、他者と共有できる形になる。こうして、理解しがたいものを理解できるようになる。テクスト（text）はラテン語の texere（織る）に由来する。それは、わたしたちは布を織るように、言葉を編み出すからだ。

印刷機が発明され、また、紙が安く手に入るようになると、[50]中産階級の市民と商人という新たな識字階級が生まれた。その結果、情報は民主化され、社会のあらゆる部門から書き手と読み手が生まれた。現在では小学生の頃から、読書が新たな知識を学ぶ主な手段になっている。書物の力は、信じ難いほど強い。たとえばわたしが何かを読んでいるとき、著者に会っているわけでもないのに、まるで著者が耳元でささやいているかのように、その言葉がそのまま頭の中に浮かぶ。また現代では、情報はすぐ参照できるようになり、記憶する必要がなくなった。その代わりに学ぶのは、どこへ行けば情報を得られるか、そして、膨大な文献の中からどうすれば価値あるものを見極めることができるか、ということだ。見習うべき人の見極めが重要なのと同じである。

書物は口承の物語より信頼性が高く、文化的情報を長く社会に留めることができる。そのことが、文化の累積的進化のためのもう一つのメカニズムを提供している。それは、ある書物を参照した書物は、参照元の書物の著者の知識を土台とすることだ。死海文書は紀元前二五〇年に遡るとされるが、およそ一〇〇〇年後に書かれたレニングラード写本の内容は、死海文書とほぼ一致している。何世代にも及ぶ筆記者が忠実にコピーした結果だ。さらにそれらが基にしていたのは、ヘブライ文字が誕生する前、少なくともダビデ王の時代から一〇〇〇年以上にわたって語り継がれてきた口承の物語だった。

もっとも、文字の発明は、情報の保存と伝達の仕方を向上させただけではない。文字は、人間の脳の処理能力を外部委託によって拡張しつつ、人類が育ててきた集団脳を根本から変えた。文字を使うことで、社会と技術はいっそう複雑になった。哲学的な議論、論理的な推論、抽象化、高度な数学などが、多様な思索家からインプットを得て発展するには、書物のページに文字で書かれる必要がある。そうなって初めて、進歩が目に見えるものになり、口頭での議論よりはるかに堅牢な形での検証や分析が可能になる。その結果、政治、行政、貨幣経済といった複雑な社会的存在が生まれ、発展する。このようにして、文字の発達は人間の組織の発達を導いた。

紙は、いずれ使われなくなると言われながら、今でも広く使われている。もっとも、現在、情報は、その音声を音素に分解したりアルファベット文字に分解したりするのではなく、一と〇に基づく二進法のデジタルビットとしてシリコンチップに保存されている。その意味で、情報はエネルギーや物質と同じ物理的性質を備えており、情報を操作・記憶・伝達するにはエネルギーが必要で、情報の「忘却」、つまりディスクの消去は、コストがかかり、困難でもある。今後数十年のうちに、わたしたちは生物学的に進化した究極の情報記憶システムを使って、情報を保存するようになるだろう。すなわちDNAだ。[51] DNAの構造は生命体のタンパク質を合成するために必要な遺伝情報をコード化している。ビジョンと創造性と技術知識を備え、それらを駆使して自らの思考を保存する文化的存在を生み出したのは、他ならぬこの生物学的仕組みである。

物語の発明は、集団の知識を蓄積するためのメモリーバンクをもたらし、文化をより正確に、より広く伝達できるようにし、社会の結束を高めた。そうすることで、物語は文化進化のエネルギー・コストを削減し、人間の生存可能性を高めた。物語を語り、物語を通じて内省することは、人間の認知の生物学的進化に貢献し、人間の心や社会のみならず、環境との相互作用も形づくった。物語の通貨となるのが言語であり、それが次章のテーマだ。

第7章 言語

それはいかにはじまり思考と人格と集団を形成したか

スペイン、カナリア諸島のラ・ゴメラ島では、岩山の上で二重唱（デュエット）が奏でられる。この火山島の深く広い谷を挟む急峻な山々のはるか彼方から、澄み切った音が亜熱帯の大気を貫いて届く。小鳥のさえずりや、岩場を跳び歩くヤギの鳴き声を聞きながら待っていると、どこか上の方から心地よいメロディの返事が聞こえてくる。

この島の人々は、人を寄せつけない過酷な環境で、シルボと呼ばれる古来の口笛言語によって互いにコミュニケーションをとっている。山から山へ、人里離れた農場から村へ、シルボは八キロメートル離れた場所まで会話を運ぶ。ある年老いたヤギ飼いが言うには、携帯電話より安くて速く、電波が届かない場所もない。現在、ラ・ゴメラ島の学校では、多くの子どもたちが母国語のスペイン語とともにシルボを学び、口の中に指を入れて音を出したり、特殊な舌の折り方を練習したりしている。シルボは鳥のさえずりによく似ているので、クロウタドリが真似ることもあるという。

コミュニケーションは生物の基本的な特性であり、あらゆる生物が何らかのシグナルによって自らの存在をアピールしている。植物は土壌中の菌のネットワークを通して互いにメッセージを送り、タコやイカは皮膚の色を使う。イルカ、類人猿、イヌなどの哺乳類は人間とのコミュニケーションが上手で、原始的な言語をもっていると言われる。

しかし、人間の言語は、伝達手段が何であれ、他の動物にはないレベルの理解力を必要とする。チンパンジーは口笛を真似ることはできても、音楽的才能も[1]、言語も持たない。彼らと人間のコミュニケーション能力には、大きな隔たりがある。たとえば、チンパンジーは五つの基本的な声しか持たず、それらはすべて状況に応じて使われる——チンパンジーが捕食者の存在を知らせる声を出すのは、実際に捕食者がいる時だけだ。その点が人間とは大いに異なる。わたしたちがつくり出したのは、ルールに基づく、きわめて柔軟なコミュニケーションツールなのだ。

もっとも、言語は単なる情報伝達システムではない。言語は基本的に人間を人間たらしめているもの、すなわち思考である。言語がなければ、わたしたちは心の中で自分と対話することも、思考を整理したり系統立てたりすることもできない。わたしたちの感情は、自らがラベル付けしたものだ。失語症（脳卒中や脳の損傷によって、言語能力を失うこと）の人は、過去や未来に思いを馳せたり、物事のつながりを理解したり、議論の経過を追ったりできなくなる。

文字通り、現在に閉じ込められ、人間の基本的な思考プロセスができなくなるのだ。デカルトは、「我思う、ゆえに我あり」と語ったが、わたしに言わせれば、我に言語あり、ゆえに我あり、である。

熱帯の言語は子音が少ない

地球のさまざまな環境がさまざまな遺伝的進化を促したように、環境の圧力は、言語の文化進化も促してきた。異なる方言や言語は、地理的障害によって分断された集団が、その土地の地形やその音響の影響を受けることで進化してきた。

口笛言語は険しい地形、密林、海洋など、遠方とのコミュニケーションが難しい場所への適応として発達した。[2] 口笛は通常の音声よりはるかに遠くまで届き、しかも、獲物をあまり驚かせないからだ。七〇〇〇年ほど前にラ・ゴメラ島に到着した最初の人々は、北アフリカのアトラス山脈から口笛言語を持ち込んだ可能性がある。そこでは今もベルベル人が口笛を用いるタマジクト語を話している。その言語は、かつてフランスの占領に抵抗した時期に、秘密のメッセージを伝えるのに役立ったことで知られる。同様に、第二次世界大戦中、オーストラリア軍はパプアニューギニアのワム語の話者を雇い、無線で口笛のメッセージを送らせて、盗聴する日本軍を混乱させた。[3] 現在、アマゾンの熱帯雨林の狩猟採集民、捕鯨を営む北極のイヌイット、ギリシアの島民など、およそ七〇の集団が口笛言語を使っている。東南アジアのモン族も、森林や農地を越えて口笛で会話をし、恋人同士の会話も、誰が誰に送ったかがわからないように口笛で告げる（口笛言語は、通常の言語より話者の特定が難しい）。

動物の世界でも似たような現象が見られる。数十年前から知られることだが、木々が音を消したり歪めたりする森林地帯にいる鳥は、開けた場所にいる鳥に比べて、周波数が低く、バリエーションの少ない歌をうたう傾向がある[4]。また近年、生物学者は、都会に棲む鳥が騒音の中でも聞き取りやすいように鳴き声を変化させ、静かな場所に棲む鳥に比べて周波数の低い、単調な歌をうたうようになったことを発見した。いまや科学者たちは、人間の言語にも同じような環境への適応を発見しつつある。ある言語に含まれる子音の数や、音節で組み合わされる子音の数は、その言語が伝統的に話されてきた場所の年間平均気温や降雨量、植物の量、標高や起伏などの影響を受けるらしい[5]。

たとえば東南アジアのような、温暖で湿潤で、深い森に覆われた地域で話される言語は、母音が多く、子音は少なく、ほとんどは単純な音節で構成されている。対照的に、熱帯雨林とは無縁の英語とグルジア語には子音が多い。標高の高いところに住む人々の言語は、子音で空気を強く排出する単語が多い。一方、乾燥した砂漠のような地域では、北京語やベトナム語のような、声調言語（声の高低が異なると単語の意味が異なる言語）はほとんど存在しない。その理由の一つは、空気が乾燥していて声帯の動きが制限されることだ。つまり、解剖学的、環境的、文化的適応の結果なのだ。

基本的に話し言葉は、「f、p、t」などの高周波数の子音から「e、o、u」などの低周波数の母音まで、多様な音を連ねたものだ。そして、密生する植物や、熱い空気などは、言語に対する選択圧になる。なぜなら、それらの障害は高周波数の音をひずませたり、聞こえなくしたりするからだ。したがって言語の違いは、いくらかは、異なる環境に対する文化的適応と見なすことができる。

これらの音響の違いは、人間の遺伝的進化の原動力にもなっているので、人類進化の三要素（文化、遺伝子、環境）のすべてに影響している。ヨーロッパの言語などの非声調言語の出現は、過去五万年にわたって、脳の成長と発達に関連する二つの変異遺伝子の拡散に影響してきたという証拠がある。[6] 声調とは声の音の高さ、タイミング、強さの違いのことだ。英語などの非声調言語では、声調の役割はある単語を強調したり、長い文章を区切って理解しやすくしたりする程度だが、声調言語では、声調が変わると、単語やフレーズの意味が変わる。たとえば、北京語の「ma」には「お母さん」、「馬」、「麻」、「叱る」の意味があり、声調（四声）によってどの意味かが決まる。ミャオ語（モン族の言語）では八つもの声調を用いて、音に異なる意味を持たせている。いくつかの声調言語は非声調言語に進化した。たとえばホメロスの時代に使われていたギリシア語は声調言語だったが、現代のギリシア語は非声調言語だ。

声調言語では、音素（子音と母音）のニュアンスはそれほど重要でないため、口笛や太鼓（ドラム）の音でも会話は成立する。かつてサハラ以南のアフリカでは、ドラムの音によるコミュニケーション・ネットワークが縦横に張り巡らされ、誰もがドラム言語を理解することができた。村々は、ドラムによるメッセージ、詩、告知、警告、ジョーク、祈りなどを中継して遠くまで伝え、複雑な告知を一〇〇マイル以上離れた場所まで一時間で伝えることさえできた。これほど効率的な伝達は、電報が発明されるまで他のどこにも存在しなかった。

口笛言語とドラム言語は、脳内で言語処理とメロディ処理を組み合わせる必要があるため、言語の起源を知る手がかりになりそうだ[7]。音楽と言語[8]は脳の同じ領域で処理されるが[9]、他の面でも関連があるらしい。たとえば、音楽のレッスンは読み書き能力を向上させることが研究によって明らかになっている。また、人類の言語は、口笛などの音楽的な原始的言語から始まったと考える言語学者もいる[10]。口笛は類人猿も吹くことができる。モン族はしばしば口笛の代わりにハーモニカのような楽器を使って、高度な音楽言語でコミュニケーションをとっている。

言語のための生物学的能力の進化は、文化的発明によって方向づけられたが、逆のことも言える。たとえば、わずか数千年前、人間の下顎の解剖学的構造は変化した。それは農耕をするようになった結果だ。食物が軟らかくなったせいで顎が小さくなり、過蓋咬合（上下の歯の噛み合わせが深い状態）になったのである。その変化によって、「f」と「v」の音を発音できるようになり、爆発的に新しい言語が誕生した、と言語学者は考えている[11]。言語は人類最高の発明と見なされているが、実は発明されたのではなく、進化したのだ。文化進化は、料理を生み出したのと同様に言語を生み出し、人間は料理に依存するのと同様に言語に依存している。人間社会はすべて、複雑な言語を持っており、言語の使用は、生物学的に進化した本能である。とは言え、人間は言語を知らずに生まれ、それを他者から学ばなければならない。しかし、あえて教わらなくても、自然に覚える。言語は謎めいたパラドクスであり、ダーウィンによれば、「半分は技術、半分は本能」なのである。

これに関する神経学的根拠は不確かで、近年の研究により、言語能力の所在はブローカ野などの脳領域に限定されないことがわかった。言語能力は曖昧なものであるらしい。言語は文化に浸透しているように、脳の生理に浸透している。人間は生後数カ月で話すことができ、会話を聞く以外に特に正式な教育を受けないのに、話せるようになる。この驚くべき能力は世界共通であり、知的能力の低い子どもにも備わっている。この遺伝的能力は、人間の赤ちゃんが小さく無力で未発達な状態で生まれ、何カ月もつきっきりで世話をされなければならないことと共進化した可能性が高い。

言語はどうやって始まったのか

人類の祖先は、どのようにして話し始めたのだろう？　わたしたちの話し言葉は類人猿の発声から進化したと考える学者もいれば、類人猿の身振り手振りから生まれたと考える学者もいる。最も信憑性が高いのは、その両方の組み合わせから生まれたという説だろう。オーストラリアと北アメリカの狩猟採集社会では、かなり最近まで、複雑で豊富な手話が広く使われていた。たとえば、プレイン・サイン・トーク（平原インディアン手話）は、ヨーロッパ人が侵略する以前、北アメリカの広域で、会話、物語、交易に使われていた。今も世界中で耳の不自由な人々は手話を使っている。

意味のない発声でさえ、高度に協調する複雑な口の動きを必要とするので、もし意識的に考えて発声しなければならなかったら、わたしたちは口数がかなり少なくなり、もっと思慮深いように見えただろう。わたしたちの祖先は、声のレパートリーを豊かにするために、一連の解剖学的適応を経て進化してきた。まず、二足歩行するようになると、肋骨と横隔膜が前肢を支えるという任務から解放され、また、声道が広がったことで、呼吸をうまくコントロールできるようになった。声帯を含む喉頭が下がって、舌骨と呼ばれる小さな馬蹄型の骨から筋肉網によって吊り下げられたことも重要だった。これによって、声道はアクロバティックな動きができるようになり、加えて、発声時に舌が動く空間が広くなったため、母音と子音を発音できるようになった。これは進化的にはリスクを伴う戦略だった。と言うのも、喉頭が低いと、食物の飲み込みと呼吸を同時に行えないため、喉頭が高い位置にある他の霊長類に比べて、窒息する可能性がはるかに高いからだ。人間の新生児は喉頭が高い位置にあるので、それがシュノーケルのように機能して、乳を吸いながら呼吸ができる。しかし、生後三カ月ほどで喉頭は下がってくる。もっとも、喉頭が低いことには、そのリスクに見合うだけの価値がある。喉頭が高い位置にある類人猿は、訓練を受けても人間のように話すことができない。

声を出す時には、喉の中で無数の微小な振動が起きる。声は、喉頭の内側にある細長い筋肉である声帯が振動することで出る。黙っているとき、声帯は呼吸しやすいように、開いた状態を保っている。歌ったり話したりするときは、声帯は閉じ、肺から送られた空気が声帯の二つのヒダを振動させる。振動の数が多いほど、高い音になる。ソプラノ歌手が高音を放つとき、その声帯は毎秒一〇〇〇回振動し、肺から送られる空気を、ガラスを砕くほど強い声に変える。[12]

わたしたちの祖先がいつ話し始めたのかははっきりしないが、ネアンデルタール人と語り合うことはできただろう。[13]彼らも、言葉を話せるように咽頭が進化していた。また彼らは、「言語遺伝子」と呼ばれる人間のFOXP2遺伝子によく似た遺伝子を持っていた。この遺伝子に変異がある人は、言葉を覚えたり発音したり、文章を理解したり作ったりするのが難しい。FOXP2遺伝子は他の多くの動物も持っているが、人間のものは歴史が浅く、チンパンジーのものとはＤＮＡの二文字が異なる。ＦＯＸＰ２遺伝子の七四〇の塩基のうち、わずか二つの塩基に起きたマイナーチェンジが、大きな変化をもたらしたようだ。[14]ＦＯＸＰ２遺伝子の違いは、一〇〇を超える他の遺伝子の発現を、チンパンジーのものとは変えることがわかっている。[15]その多くが脳の発達と機能に関与し、軟部組織の形成と発達にも影響することから、ＦＯＸＰ２遺伝子は認知と身体構造の両面で、発話と発音に関わっていると考えられる。研究者がマウスのＦＯＸＰ２遺伝子をヒト型のものに改変したところ、そのマウスは頻繁に複雑な警戒声を発し、パズルを解く能力が向上した。[16]ヒト型のＦＯＸＰ２遺伝子は、コミュニケーションと学習能力の向上という生存上の利益をもたらしたため、人間集団全体に急速に広まり、文化的発明である言語は、それと共に進化したのだろう。

人間は生来、文法と数千の単語を学習する能力を身につけており、それをスティーブン・ピンカーは「言語本能」と呼んだ。また、人間は、コミュニケーションへの強い欲求も持っている。二足歩行によって手が自由になり、他の動物にはできない身振り手振りができるようになった。特に、「指差し」は人間ならではの行動だ。赤ちゃんが指差しの意味を理解するまでには数カ月かかるが、一歳になる頃には自ら指差しをして、最初の「会話」をする。指差しは驚くほど複雑な、人間固有の行動である。それは、他の人が何を考えているかを理解する高度な能力と、等しく重要な好奇心が必要とされる。指差しすることで、子どもは何かを伝えることができる。たとえばバナナが欲しい時にそれを指差すのは「要求の指差し」、何かを説明し、情報を共有するために指差すのは「叙述の指差し」と呼ばれる。「あの風船を見て」というように経験を共有するための指差しは、「共感の指差し」だ。

の協力の根幹をなすものだ。

この最後のものは、人間生来の、協力したいという欲求[17]から生まれるものであり、種としての協力の根幹をなすものだ。

コミュニケーションは、目から始まる——母親は目を動かすだけで、生まれて間もない赤ちゃんの見る方向に影響を与えることができる。対照的に、類人猿の母親が赤ちゃんに、何かを見るよう促すときには、顔をそちらに向けなくてはならない。人間の目には白眼があるので、何を見ているか、誰を見ているかが傍目にわかりやすい。わたしたちは二メートル離れていても、視角わずか一度の眼球運動に気づくことができる（焦点が約五センチ移動した場合に相当する）。実際、アイコンタクトはわたしたちの社会的認知や自己認識において非常に重要であるため、幼児は、アイコンタクトがなければ、そこに人がいることも認識しにくい。あなたは、幼児が自分の目を隠して、隠れたつもりになるのを見て、不思議に思ったことがあるかもしれないが、それは、幼児が他の人を「見る」には、視線のやり取りを必要とするからだ[18]。等しく幼児は、耳をふさいだ人の声は聞こえない、口を覆った人には話しかけられない、と言い張るだろう[19]。

幼児は人間のコミュニケーションの相互的な性質を鋭く認識しており、共同注意［対象に対する注意を他者と共有すること］によって知識を得る傾向を生来備えている。それが意味するのは、ある発達段階において、子どもが自己を認識するには、他者との相互的な体験が必要とされるということだ。二〇〇三年に行われた実験では、アメリカ人の幼児を三つのグループに分け、ビデオ、オーディオ、生身の教師によって北京語を教えた。すると、何らかの学習成果があったのは、人間の教師から教わったグループだけだった。

注意を共有することは、意識的な学習のスタート地点だ。幼児がビデオ、オーディオ、あるいは親同士の会話を聞いても、言葉を覚えないのはそのためだ。人間はそのようには進化していない。人が人として認識されるには、相互作用が必要なのだ。話をするとき、わたしたちはロボットやアラーム時計のように、ただ情報を発しているのではない。相手の心に狙いを定め、反応を期待している。自分の話を聞いてもらえた、とわかることが重要なのだ。また、「笑い」や「泣く」などの感情表現も、コミュニケーションの重要な手段になる。実際、笑いは非常に伝染しやすく、特に知っている人が笑っていると、つられて笑いがちだ。

なぜこんなに素早く会話できるのか

言語は、人間が生きていく上で欠かせないスキルの一つであり、人に頼ってそれを身につけるように、人間は進化した。言語を習得できるのは子ども時代の一時期に限られ、その時期に会話をする相手が周囲にいなければ、ネイティブのようには話せないだろう。このプロセスは生まれる前から始まる。胎児は母親が話す音やリズムを認識し、他の言語より母親の言語を好む[20]。そして子どもが無意識のうちに、文法、語彙、話すのに必要な複雑な筋肉のコントロールを習得するには数年かかる。文化的学習の他の側面と同じように、文化の現像液がきわめて重要だ。子どもが三歳の誕生日までに聞いた単語の数は、九歳のときの学業成績を強力に予測する。その差は社会的に決定されており、顕著である。ある研究では、四歳までに最富裕層の子どもが耳にする単語の数は、最貧困層の子どもより三〇〇〇万も多いことが明らかになった[21]。

しかし言語能力の差は、単に多くの単語を聞いたかどうかで決まるわけではない。四歳、五歳、六歳の子どもを対象とする最近の研究では、親の収入や教育レベルよりも、子どもが経験した話者交替（会話における話し手の交替）の回数のほうが、言語能力の発達をはるかによく予測することがわかった。[22] 赤ちゃんに対して、大人はいわゆる母親言葉（ゆるやかで、抑揚があり、音が高い言葉）で語りかけたり、赤ちゃんの動作や片言を模倣したりしてコミュニケーションをとる。[23] この一見取るに足らない口頭の訓練は、人間の言語発達においてきわめて重要な段階であるらしい。そこには会話リズムと話者交替がある。母親は赤ちゃんの言葉を、同じような調子と高さで模倣し、それを赤ちゃんが模倣する。赤ちゃんは生後三カ月くらいでこの話者交替が上手になり、わずか〇・六秒で反応するようになる。

話者交替の歴史は、言語より古い。数種の霊長類と鳥もそれを行う。たとえば、テナガザルは交互に叫ぶ。大型の類人猿は、声ではなく身振りでそうする。話者交替を行う種はすべて高度な社会性を持ち、ほとんどが番の絆も持っているので、相手に投資し、相手に注意を払い、相手がどんな存在であるか、何に興味を持っているかを知ろうとする。話者交替は、交尾から協力的な活動まで、あらゆることをスムーズに進めるために利用される。また、人間の場合、話者交替は会話の協調性を高めるためにも利用される。会話をするとき、ほとんどの人は話者交替の暗黙のルールを守る。それはあらゆる言語に共通であり、誰かが会話を独占していても、それが子どもでもないかぎり、はっきり指摘したりはせず、会話を遮ったり笑いを誘ったりなどして会話のバランスを正そうとする。

平均的な会話における話者交替のスピードからは、脳が反応する前に、口が割り込んでいることがわかる。会話における平均的な反応速度はわずか〇・二秒で、人間の反応時間としては最も速く、まばたきの速度に等しい。しかし、相手の発言が信号として耳から脳へ伝わり、脳がその内容を理解し、返答を準備し、それを口へ送るまでには、少なくとも〇・六秒かかる。わたしたちが〇・二秒という速さで応答できるのは、相手が何を言おうとしているのかを脳が予測し、同時に、返答を用意しているからなのだ。つまり、リアルタイムの会話の流れは脳の高度な予測システムに依存しており、ある人が話している時に、たいていは二秒から三秒の間で、もう一方はその内容を判断し、タイミング良く反応する。脳の大部分は話すことと聞くことの両方に関わっており、神経科学者は、人間がなぜこの二つのことを同時にこなせるのかを理解するのに苦心している。それでも、わたしたちは一日におよそ一五〇〇回、話者交替を行っている。

人間社会でうまく生きていくには、物理的世界を予測するだけでなく、他人の心という不可解な領域も予測できるようになる必要がある。言語が進化したのは、それが、大きな社会で他者の心の予測を可能にする、比類ないメカニズムだからだろう。言葉よりも視線やボディランゲージが、語られない真実を明かすこともあるが、それでも会話は信頼と同盟を築き、評判を広め、人と人との好意を育む。話者交替はこの鍵になるものだ。

会話のあいだ、わたしたちの予測システムは文法的な手がかり（たとえば、「もし」の後には「ならば」が続く、など）、顔の表情、声の高さ、調子、ボリューム、身振り（手を膝に戻す）などをヒントにして、割り込みのタイミングを図る。文章の重要な要素が初めの方で語られると、会話の方向性が予測しやすいので、早い時点での割り込みが可能になる。このバトンタッチのプロセスで、バトンを送ろうとする人（話し手）の腕が前方に上がってくると、聞き手は言葉を差しはさむタイミングを待ちながら、返答を考え始める。話し手による中断は長くても約〇・五秒で、その間に聞き手がバトンを受け取らなければ、話し手は何か問題があることに気づく。たとえば、話し手が「コーヒーを飲みに行きませんか？」と尋ね、〇・五秒以内に返事がなければ（ただし、北欧の人などはもう少し時間がかかる）、話し手は会話を続けるために、質問を追加したり具体的にしたりする。「週の後半はいかがですか？」。通常、「イエス」よりも「ノー」のほうが、返事として戻されるまでに時間がかかる。もっとも、協力するために進化させてきた適応の一環として人間は肯定的な回答をしやすい傾向にあるので、「ノー」と答えるのは非常に難しい。脳画像研究は、わたしたちの脳が「ノー」という単語に反発することを示している。

言語は常に変化する

言語の習得はきわめて複雑なタスクだが、幼児はとても上手にそれをこなす。五歳までに、ほとんどの子どもは数千の単語を意のままに操り、ごく自然に母国語のルールを守り、流暢に話せるようになる。ルール、語源、話し方を教わらなくても、わたしたちはうまく話すことができるが、それは万人に共通する能力だ。生まれつき耳が聞こえない子どもも、複雑な文法規則をもつ手話を自然に習得する。手話は話し言葉と同じくらい語彙が豊富で、同じ神経経路を利用する。目がランダムな進化の産物であるのと同じく、言語は、発音しやすさ、学習しやすさ、環境因子などの選択圧に応じて無目的かつランダムに発達した文化進化の結果だ。[24]

このきわめて柔軟なコミュニケーション・システムは、物と物との関係性という概念の上に成り立っている。関係性とは、たとえば、「A＝BかつA＝Cならば、B＝Cだ」といったことだ。これは当たり前のように思えるが、実は非常に高度な考え方で、生まれつき備わっているものではなく、学ばなければならない。このような関係性のカテゴリは、対立（上と下）、同等（あのウマはこのウマと同じ）、比較（ゾウはネズミより大きい）など、九つある。これらはすべて、一般化して他の状況に応用できる。たとえば、「より大きい」リンゴという関係性を学ぶと、そのルールをリンゴ以外の二つの物に容易に応用することができる。

この一見平凡で、子どもが一歳四カ月から楽々と使いこなす能力こそ、言語認知の核をなすものだ。なぜなら、関係性カテゴリによって、異なる対象の間で意味を移転できるからだ。これによって「ボール」という単語は、発音がボールとは無関係でも、あるいは、そこにボールがなくても、ボールを表すことができる。その結果、最終的にわたしたちは、「サッカーをするのと観るのとどちらがいいか？」といった抽象的な議論ができるようになる。これは人間にしかできないことだ。他の多くの種は、関係性カテゴリの基本的ルールを学ぶことはできても、その応用はできない。広範な言語トレーニングを受けたチンパンジーでさえ、それを理解することはできない。

一度、言葉の組み合わせと関係性の「ルール」を学べば、これらの記号の新しい組み合わせをいくらでも作ることができるので、生物が進化するように言語も進化する。そのプロセスにおいて、単語は遺伝子に相当する。人間の言語がきわめて多様で複雑なのは、その結果だ。

ある物語を紹介しよう。

girl fruit pick　turn mammoth see
girl run　tree reach　climb mammoth tree shake
girl yell yell　father run　spear throw
mammoth roar　fall
father stone take　meat cut　girl give
girl eat　finish sleep

少女　果物　拾う　振り返る　マンモス　見る
少女　走る　木　到着　登る　マンモス　木　揺らす
少女　叫ぶ　叫ぶ　父親　走る　槍　投げる
マンモス　吠える　倒れる
父親　石　持つ　肉　切る　少女　あげる
少女　食べる　終わる　寝る

この物語は、歴史言語学者ガイ・ドイッチャーが作ったもので、英語のルールにしたがわず（むしろ違反し）、他のどの言語の文法にもしたがっていないが、おそらくあなたは容易に意味を理解できるだろう。実際、どの言語に翻訳しても、理解されるはずだ。ドイッチャーはこの文を作るために、認知の最も深いレベルに根ざしたいくつかの自然の原理を用いた。

・単語が表現するものが距離的に近いとき（「少女」と「果実」）、それらの単語をまとめること。

・出来事が起こった順番に、単語を並べること。

・最も一般的な「主語―目的語―動詞」の順序を用いること（研究によれば、わたしたちは最初に主語、次に目的、最後に行動を思い浮かべる――動詞を主語の前に置く言語は一〇パーセントほどしかない）。したがって、「girl fruit pick」（少女　果実　拾う）は、「fruit girl pick」（果実　少女　拾う）や「pick fruit girl」（拾う　果実　少女）より理解しやすい。もっとも、いずれも「主語―動詞―目的語」という英文法にはしたがっていない。

言葉を話す前の人類が、身振り手振りで物語を語る時に、これらの単純なルールを利用していただろうことは、容易に想像できる。出来事が実際に起きた場所で、関与した人全員が実際に語らなくても、関係性カテゴリを使えば、その要素を表現することができる。また、それには正式な文法も必要ない。ほんの少しの共通の語彙（ドイッチャーの物語では二四語）を持っていれば、この物語を語り、理解してもらうことができる。現在、わたしたちが話すことの二五パーセントは、わずか二五語からなっていることを考えてみよう。ちなみに世界の言語の三分の二以上は、共通の単語に似たような音を用いている[25]。

その後、原始的な言語は、文化進化によって徐々に複雑さを増していった。語彙を増やし、混乱を避け、より理解しやすいように、ルールを追加していったのだ。近年の研究で、二台のAIに、人間の話者のようにランダムな文の文字列をやりとりさせたところ[26]、あらゆる文法構造を拾い上げて一般化し、受け取ったものより多くの文法構造を出力する傾向が見られた。何度もやりとりを繰り返すうちに、そのＡＩの言語には、人間の自然言語に見られるような文法構造が発生した。

五〇〇〇年前に文字が発明されると、文法上のイノベーションが起きた。「〜の前」、「〜の後」、「なぜなら」といった接続詞が生まれ、より長く複雑な構文が可能になったのだ。このようなツールを持たないシュメール人や同時代の人々による最初期の文章は、繰り返しが多く、読み物としておもしろくない。このイノベーションにより、読み手の関心を保ったまま、文章を長くつなげられるようになった。とは言え今も、オーストラリア先住民の言語や北極圏の言語など、従属節を持たない言語は存在する。文化進化のあらゆる産物と同じく、より洗練された言語は、最も大きく、最もつながった社会によって作られる。話者の人口が多い言語には、より多くの音と語彙があり、話者が少ない言語より速く多様化する傾向が見られる[27]。

文法化も注目に値する。文法化とは、名詞や動詞が、新たな文法上の機能を進化させることだ。やがて元の機能を失い、新しい機能だけが残る可能性もある。たとえば「rocket」は「気温が急上昇（rocket up）する」というような使い方をされるようになった。言葉の意味は、それが使われる社会状況にしたがって、絶えず進化し、変化する。「nice」は、ラテン語の「無知」に由来する語で、一三世紀には「愚か」を意味する侮辱の言葉として使われた。一八世紀までに、「奔放」、「贅沢」、「優雅」、「奇妙」、「控え目」、「弱々しい」、「引っ込み思案」、「内気」など、さまざまな意味で使われるようになり、現在では、「心地よい」とか「優しい」という意味になった。しかし、結局は状況次第であり、ある社会では、「nice」は「dull」（鈍い）の婉曲表現になっている。隠喩（メタファー）は、日常のコミュニケーションの大半において、言葉に重要な役割を担わせる。もし人間が、メッセージがそのまま真実であることを求める種であったら、抽象的な概念は生まれなかっただろう。

遺伝子が変化していくように、単語や言語も変化する。エスペラント語や手話など、わたしたちは柔軟に新しい言語を発明し、時には古い言語や廃れた言語を蘇らせることもある。ヘブライ語はイスラエルの国語として復活し、礼拝時のみ使用されている。このような創造や再発明はまれだが、言語の改変は常に起きている。遺伝子と生物が自然選択によって淘汰されるように、文法に違反する単語は「規則化」の強い圧力にさらされ、そのため英語では多くの不規則動詞が失われた。たとえば、原ヨーロッパ語の「drove」（drive の過去形）は、いずれゲルマン語流のルールにしたがって「drived」に進化するだろう。

世界的に見て、言語の変化やイノベーションを牽引するのは若い女性だ。男性の話し手は、一世代も後れを取っている場合がある。これは一部には、社会的な性差別と関係がある。女性は、正確な発音を要求される高い地位に就くことが少ないからだ。また、若い女性はきわめて社交的で、彼女たちの話すことに他の人々は耳を傾ける。そして、男性は女性の気を引こうとするとき、女性のイノベーションを取り入れる。その一例がボーカルフライという「きしみ声」で、喉頭を締めつける話し方だ。一九三〇年代に女優のメイ・ウエストが使った気取った声の出し方で、現在、キム・カーダシアンなどのセレブが復活させている。ボーカルフライには、セクシーさなどの社会的価値が付随したため、多くの人がカーダシアンのそれを真似した。会話のつなぎ言葉（「そうね、」「ええっと」の類）としての「like」や、アップトーク（語尾の音程を上げる話し方）も、若い女性から始まって、社会に拡散している変化だ。

既存の複数の言語の単語と文法の掛け合わせから生まれ、進化するのがピジン言語だ。たとえばカナーケはドイツのトルコ系移民のコミュニティで生まれたトルコ語訛りのドイツ語だが、現在では若者言葉として普及し、トルコ系だけでなく、完璧なドイツ語を話すドイツの若者も使うようになった。イギリスの若者が話すジャファイカン（ジャマイカ訛り、ロサンゼルスのラップ、サウスロンドンのスラングが混ざり合った言語で、コメディ・キャラクター、アリ・Gがみごとに再現している）と同じく、カナーケはアイデンティティや、話者が社会の中で自分をどう捉えているかに強く結びついている。その言語コミュニティの要素が魅力的でクールに思えたら、ティーンエイジャーは、民族や社会的背景と関係なく、その話し方を採用するのだ。

一方、イギリスでは、一四世紀にはケント州出身の人とノーフォーク州出身の人では話が通じないほどだったが、現在では、訛りの多様性が失われつつある。南東部出身であるかのような話し方をする人が増えているが、それはおそらく、そのアクセントが豊かさを連想させるからだろう。根底には、ジョージ・バーナード・ショーが『ピグマリオン』［『マイ・フェア・レディ』の原作］で描いたような言語的偏見がある。しかし、わたしたちは誰でも、話すときも手紙を書くときも、相手や状況に応じて言葉や言い方を変えている。計算の上であれ、無意識にであれ、それは語りかける社会集団にアピールしようとしているのだ。たとえば、多額の費用をかけて教育を受けた政治家が、大衆向けのスピーチでは貧しい階級の「河口域英語」を使う――イライザ・ドゥーリトル［『マイ・フェア・レディ』の主人公］が上流階級のように話そうとしたのとは逆だ。女王も例外ではなく、この数十年間にその言葉は上流階級らしさを失った。もはや彼女は、「very」を「veddy」、「poor」を「poo-er」とは発音しない。女王でさえ、クイーンズ・イングリッシュを話さないのであれば、いったい誰が話すだろう？

言語は、アイデンティティや文化的な帰属意識と密接に結びついており、子どもは、民族意識などに影響されないうちから、母国語の話者を真似る。若い女性が言語を刷新する理由の一つは、同じような話し方をする人同士で集まれば、そのグループ内で社会的支援を得やすいからだ。誰かが自分と同じアクセントや新しい言葉を使っているのを聞くと、その人は自分と同じ階層の出身で、言うなれば社会的な親戚であり、同じ文化的価値を支持し、同じ価値観を大切にしていると確信できる。言語は、集団への帰属を強く示し、異なる社会を区別するものなのだ[28]。

世界で最も言語が多様な地域はニューギニアで、八〇〇超の異なる言語が存在する。山、沼、川などの地理的障壁がコミュニティを分断したせいで、言語はそれぞれ孤立した状態で進化した。たとえば「水」を表す単語は一〇〇〇種類以上ある。また、その島の人々は言葉を、部族のアイデンティティの象徴と見なしている。ある村では、自分たちの言葉と隣村の言葉の違いをはっきりさせるために、「no」を意味する単語を「bia」から「bune」に変えた。別のコミュニティでは同じ目的で、男性名詞と女性名詞の決まりごとを近隣地域のそれと逆にした[29]。

同じことが世界中で起きている。現在、世界には七〇〇〇を超える異なる言語があり、それは哺乳類の種の数より多い。言語学者たちは、たとえば、インド・ヨーロッパ語族に英語からサンスクリット語（バスク語を除く）までが生まれたように、一つの言語からさまざまな言語が枝分かれしていったさまを示す「言語の系統樹」を作成した。遺伝学者、考古学者、古生物学者はこの情報を利用して、人類の広がりや多様化を経時的に追跡している。

言語は人格を形づくる

人は、話せるようになると、一つの言語にとどまらなくなる。地球上の多くの人は少なくとも二カ国語に通じている。そして、それぞれの言葉を話す時、その人の脳と性格と行動は、微妙に変化する。言語という文化進化は、人間の生態を変えるのだ。

「異なる言語を使うとき、わたしたちは違う人間になる。言語はわたしたちを支配する。言語を変えると、ユーモアが変わり、ボディランゲージが変わる。わたしは、悲しみについて書くときはトルコ語を、皮肉を書くときは英語を使いたい」と、トルコにルーツを持つイギリスの作家、エリフ・シャファクは述べている[30]。

言語は考え方を形成する。たとえば、花瓶が割れた、というアクシデントについて、英語圏の人は、日本語を話す人より、誰が、なぜ割ったかをよく覚えている。それは、英語では「ジミーが花瓶を割った」というように主体をはっきりさせる一方、日本語では主体には言及せず、「花瓶が割れた」と言いがちだからだ。言語の構造は、人間が現実をどう捉えるかに強く影響するため、現実や人間の本質は、言語によって大きく異なる。人が受け取り、反応する、言語という文化的インプットに応じて、脳は変化し、認知の配線はつなぎ変えられるのだ。

色の名称の進化を例にとってみよう。大半の社会では、まず明るさと暗さを定義することから始め、白と黒を名づけ、次に、必ず赤を名づける（おそらく、それが血の色だからだろう）。英語の「red」は、かつては茶、紫、ピンク、オレンジ、黄色も含んでいた。[31] そして、赤の次に名づけられるのは、通常、黄色か緑だ。しかし、青は、多くの社会で無視され、それらの社会の人々は英語を学ぶことによって初めて、青が色のカテゴリになることを知る。実のところ、多くの言語は、青を意味する単語を他の言語から借用している。一方、ドイツ語には青を表現する多くの単語があり、ドイツ語圏の人は、英語圏の人やナミビアのヒンバ族より、青の微妙に異なる色調を区別することができる。ヒンバ族は青を表す単語を持たず、緑と青の区別を難しく感じる。しかし、ヒンバ族には明暗を表す言葉が多く、ヒンバ族の子どもは陰影の濃淡の違いを、ヨーロッパ人よりはるかに上手に見分ける。

つまり、文化的発明である言語は認知に強く影響するので、脳が受け取る刺激（色彩では、光の波長）を言語化するかしないかによって、その刺激を認識するかどうかさえも決まるのだ。[32] わたしたちが色を表す単語を作るのは、色を除けばすべて同じものが複数、存在するときだ。狩猟採集の社会に比べて産業社会では、たとえば青い車と緑の車というように、表現したり選択したりすべき同一のものが多く存在するため、色を表す語彙が豊かになった。それに対して、自然環境では、色が異なると属性も異なることがほとんどなので、色を区別する必要はなかった。マレー半島のジャハイ族などいくつかの社会では、色の語彙は多くないが、匂いを表す語彙は多く、そのような人々は非常に繊細に匂いを区別することができる。

色覚、表情の解釈、時間や方向の概念など、通常世界共通と見なされている概念は、実際には言語を通して文化的に習得されたものであり、言語によって驚くほどニュアンスが異なる。

ものに名前をつけることは、世界を理解するための新しい方法に通じる扉を開くことなのだ。実のところ、女性名詞・男性名詞の区別があるヘブライ語を話す子どもは、（he、she といった）性別による区別のないフィンランド語を話す子どもより、自分の性別を一年早く理解する。

方向の表現に関しても、言語によって多くの違いがある。英語では、しばしば右と左を用い、たとえば「あなたの左足」などと言う。しかし、およそ三分の一の言語は、右と左を使わない。「カンガルー」の語源になったオーストラリア、クイーンズランド州北部のグーグ・イミディル語は、位置や方向を東西南北で表現する。「メアリーの北に立っている少年は、わたしの兄弟です」といった具合だ。したがって、グーグ・イミディル語を正しく話すには、常に頭の中で方角を把握していなければならず[33]、そのためには、言語と空間の認識の仕方を変える必要がある。あなたが、誰かが自分に近づいてきたことを語るには、その人が東西南北のどの方角から近づいてきたかを思い出さなくてはならない。なぜなら、そのような言語では、動作を表す動詞に方角を含めなければならない場合があるからだ。それは、方角を語らない言語とはまったく異なる概念的枠組みだが、それでもわたしたちは習得することができる。

アメリカの人類学者レラ・ボロディツキーは、まさにそれを体験した。

コミュニティで過ごした最初の一カ月は、愚か者になった気分だった。なぜなら彼らにとって方角の認識は基本的なスキルであり、それができないわたしに誰もが同情したからだ。ところが、一週間ほどたった頃、歩いていて……ふと気づくと、頭の中に、まるでテレビゲームに出てくるような小さな窓が現れ、わたしは鳥瞰図上の小さな赤い点のようになり、向かう方向を変えると、小さな窓も景色に対して向きを変えた。思わず、「すごい、こうすれば簡単ね」とわたしは思った。それから、恐る恐るこの発見をコミュニティの人たちに話してみた。……すると、彼らはわたしを見てこう言った。「当たり前だよ、他にどうするつもりだったの?」。その言語コミュニティで人並みに見られたいという社会的圧力が、わたしの脳を動かし、この優れた解決策を生み出させたのだ[34]。

一〇〇年以上前、言語能力は脳の左半球、特に、ブローカ野とウェルニッケ野がつかさどっているという考え方が確立した。ブローカ野は発話と明瞭な発音を担い、ウェルニッケ野は言語の理解を担っているという考え方で、実際、このどちらかが損傷すると、言語障害や失語症になる可能性がある。しかしこの一〇年間で、ことはそれほど単純でないことを、神経学者は発見した。言語能力はその二つの脳領域や、左右どちらかの半球に限定されるものではなく、また、新しい言語を学ぶと脳そのものが成長することがわかったのだ。さらに、最近の研究により、単語はそのテーマや意味によって、異なる脳領域と関連することが明らかになった。神経学者の研究[35]では、言語が違っても、同じ意味の単語は、同じ脳領域に集まっていることが示唆された。

バイリンガルの人は、二つの言語にそれぞれ異なる神経経路を持っており、どちらか一方の言語を使っていても、その両方が活性化するようだ。したがって、彼らは無意識のうちにもう一方の言語を抑制して、今使っている言語に意識を集中させている。その最初の証拠は、一九九九年に行われた実験から得られた。その実験では、英語とロシア語のバイリンガルにテープルの上に置かれた複数の物を操作するよう指示した。ロシア語で、「スタンプを十字架の下に置いてください」と指示が出された。しかし、スタンプを意味するロシア語「マルカ」(marka)は英語の「マーカー」(marker)と音が似ているため、スタンプを選ぶ前に、バイリンガルの人の視線はテーブルの上のマーカーペンとスタンプの間を行ったり来たりした。また、言語の神経経路は、学んだ後にその言語を話すことがなくても、永遠に脳に刻まれているようだ。まだ言葉を話さない赤ちゃんの時期に養子として中国からカナダに渡った子どもの脳を、渡航の数年後にスキャンしたところ、中国語をまったく話さないにもかかわらず、中国語の母音を理解していることが示された。

マルチリンガル(多言語使用)は、社会的、心理的に利点があり、生活上も便利だが、メンタルヘルスにもかなり恩恵があることがわかっている[36]。人間の脳はマルチリンガル向きに進化したように見える。おそらく人類の遠い過去において、マルチリンガルは当たり前のことだったのだろう。現代の狩猟採集民は一般にマルチリンガルだ。多くの部族が部族内での結婚を禁じているため、どの子どもも、父親と母親の言葉が異なる。オーストラリア先住民の言語は一三〇種以上もあり、アボリジニにとってマルチリンガルは生活の一部になっている。アボリジニの誰かと話しながら歩いていて、小さな川を越えた途端に、その人が言語を変えることがある。それは、彼らはその土地の言語を話すようにしているからだ。これは他の場所でも見られる現象だ。あなたがベルギーにいるとしよう。リエージュで列車に乗ると、車内アナウンスはフランス語から始まる。その後、ルーヴェンを過ぎるとアナウンスはオランダ語から始まるようになり、ブリュッセルでは再びフランス語から始まる。

マルチリンガルは、脳と自己意識に驚くべき影響を及ぼす。英語で「好きな食べ物は？」と問われると、わたしはロンドンで好きなものを選んでいる自分を思い浮かべるだろう。しかし、フランス語で尋ねられたら、わたしの心はパリへ飛び、そこではちがうものを選ぶことになる。このように、きわめて個人的な内容の質問でも、どの言語で尋ねられたかによって答えが変わる。話す言語ごとに新しい人格が生まれ、言語が変わると行動も変わる[37]という考え方には深い意味がある。

ある実験では、英語話者とドイツ語話者に、人が動いている映像を見せて状況を説明させた。たとえば、女性が自分の車に向かって歩いている映像を見せた場合、英語話者は行動に注目し、たいていは「a woman is walking（女性が歩いている）」と描写した。一方、ドイツ語話者は、より広い視野に立ち、行動の目的まで含めて、（ドイツ語で）「a woman walks toward her car（女性が自分の車に向かって歩く）」と述べた。この違いの理由の一つとして、文法上のツールの有無を挙げることができる。ドイツ語と違って、英語には現在分詞の「～ing」があり、進行中の行動を表現することができる。そのため英語話者はドイツ語話者に比べ、あいまいな場面を描写するときに、目的まで述べる必要性がかなり低くなる。しかし、英語とドイツ語のバイリンガルの人に同じ質問をした場合、行動と目的のどちらを重視するかは、実験が行われている国によって決まる。どちらの言語で尋ねても、バイリンガルの人々はドイツでは目的を重視し、イギリスでは行動を重視した。このことは、文化と言語が人の世界観にいかに大きな影響を与えるかを語る。

一九六〇年代に心理言語学の先駆者、スーザン・アービン＝トリップは、日本語と英語のバイリンガルの女性たちにいくつかの文章を完結させることを求め、言語による大きな違いを発見した。たとえば、「わたしと家族の希望が対立すると……」という文章の場合、彼女らは日本語では、「それはきわめて不幸なことだ」に類した文章で終わらせたが、英語では、「わたしは自分がしたいことをする」といった文章で終わらせた。このことからアービン＝トリップは、人間の思考は言語のマインドセットの中で展開し、バイリンガルはそれぞれの言語に対して異なるマインドセットを持っていると結論づけた――突飛なアイデアだが、これはその後の研究で裏づけられ、多くのバイリンガルは、他の言語で話していると別人になった気がすると言う。

バイリンガルがどちらの言葉を使うかを決める時、脳の中では、これらの異なるマインドセットが絶えず対立する。その対立の制御には、前帯状皮質（ＡＣＣ）と呼ばれる脳領域が関わっている。ＡＣＣは実行制御に関与し、他のタスクを排除して、人を一つのタスクに集中させる。脳画像研究により[38]、バイリンガルの人がある言語を話しているとき、もう一方の言語を使おうとする衝動をＡＣＣが抑制していることがわかった。実際、脳画像を見ただけで、バイリンガルの人とモノリンガルの人を識別することができる。バイリンガルはＡＣＣを頻繁に使用するため、ＡＣＣの灰白質が非常に多いのだ。その結果彼らは、言語テスト、非言語テスト、人の心を読むことなど[39]、広範な認知的・社会的タスクで良い成績を収める。バイリンガルであることは、知的な面でプラスになったため、文化的にも生物学的にも選択されたと考えられる。この考え方は、わたしたちにとって、新しい言語の習得や言語の切り替えが容易であることや、どの時代にもバイリンガルの人は多くいたという事実によって裏づけられている。

多くの言語にとって重要なことは、力強く協力的な集団を形成し、帰属したいという、人間の生来の渇望を満たすことだ。共通の言語は、血縁の有無に関係なく人と人のつながりを生み、強化し、社会的支援のネットワークを広げていく。しかし、まさにその世界的なソーシャル・ネットワークの成功が、一四日間に一つという恐ろしいスピードで、言語を絶滅に追いやっている。なぜなら、世界人口の八〇パーセントが、存在する言語のわずか一パーセントを用いて会話できるようになったからだ。

現在、言葉での指示に反応し、会話さえできるAIが作られている。それは驚くほど有能だ。しかし、ロボットのコミュニケーションは非常に原始的だ。その理由は、「情報」と「意味」の、微妙だが深遠な違いにある。「情報」は単語と文に埋め込まれているが、情報よりはるかに重要な「意味」は、話し手と聞き手の状況、すなわち、文化の現像液によって決まる。文章の解釈が人によって異なり、また、AIが人間に遠く及ばないのはそのためだ。エミリー・ディキンソンが「希望」を「羽があり、魂を止まり木にする」と表現し、ジョン・ダンが「彼女はすべての国家、すべての王子、それはわたし」と宣言し、ロバート・フロストが森の中の二つの道について「あまり通っていない道を選んだ。それが大きな違いをもたらした」と言うとき、人はそれらの意味を容易に理解するが、AIがその情報を同じように処理することはなさそうだ。ちなみに、これは遺伝情報にも当てはまり、発現するメッセージは化学分子のエピジェネティックな「状況」によって異なる。

言語は、無数のアイデアを伝える比類ない能力を人間に与え、人間は主に自分について語るためにそれを用いる。次章ではそれを探究しよう。

第8章　話す

嘘とうわさと名声の伝達が協力的な社会を強化した

アラバマの片田舎で、母親と祖母が経営する一部屋しかない学校で子ども時代を過ごしたら、その人はさぞ視野が狭くなるだろう、とあなたは思うかもしれない。一九七〇年代ののんびりした農村で、ほんの少数の人から学べることは限られている。

しかし、ジミー・ウェールズには他の道があった。彼が三歳のときに、母親が旅まわりのセールスマンから百科事典『ワールドブック』を買ったのだ。文字が読めるようになると、彼は夢中になって一項目ずつ読み進み、「see also（次も参照）」に導かれて、情報の脇道へと分けいった。「『次も参照』に誘われて、どっぷりはまりこむこともあった」と、彼は回想する。[1]

毎年、『ワールドブック』から改訂項目を印刷したシールが送られてくるので、彼は母親と一緒に、その年の知識の進歩を各ページに貼りつけていった。その経験から、後に大胆なアイデアが生まれる。

四〇年後、先物取引業で数百万ドルを稼いだウェールズは、プログラミングへの関心と幼い頃の情熱を結びつけてオンライン百科事典の制作を思い立ち、専門家に寄稿を依頼しはじめた。当初、彼が思い描いていたのは、厳格な査読付きのシステムだったので、その作業には気が遠くなりそうなほど手間と時間がかかった。しかし、新しく雇った哲学科の大学院生、ラリー・サンガーが、誰でもページ編集ができるシステム「ウィキ」を使うことを提案し、状況は一変した。ウィキは、著者に委託する一般的なトップダウンの出版と違って、多くのユーザーのクリエイティブな潜在能力を利用し、速やかにコンテンツを生成する。

こうして二〇〇一年に『ウィキペディア』が誕生した。現在では、およそ七万一〇〇〇人のアクティブな寄稿者が、二九九の言語で四七〇〇万を超える記事を執筆しており、一秒あたり一〇回のペースで更新されている。英語版には五六〇万を超える記事があり、『ブリタニカ』百科事典のおよそ五〇倍だ。しかし、最も驚くべきことはコンテンツの量ではなく、その正確さだ。『ブリタニカ』はノーベル賞受賞者を含む専門家に記事の執筆を依頼し、一方、『ウィキペディア』は執筆者に支払いをせず、資格も求めないが、両者の科学的記事の正確さは同程度である。[2] これは驚くようなことではない。なぜなら、『ウィキペディア』は人類が何十万年にもわたって行ってきた、社会による文化的情報の累積、編集、更新というプロセスの縮図だからだ。

『ウィキペディア』は、文化の累積的な進化を体現している。その進化を支えるのは言語だ。

言語は、詳細な文化的情報をかなりの精度で、一度に多くの人に伝えることを可能にし、多様で複雑なテクノロジー、社会、オンライン記事などの進化を加速させる。重要なこととして、言語は「教え方」も大いに改善する。したがって、その出現は人類の祖先の文化進化に大きな変化をもたらし、実のところ、その主な推進力になったのかもしれない。

言語はあらゆるコミュニケーションと同じく、本質的に社会的なものだ。それは、社会的絆（きずな）を強化し維持するための、最も効率的で、エネルギーを節約できる方法だ。霊長類のグルーミングは一対一で時間をかけて行うが、人間は他の仕事をしながら世間話やうわさ話やお世辞を交わし、しかも、集団全体にスピーディに情報を伝える。言語は社会を結びつけるのに役立ち、個人の生存率を高め、数十人はもとより、数百万人の協力さえ可能にする。社会の規模や複雑さが増すにつれて、人間は次第に、自分とはつながりのない多くの人の中で誰にエネルギーと時間と資源を投資すべきかを、人々の「評判」によって判断するようになった。

誰でも、『ウィキペディア』の記事を編集したり、新しい記事を作成したりできる。それが意味するのは、誰でも『ウィキペディア』の記事に誤りや偏見や嘘を挿入できるということだ。しかし、不正確な記載がなされると、誤りや偏見を正すために待ち構えていたウィキペディアン[3]［「ウィキペディアを執筆・編集する人」］が即座に、しばしば数秒以内に対応する。『ウィキペディア』全体の成功が、その評判にかかっている。事実については引用元が明示され、信用できるかどうかをユーザーが判断できるようになっている。編集者は経験によりランクづけされる。さらに言えば、『ウィキペディア』はその記事にされた人物の個人的評判にも影響を与え、彼らは知名度が上がるが、一方で不名誉な情報が公開されるリスクもある。毎月、何億人もが情報を得るために、あるいは研究の手軽な手段として『ウィキペディア』を訪れているが、それは『ウィキペディア』の評判が良いからだ。

わたしたちは、何が重要で何が信用できるか、すなわち、評判を互いに伝えることによって、文化進化に強力な選択圧をかけている。わたしたちは評判を通して、誰を真似るべきか、何を真似るべきか、何を信じるべきか、どのように振る舞うべきかを学ぶのだ。

わたしたちはなぜ「いい人」なのか

なぜ、貴重な自由時間を『ウィキペディア』の執筆に費やすのか？　なぜ、見ず知らずの人たちを助けるのか？　最も納得のいく説明は、利他主義が社会の結束を高める、というものだ。ここまで見てきたように、人間は社会集団に頼って生きている。その集団が強ければ強いほど、他の集団との利益をめぐる争いで有利となり、個人が生き延びる可能性は高くなる。人間の遺伝子の生存にとって、協力は競争よりはるかに重要なので、人間は互いに公平で親切であることを基本(デフォルト)の行動とし、「社会的に正しい行動をする人」という評判を得るために、かなりのエネルギーを費やす。道徳規則は社会によってさまざまだが、あらゆる文化に共通するものもある。たとえば、「互いの財産を尊重し、仲間から盗んではならない」というのは、ほぼ世界共通のルールだ。文化は、社会的協力と利他主義に支えられて累積的に進化し、複雑で多様な社会と、それらを協力して管理するための社会的ツールを生み出していく。

かつて生物学者は人間の親切な性質を、他の動物に働きかける進化上の動因と同じものとして説明しようとした。すなわち、「親切でいて、他者の役に立つことは、人間の遺伝子の生存を助ける。なぜなら、直接的に、あるいは間接的に、自分と同じ遺伝子を持つ親類を助けることになるからだ」と。アリなどの利他的な動物は群れの仲間と近縁関係にあるので、確かに利他主義が自らの遺伝子の生存を助けることになる。これは多くの人間関係や、きわめて小規模な人間の社会についても言えることだ。しかし親族関係だけでは、人間社会の利他的性質の大半は説明がつかない。人間社会はあまりにも大きく複雑で、外部の人との交流が多い。したがって、利己的な遺伝子のおかげで人間には善良な性質が備わっている、と考えることはできないのだ。

人間の協力的な性質を進化の方向から説明するもう一つの説は、誰かに親切にするとお返しがある、すなわち、あなたがわたしの背中を搔いてくれたら、わたしもあなたの背中を搔いてあげるというものだ。たしかに互恵的な利他主義は、長い目で見て人間関係にプラスに働くが、それは、わたしたちが日常的に行っている無数の匿名の利他的行為、たとえば見知らぬ人のためにドアを押さえて開けておくことや、献血などの大規模な慈善活動の説明にはならない。このような行為は、親切にした相手からの見返りを期待して行われるわけではない。しかし多くの親切な行為は、他の人から見られ、真似される。人間の脳は、社会的な合図に敏感に反応するように進化してきた。いわゆるミラーニューロンが、他者の行動や経験に対する共感的な反応を引き起こすため、幼い赤ちゃんさえ他者の行動を真似しようとする。人間は社会的な模倣者であり、好きな人や尊敬する人の行動や選択を真似ることに喜びを感じる。[4] したがって、人に好かれている人——いい人——は、より多くの人に真似されることで、社会をより良くしている、と言える。

ある研究では、運転者が交差点で右折しようとする対向車に道を譲ってあげた場合、譲ってもらった運転者には、次に自ら道を譲る傾向が見られた。いわゆるペイ・フォワード（恩を別の人に送ること）だ。このように親切は伝染し、人を「より良い」人になりたいという気持ちにさせる。[5] わたしたちは列に並んで順番を待ち、互いのためにドアを開き、咳をするときは口元を覆う。このような日々の親切な行いは、個々人には多少の負担を課すが、目の前でドアが閉まることのない、より良い社会を作り出す。数千世代にわたって、このことは人間を飼いならし、人間社会を一般に協力的なものにし、集団の結束を強め、結果として個人の適応度（生物として繁栄する能力）を高めてきた。協力的な人は成功する可能性が高く、一方、利己的な人は概して子どもが少なく、収入が低い。[6]

しかし、利他的な行動の中には、進化的観点から見ればほとんど意味をなさないものもある。二〇一八年三月、フランスのカルカソンヌ近郊のスーパーマーケットで、武装した一人のイスラム教徒が複数の買い物客を人質にとった。警察は犯人を説得し、人質を解放させたが、一人の女性だけが残された。犯人は、自分の要求が通らなければ彼女を殺すと脅した。アルノー・ベルトラムという警察官は、究極の利他的行為として、人質の身代わりになることを申し出た。彼は犯人に撃たれ、亡くなった。彼が身代わりになった女性は生き延びた。

彼女はベルトラムの親類ではないので、ベルトラムの利他的行為は彼の遺伝子にとっては有益ではなかった。しかし、その並外れて親切な行為によって、彼は他の人々の善行を促し、警察組織を強化し、彼の（死後の）名声は全国に知れ渡り、祝福され、彼の家族の社会的地位を高めた。ベルトラムは警察官として行動したが、それは社会が公共サービスのために生み出した役割だ。また彼は敬虔なカトリック教徒でもあり、その教えは他者のために犠牲になることを説く。このような極端な利他的行為は、遺伝的進化の法則には反するように思えるが、文化進化の観点からは、理にかなっている。ベルトラムの利他的行為は、彼の集団を強化し、そのメンバーの生存率を高めたのだ。

　人間は協調性を持つように進化した。また、親切であることの認知的な負担は少なく、時間とエネルギーもあまりかからないので、人間は基本的に親切な行動を選択しがちだ。このことは、良い結果をもたらす。なぜなら、利己的な行動は、結局はその人の利益にならず、統計的に見ても、協力した方が良い結果になるからだ。これは、「囚人のジレンマ」と呼ばれる古典的な思考実験によって説明するとわかりやすいだろう。「囚人のジレンマ」では、犯罪組織のメンバー二人が独房に入れられ、互いにコミュニケーションをとれない状態に置かれる。二人を有罪にするだけの証拠がないため、検察官は彼らに取引を持ち掛ける。選択肢は二つ、仲間にとって不利な証言をするか、黙秘するか、である。もし二人とも互いを裏切れば、刑期は二人とも二年になる。もし、一人が裏切り、もう一人が黙秘したら、裏切ったほうは釈放され、黙秘したほうは三年の刑期だ。もし二人とも黙秘したら、二人とも刑期は一年。裏切るのが得策のようだが、[7] もし二人とも裏切ったら、二人とも刑期は二年となり——二人合わせて四年という最悪の結果になる。実のところ最善の選択は、二人とも黙秘することだ。そして、これこそが現実世界の状況であり、ゆえに、協力的戦略が人間の行動の基本（デフォルト）として進化した。

　たとえば、「公共財ゲーム」と呼ばれるゲームでは、参加者は投資を求められるが、投資がもたらす利益が平等に分配される場合には彼らは気前よく投資する。この「全面協力」は、グループの他の人が皆、善人だという仮定に基づいている。プレイヤーが四名の公共財ゲームで、グループの全員が所持金をすべて投資し、総額の二倍の利益が生じ、四人に分配されたら、全員が所持金を二倍にできる。まさにウィンウィンだ！　しかし、大規模な集団プロジェクト（現実の世界で言えば、病院建設や灌漑用水路の工事など）に寄付した場合は、全体にとって利益になっても、個人レベルではコストがかかる。したがって、利己的になって、寄付額をできるだけ少なくし、他の人の気前よさに頼るのが得策となる。プレイヤーは考える時間を与えられると、しばしば、いい人でいたいという生来の欲求を覆して、寄付をしぶるようになる。

見知らぬ人を助けるときには、彼らに利用されるのでは、という疑念を払拭しなければならない。この問題を解決するために、わたしたちは社会として「懲罰と報酬」の戦略を使う。長期的に見れば、少々コストがかかっても集団と協力すると利益を得られるので、ほとんどの人にとって集団にとどまることは得策になる。このことは社会に、個人の行動を支配する力を持たせる。なぜなら、集団にとどまり、その恩恵を受けることを許されるには、「協力的な人間だ」という評判が必要とされるからだ。わたしたちの祖先が暮らしていたような小規模な社会では、交流する相手は、近い将来に再び会って関わりをもつ人に限られていた。したがって、評判という足枷は、攻撃的な行動や、他の人々の貢献にただのりすることを抑止するのに役立った。

協力はさらなる協力を生み、互いにとって有益なサイクルを育てるが、その逆も起こり得る。人は、親切にしないことも学ぶのだ。協力したいという生来の欲求は社会の影響を受け、人は人生を通じて、自分の親切さを修正していく。公共財ゲームの実験では、考える時間をあまり与えられなかった人々は、おおむね気前よく出資し、豊かな配当を受け取り、その経験に後押しされて、ますます気前よくなった。一方、自分の決定について熟考し、投資をケチった人々は、グループとしての収益が乏しくなり、グループをあてにしても報われない、という考えを強めた。そこで、研究者たちは別の実験を行った。公共財ゲームを行った被験者にいくらかのお金を渡し、「知らない人にいくらあげたいか」と質問した。今回は見返りがないので、彼らは親切心だけに基づいて行動することになる。

その結果、気前よさには大きな違いがあった。公共財ゲームで協力的だった人は、利己的だった人の二倍の金額を与えたのだ。今回の実験に懲罰や報酬は伴わなかったが、公共財ゲームで協力によるメリットとデメリットを少々経験したことが、彼らの心中の指針と行動を変えた。[8]このことは、人間の心は変わりやすく、生まれつき何らかの行動傾向を備えていたとしても、実際の行動には文化の現像液が強く影響することがわかる。

この実験を行ったイェール大学の人間協力研究室のチームは、さまざまな国の被験者に公共財ゲームをさせて、政府、家族、教育、法制度といった社会制度の強さが、個人の行動に及ぼす影響を調べた。公共部門の腐敗が著しいケニアの人々は、腐敗がそれほどひどくないアメリカの人々に比べて、最初は投資をケチった。このことは、公正な社会制度に頼ることのできる人は公共心のある行動をとり、社会制度を信頼できない人は防御的な行動をとることを示唆している。しかし、協力を後押しする公共財ゲームを一回経験しただけで、ケニア人の気前よさはアメリカ人と同じになった。そして、その逆も起きた。利己的な行動を後押しするゲームを経験したアメリカ人は、投資を大幅にケチるようになったのだ。つまり、文化の現像液は協力行動に影響するが、人間は認知的に柔軟なので、他の社会環境にすぐ適応するのである。

どんな社会環境でも、人間集団は均質な人間の集まりではなく、個々人を結ぶ複雑なネットワークであり、そのネットワークの接続のありようが、行動と情報の広がり方に影響する。孤立した小さな村では、誰もが密接につながっていて、パーティを開いたら全員が知り合いだったという可能性が高い。それに対して都市の住人は、より多くの人と接近して暮らしているかもしれないが、パーティで全員が互いと知り合いである可能性は低い。このようなネットワークの性質の違いが集団と個人の行動に影響することは、都市と村を訪れたことがある人なら、よく知っているだろう。社会心理学者たちは、社会ネットワークの形と影響力のある人の立場を操作して、ネットワークの性質の影響を調べている。イェール大学人間協力研究室のニコラス・クリスタキスのチームは、オンライン・プレイヤーからなる一時的な人工社会を作り、彼らが互いにどのように交流するか、互いに対してどのくらい親切にするかを調べた。続いて、そのネットワークを操作し、人々のつながり方を変えた。「彼らの交流をある方法で操作すると、彼らは互いを思いやり、共によく働き、健康で、幸福で、協力的になった」と彼は言う。「しかし、同じ人々を別の方法でつなげると、彼らは互いに対して意地悪な態度をとるようになり、協力せず、情報を共有しなくなった」

クリスタキスは、ある実験で、見知らぬ人同士をペアにして、公共財ゲームをさせた。最初、およそ三分の二の人は協力的だった。「しかし、回を重ねるうちに、他者の善意を利用しようとする人が出てきた。与えられた選択肢は、協力か裏切りしかなかったので、裏切られた人は、じきに嫌気がさして、自分も裏切りを選ぶようになった」と彼は言う。実験の最後には、「全員が互いにとって嫌な奴になった」。クリスタキスはこの状況を打破するために、ラウンドごとに、ペアを組む相手を変えられるようにした。

「被験者は二つのことを決めなければならなかった。一つは、グループに対して協力的な態度をとるか、とらないか。もう一つは、次回も同じ人とペアを組むか、組まないか、だ」とクリスタキスは説明した。各プレイヤーがペアの相手について知っているのは、先のラウンドで協力したか裏切ったか、ということだけだった。その結果、各プレイヤーは裏切り者との関係を断ち、協力者との関係を築いた。この実験によってクリスタキスは、ネットワークが非協力的な構造から、協力的で向社会的な構造へと自らをつなぎ変えることを示した。[9] これらの実験は、何世代にもおよぶ人間同士の交流から、どのようにして協力的な社会が生まれたかを示唆している。

嘘とうわさの誕生

わたしたちは評判をもとに卑劣な行動を罰し、非協力的な人々とのつながりを断つことで、社会の秩序を守っている。また、良心という形で、自分自身を内側から取り締まっている。わたしたちは他人に共感し、その人の立場に立って親切な行動をとることができる。最近行われた研究では、[10] 自分か見知らぬ人への電気ショック（痛いが、害はない）と引き換えに現金がもらえるという設定で、被験者の脳画像を調べた。すると、他人を犠牲にして現金を得たときは、自分が痛い思いをして現金を得たときより、喜びが少なかった。人間の脳は、不正に得た利益を誠実に得た利益ほどには評価しないのだ。人間は幼い頃に自己認識能力を発達させ、他者の視点に立って、自らの行動を修正できるようになる。高度に知的で社会的な動物の中には、「心の理論」と呼ばれるこの能力をある程度備えているものもわずかにいるが、人間には遠く及ばない。しかし人間もまた、その能力を生まれつき備えているわけではない。

ある古典的実験では、幼児に、人形と、蓋の付いた箱二つ（箱Aと箱B）を見せる。大人が部屋に入って来て、人形を箱Aに隠し、部屋を出る。別の大人がやって来て、箱Aから人形を取り出し、箱Bに隠す。そして幼児に、「最初の人が人形を取りに戻ってきたら、その人はどちらの箱を探すと思う?」と尋ねる。幼児は、実際に人形が隠されている箱Bを指差す。しかし四歳くらいになると[11]、自分とその大人では部屋について知っていることが違うこと、つまり、自分と他人は見方が異なることを理解できるようになる。ひとたびそれを理解すると、嘘をついたり、自分に有利になるよう話を歪曲したりして、他者の心を操ることができるようになる。嘘をつくのは、認知的にかなり難しいことであり、現実とは異なるもう一つの現実を想像し、その両方を区別しつつ、記憶しておかなければならない。さらに自分が嘘をついた相手は、現実について自分とは異なる認識を持つことを理解し、それと自分の認識の両方を頭の中に入れておく必要がある。実に大変なことだ。人間の大きな脳は、嘘をつく能力を高めるために進化した、という説があるほどだ。言うなれば、マキャベリ的知性仮説である。実のところ霊長類学者は、類人猿の他者を欺く能力と脳の大きさに強い相関関係があることに気づいている。

社会に依存する種では、自分の得になるよう他者を操ることができると進化上有利なので、人間は成長するにつれて、巧みに他人を操るようになる。この能力は、ジョーク、物語、政治、そして悪くすれば、犯罪の基盤となる。それでも全体として、人間は協力的で、親切で、道徳的義務として互いの欲求を満たしてあげようとする。信頼できて、利他的で、優しい性質は、わたしたちの社会において非常に価値があり、現実の経済的優位性をもたらす。

ほとんどの社会状況において、人々の利害は少なくとも部分的には一致しているので、一般に人は、より良い社会からより多くの恩恵を受ける。また、わたしたちの祖先の集団が大きくなるにつれて、親類でない人々、つまり、自分たちへの投資を期待できない人々と協力する必要が出てきて、社会的スキルが磨かれた。そうして、より多くの社会的関係をうまくコントロールできるようになると、より効率的に暮らし、資源をめぐってより協力するようになった。また、大きな遺伝子プールから伴侶を見つけることができるので、生殖の成功率が高まった。加えて、文化的資源の蓄えも増え、生存率が高まった。

しかし、大きな集団は利益をもたらす一方で、ストレスや競争が多く、認知面への要求が増える。協力関係を築き、守り、育て、全員の社会的地位と評判を記憶し、誰が信頼できるかを知っておく――そういったことをこなすには時間と労力がかかり、セルフケア、狩りなどの活動を犠牲にしなくてはならない。人間の進化の過程で社会認知プロセスをつかさどる大脳新皮質が劇的に増えた時期に、皮質のしわが増えて言語処理に必要なつながりが強化されたのは、偶然ではない。大きな集団が言語の進化のための選択圧を生み、言語の進化がより大きな集団を可能にするという、進化のフィードバックが繰り返されたのだ。

一九九〇年代に進化人類学者のロビン・ダンバーは、霊長類のコミュニティの大きさと大脳新皮質の容積との間に強固な比例関係があることを発見した――いわゆる「ダンバー数」である[12]。ほとんどの類人猿は、大脳新皮質のサイズのせいで集団の規模が約三〇匹に制限されるが、脳の大きいチンパンジーは、五〇匹から六〇匹のコミュニティを維持できる。人間の脳は、進化を経てチンパンジーの脳の三倍の大きさになった。その大きさに見合うダンバー数は一五〇。すなわち、信頼や義務を伴う有意義な人間関係を維持できる人数は一五〇人ということになる[13]。ドゥームズデイ（中世の土地台帳）に記録された村の人口、現代の狩猟採集民社会、クリスマスカードの送り先、フェイスブックの友達の数[14]、そのどれをとっても、この数は合っているようだが、インターネット・コミュニティでは二〇〇を超える可能性がある（現在、わたしたちは非常に多くの顔を目にしており、脳はおよそ五〇〇〇人の顔を覚えることができる[15]）。

　わたしたちの親類である霊長類にとって、グルーミングは時間のかかる作業で、大きなコミュニティではその負担は大きい。一方、人間は大きな社会でうまく暮らしていくために、雑談という方法を編み出した。いくつかの研究により、チンパンジーは、新しい環境に置かれて互いを頼らなければならない場合、グルーミングの時と同じ声を（ボリュームをあげて）出すことがわかっている。つまり「おしゃべり」はある程度、グルーミングの代わりになるのだ。実際、大きな集団で暮らす霊長類ほど、声のレパートリーが多い。人間にとっておしゃべりはまさにグルーミングの役割を果たしている。ちょっとした会話や冗談のほとんどは、相手と仲良くするための社交辞令であって、その内容は重要でない。天候について話すことで社会的な絆を維持し、血縁者でない人々と協力しやすいようにしているのだ。相手の気分を良くして、自分のことを好きになってもらうのが目的だが、そのような世間話は、学習によって身につける技術であり、幼い子どもは往々にしてうまくこなせない。彼らは「調子はどう？」などという質問に、真正直に答えてしまう。

　雑談を交わすうちに、相手との共通点が見つかる。その共通点を足場として、居心地の良さと、経験の共有が導かれる。こうして雑談によって相手との絆は一気に深まるが、同様の絆を共同作業によって深めようとしたら、何日もかかることだろう。つまり雑談は、社会的絆を深めるのに必要な時間とエネルギーを削減するのだ。そして、人間は雑談を好むように進化した。意見や情報を共有すると、脳の報酬中枢が活性化し、気分が良くなる。人間は幼少期が長く、寿命も長いので、生涯において他者の助けが必要になることが多い。したがって、家族以外の信頼できる人との関係を築くことは、プラスになる。

　また、わたしたちの会話の六〇パーセント以上は、その場にいない人のうわさ話で占められ、それを通してわたしたちは人の評判を知ったり、作ったりする。評判は、人がどのような行動をとったかを後々まで伝えるだけでなく、人が信用できるかどうかを事前に教えてくれる。人間の行動には一貫性があるので、過去にどう行動したかは、将来の行動を知る良い指針になるのだ。

　一例として、取引について考えてみよう。取引にはかなりの信用が必要とされる。仮に、あなたが丹精込めて作った一束の矢を、革製のマントと交換する場合、相手が公正な取引をすることを信じなくてはならない（たとえば、彼らとは前にも取引したことがあり、彼らがあなたの矢で射止めたバイソンがそのマントの材料だとしたら、彼らは信用できる）。結束の強い小さな社会では、相手がどんな人物かは比較的簡単にわかるが、集団が大きくなるにつれて、それは難しくなる。あなたが他者の評判を知るには、多くの人とつながり、そのネットワークが相互につながっている必要がある。拡大家族を持っていると、この点で有利だ。人間は類人猿の中で唯一、結婚によってつながった人々を親戚と見なす種であり、そうすることでネットワークを広げている。一五〇という人間のダンバー数は、いくつかの集団にまたがることが可能で、加えて、わたしたちは言語と名前を持つので、友達の友達や友達の親類などともつながることができる。さらには、彼ら（と自分たち）の評判を利用して、はるか遠く、異なる民族や文化にまでネットワークを広げることができる。このようにして、たとえ各人が属する民族や社会が敵対していても、個人として協力的な関係を築くことができる。

　複雑な社会でどのような立場にあるかによって、生存可能性と遺伝子の成功が決まる場合、評判は非常に重要だ。評判が良いとあらゆる面でメリットがある。たとえば、必要な支援をすぐに得られたり、子どもの面倒をよく見てもらえたりするだろう。逆に評判が悪いと、最悪の場合、社会から追放され、ついには死に至る。もっとも、人は自分の評判の形成を後押しできても、それを完全にはコントロールできず、また、評判はその人が死んだ後も存続し得る。さらに、わたしたちは、ひとたびある人について説得力のある話を聞いてしまうと、その人の行動だけを見て判断するのが難しくなる。なぜなら、社会で何かを学ぶ時、わたしたちは自らの考えや意見を一から組み立てるのではなく、他者の考えや意見を真似ることが圧倒的に多いからだ。見知らぬ人と「信頼ゲーム」（囚人のジレンマや公共財ゲームなど）をするとき、数回ゲームをした後でさえ、その人を信頼する度合いは、先に自分と同程度、その人とプレイした人の意見に左右されることが、実験によって明らかになった[16]。見知らぬ人が過去にどのようにプレイしたかを知ることができれば、その人と協力する割合はおよそ六〇パーセントになり、これが肯定的な評判によって補強されると、協力する割合は七五パーセントになる。しかし、評判が否定的だと、それが自分の目で確かめた証拠と矛盾し、その評判を語った人が自分と同様に経験不足だったとしても、協力する割合は五〇パーセントにまで落ちる。

同調圧力のせいで、誰しも集団と対立する意見を述べることには慎重で、集団の中で人気のあるメンバーを支持しているように見られたがる。これはともすれば、過激な意見が強化されたり、ソーシャル・メディアでの「炎上」のように評判の良かった人がささいな失敗を激しく非難されたり、個人がカルト的な人気を博したりすることにつながる。小さな社会でもうわさ話は個人の運命を左右しかねないが、大きな社会ではそのリスクはいっそう高くなる。

実際、評判を国家規模でコントロールするために、ばかげたものから極端なものまで、さまざまな取り組みがなされてきた。かつてラムセス二世は、あらゆる戦いでエジプトの勝利を宣言した。また、現在の中国は、ウェブサイトやメディアのニュースを検閲している。うわさ話による社会的情報をわたしたちが信用しやすいことは、個人や集団の評判を貶めて社会を変えようとする人々にとって、強力なツールとなる。一九三〇年代のジョークに、ナチスのプロパガンダ新聞『シュテルマー』を楽しそうに読むユダヤ人の話がある。当惑する友人に、彼はこう言う。「ユダヤ系の新聞には、我々にとって恐ろしく暗いことばかりが書かれているが、この新聞によると、すべてうまくいっている！　ユダヤ人が銀行や国を支配し、全世界を運営しているんだ！」

虚偽の証言や、人の悪口を言うことは、哲学者ロラン・バルトが「言語による殺人」と呼んだように、文化的に禁じられている。しかし、うわさ話は相互依存的な社会を管理するために欠かせないツールであり、悪事を働く人、利己的な人、反社会的な人も一致協力させて、グループの全員が責務を果たすことを確実にする。うわさ話の欠点は、誰でもそれを利用して弱い者いじめをする可能性があることだが、利点は、誰でもうわさ話を広められることだ。悪者を倒すのに屈強な肉体はいらない。うわさ話を使えば、暴力に頼ることなく、反社会的行動を是正できるのだ。

羞恥心か罪悪感か

人に見られていると、わたしたちは行儀よく振る舞いがちだ[17]。泥棒が侵入先で飾られている家族写真を伏せることはよく知られている。誰でも、悪事を働くところを人に見られたくはないものだ。同じ理由から、見張っている目の写真を貼っておくだけで、万引きは減る。

ユダヤ教、キリスト教、イスラム教を典型とする一神教の神々は、最後の審判の目をもち、人間の日常の行動を監視し、地獄へ落とすか、天国に送るかを決める。それらの祈禱書は、神は人の心を見通して審判を下すこと、神は総じて良い行いより悪い行いに関心があることを語る。宗教は、大きく成長する社会を監視する必要性ゆえに進化してきたらしい[18]。そしてホメロスの神々に見てきたとおり、社会が採用する宗教は、いくらかはその社会がどのような治安維持を求めているかで決まるようだ。

人間の行いと道徳に積極的に関与する神々は、お金や税金が存在し、見知らぬ人同士の大規模な協力が求められる大きな社会でよく見られる。懲罰的で介入的な神への信仰は、広大な地域に暮らす人々の大規模な協力を促進するための適応として進化した可能性がある。[19]社会人類学者は最近、被験者にお金を分配させるオンラインゲームを用いてこの理論を検証した。そのゲームでは被験者に、自分、同じ宗教の信者（地理的に近い人、遠い人）、異なる宗教の信者（仏教徒、キリスト教徒、ヒンドゥー教徒、アミニズムの信者、先祖崇拝の人々）にお金を分配させた。すると、道徳的懲罰を与える神の信者は、同じ宗教の信者に対して、より気前がよかった（地理的な近さなどの、他の類似点はほとんど影響しなかった）。[20]つまり、道徳を説く神は、協力的行動の広がりを助けるのだ。すべてを見通す神に高く評価されたいという動機は、コミュニティの拡大にともなって弱まる評判の力を補ったと考えられる。信心深い人々は、より親切で、より協力的だと見なされるからだ。[21]しかし、彼らが誠実で信頼できる人物であったとしても、親切で協力的になるのは、往々にして相手が宗教などの価値観を共有する場合に限られる。[22]

感情と評判を文化的に利用すること、すなわち羞恥心と罪悪感[23]も、社会が拡大するにつれて進化したようだ。どちらも類人猿には見られないが、人間の大半は、生まれつきそれらを備えている。恥をかかせて自尊心を貶めることは、相手の精神だけでなく身体にも強い影響を及ぼす。恥をかくと、身体が負傷したときと同様に、ストレスホルモンのコルチゾールが急増し、炎症反応が生じる。それが長引くと、ダメージが大きくなる。

多くの社会は、羞恥心を利用して人々の行動をコントロールしようとする。たとえば、日本の文化は「恥の文化」であり、他者にどう見られるかが、罪悪感より強く行動に影響する。一方、アメリカなどの「罪の文化」では、恥をかかないことより、良心に従い、罪悪感を回避することの方が重視される。道徳心の根拠として羞恥心と罪悪感のどちらが重要かは、その社会のうわさ話のネットワークの緊密さによって決まるようだ。[24]社会的絆が永続し、匿名性が低く、結束が強い社会、たとえば人々がうわさ話をよくする村などでは、人は人を評価しがちで、社会的格差を性格の良し悪しのせいにすることが多い。そのような集団では、羞恥心は人を社会的にコントロールするための重要な手段となり、人は羞恥心ゆえに集団のルールに従う。しかし、都市などの個人主義の社会では、人々は孤立し、つながりが希薄で、個人は一つの集団ではなく多くの集団に依存するため、うわさ話が人の評価につながることは少なく、羞恥心の効果は弱い。そのような社会では、当人の罪悪感に訴えた方が効果的かもしれない。

人は他者から低く評価されると、自己評価が下がる。自尊心のレベルは他者が自分をどう見るかによって決まることは、多くの研究で明らかになっている。言い換えれば、自尊心は自らの評判に左右されるので、評判は道徳的行動の原動力になるのだ。また、道徳的な行動をとっていれば、おのずと自尊心は高くなり、それを見た他者はその人をより高く評価するようになり、それを受けて自尊心はいっそう高くなる。こうして道徳心に基づく行動は、他者からの高い評価を導き、自尊心を高める。この種の内省は認知的負担が大きいが、社会的状況で他者を操ることを可能にする。

数年前、イギリスの風刺的なドキュメンタリー番組[25]が、ＨＩＶ感染に対する社会の批判的態度を皮肉る目的で、輸血によってＨＩＶに感染した血友病患者を「良いエイズ」、セックスや薬物注射によって感染した人を「悪いエイズ」と呼んだ。ばかげているが、この蔑称は現実的な価値観を語っており、それには結果が伴った。ある研究では、[26] HIVに感染したゲイの男性が、社会から拒絶されていると感じて病気を恥じている場合、ウイルス量が増え、免疫細胞が速く減少し、平均で二年早く亡くなることがわかった。このような拒絶感や羞恥心は痛ましいが、理由があって進化したものだ――それらの感情は、効率的な社会学習と協力の鍵になる共感の表出であり、人が所属する集団の意見を重んじることを語っている。自らの集団の社会的価値観に従順であることは、その集団のメンバーとして得る利益の代価だ。羞恥心や罪悪感を見せない人は、社会に受容されることに関心がない。彼らは集団にとって危険で信用ならない存在であり、集団から排斥され、最終的に死に至る。

名声の大きな力

先に述べた通り、他者の経験に頼ることは、情報を得る最善の方法だ。たとえばどのレストランに行くかを決めるとき、すべての選択肢を試す必要はない。大多数の人の真似をして、すいている店ではなく、混んでいる店、つまり、評判の良いレストランを選べばよいのだ。時には、人を真似たいという衝動が、株式市場の暴落のような惨事を招くこともあるが、たいていの場合、その衝動の副作用は無害な流行やファッションだ。一般に、社会的な情報、すなわち、うわさ話は、信頼できる文化的情報を知るための良いガイドになる。

評判は、誰を真似るべきかを教えてくれる。結局のところ、間違った人を真似ると、病気になったり、栄養失調になったりする。しかも、このしくじりは、わたしたちを真似る次世代に受け継がれる。テクノロジーや文化的業績は世代を経るごとにデザインや複雑さ、多様性が向上すると考えられがちだが、逆に技術が失われ、雑になっていくこともある。評判は文化進化をより効率的にする選択圧であり、好ましくない選択肢を取り除き、より信頼できる選択肢を後押しする。

社会性のある動物は、誰を真似るべきかを判断しなければならないが、人間はそれが非常にうまく、そこには世界共通のパターンが見られる。幼い頃には、まず両親から学び、次に兄や姉から学ぶ。同じ性別、言語、文化の人々から優先的に学び[27]、思春期になると、次第に仲間を真似るようになる。そうすることで、年長者から学んだことを修正し、時代や社会の変化に合わせて知識を更新するのだ。しかし、真似る対象は、常に相手の能力に基づいて選択されるわけではない。たとえば小学生に果物を選ばせた研究では、子どもたちは年下よりも年上の子どもの選択を真似た。しかし、パズルを解く課題を与えると、自分より年下でもたまたまそのパズルをうまく解いた子どもを真似た。このことは、名声（プレステージ）の転移について多くのことを明らかにする。

名声は、人間だけが認識する特殊な地位（ステータス）だ。ほとんどの動物は、最も力強いとか、最も攻撃的、あるいは最も生殖能力があるといった優位性の利点を認めている。人間にとってもそれらの優位性は重要であり、最も攻撃的で力強い戦士は、どこでも敬意を表される。しかし、名声はそれらとは正反対のものだ。名声のある人とは、何かの専門家で、人生の先輩であり、学ぶべき価値を備えた人だ。そして、ある分野で名声を得ると、その人の地位は高くなり、専門分野にとどまらない影響力を発揮するようになる。わたしたちはその人の決定のすべてを真似ようとするだろう。実のところ名声は、文化の伝承を後押しするために進化した可能性がある。[28]一つの分野で成功すると、全体のオピニオン・リーダーという地位を与えられる。わたしたちは成功した個人から学びたい、あるいは単に何らかの形で彼らとつながっていたいと思うので、彼らの評判に心を動かされる。ゴルフ界のヒーローが宣伝する腕時計をあなたが買いたくなるのはそのせいだ。

これはおそらく、文化的技術が複雑であることに根差しているのだろう。たとえば優れたハンターになるには、速く走る、巧みに追跡する、武器を正確に使う、集団の中でうまく協力する、獣を倒すなど、多くのスキルが必要とされる。狩りを学ぼうとする人は、優れたハンターを見分けることはできるが、どのスキルが彼を成功させているかがわからないので、その人をそっくり真似るのが得策となる。[29]しかし、何らかの分野で名声があるからと言って、ほかのことでまでその人の行動を真似すると、危険な目に遭うことがある。有名人が自殺したときなどがそうだ。模倣自殺はいくつかの国で起きているが、多くの場合、事前に気持ちの落ち込みなどの自殺の兆候が見られなかった人が、セレブと同じ方法で自殺する。

名声を持つ人は、大きな力を持っている。彼らは社会のネットワークを、向社会的にも、非協力的にも、寛容にも、偏狭にも作り変えることができる。ダイアナ妃がエイズ患者を抱擁したとき、彼女はウイルス学者による数十年の講義をはるかにしのぐ影響を、ＨＩＶ感染に対する社会の態度と理解に及ぼした。同様に、政治家が人種差別を非難しなかったり、容認したりすると、他の人々は模倣するようになる。特にそれが一国の大統領であったりすると、その世代の社会の道徳律、すなわち文化の現像液がすっかり変更される。

自尊心は、他者からの評価によって決まるので、名声のある人はしばしば自分の評判をうのみにし、自分が特定の分野だけでなく、あらゆる領域において優れていると思い込む[30]。また、多くの有名人は、仲間の有名人か、自分の崇拝者としか付きあわないため、誤った見解を公然と述べるようになる。怪しげな医療行為を宣伝する俳優はその一例だ。

文化が異なれば、名声を得る方法も変わる。狩猟採集民では、何事においても、最も優れたハンターの意見が重んじられる。また、彼らは年長者の意見に従うが、それは、年長者が年の功で正しい情報を持っているからというだけでなく、人間の進化の途上では、年をとっていること自体が一つの偉業であったからだ。古代の狩猟採集民の大半は、六五歳になるまでに自然選択によって淘汰されていたので、六五歳まで生きられた人の行動様式は価値があると見なされた。

進化人類学者のジョセフ・ヘンリックはそれを、唐辛子を使ってうまく説明した。二〇歳から三〇歳までの一〇〇人からなるコミュニティを思い浮かべよう。そのうち四〇人は、日常的に唐辛子を使って肉料理を作っているとしよう。唐辛子には抗菌作用があるので、その四〇人は、食中毒で死亡する確率が下がる。もし長年にわたって唐辛子を食べたことで、六五歳以上生きる確率が一〇パーセントから二〇パーセントに上がったら、この集団の五七パーセントの人は、六五歳になるまでに唐辛子を食べるようになるだろう。もし肉の調理法を学ぼうとする人が若者よりも年長者の調理法を真似たら、生存率を高める唐辛子を使うようになる確率は高いので、数世代の文化進化のうちに、そのコミュニティでは肉料理に唐辛子を入れることが当たり前になる。「このように、年長者に学ぶことは死亡率の差を生み出し、自然選択の作用を増幅させ得る」と、ヘンリックは説明する。

現代の西洋社会では長生きが当たり前になり、また、技術革新がきわめてスピーディに進むので、高齢であることは威厳を失った。文化の急速な変化は、社会的学習の信頼性を損なう。社会的学習には、時代遅れの情報を真似るリスクが伴うからだ。それでも、特殊なスキルの習得を要する創造的な活動などでは、高齢者は依然として尊敬されている。陶芸の名人は完璧な壺を数分で仕上げるが、そのような技術を身につけるには一生かかる。

驚くようなことではないが、あらゆる文化において最も名声があるのは、最高の知識を持ち、それを惜しげなく分け与える人だ。それは教師である。教えることはコミュニケーションがすべてであり、そのために人間が発明したツールは、協力的な社会を強化し、物語の共有を通して人々を結びつけ、共通の目的に向かわせる。集団のアイデンティティはその集団が話す言葉に溶け込んでいるが、そのことが言語を、文化的な隔たりを埋めるための重要なツールにしている。なぜなら、他の集団とその集団の言語で対話することは、不信を解き、彼らの社会へのアクセスを可能にするからだ。種としての人間の成功は、社会的な集団同士の競争と、異文化間の交流の両方に基づいている。それについてはこの先で述べよう。

第3部　美

わたしたちは、美について熟考することによって人間性を高める。わたしたちは人生に意味を求め、美はその表現を通して、わたしたちに目的を与え、永遠の命さえ与える。美は主観によって作り出されるが、わたしたちの行動を動機づけることにより、人間の進化に影響してきた。人間の最大の共同作業は、美によって推進され、人間は美によって、世界的なプレイヤーになることができた。美は人間の世界を築いた。ラルフ・ウォルド・エマーソンの言葉を借りれば、「世界は、魂が美への欲求を満たすために存在する」。

第9章 所有

美しいものを持ち社会を美化する欲求が社会規範になる

わたしは寝室の隅にある古いタンスにねじ止めした二つの陶製のノブに、ネックレスを何本も吊るしている。日の光を受けて、磨かれたストーンや貝殻やメタルビーズがきらめく。シルバーの輪を連ねたネックレスはゆらゆらと光を歪ませる。一方、ガラスやプラスチック、ストーンなどの半透明のビーズは独自の魔法を使う。日の光を千々に砕き、反射して、古びたタンスを虹色に輝きながら流れ落ちる滝に変えるのだ。

その光景に、わたしの娘たちは目を奪われる。うやうやしくネックレスを持ち上げ、リボンで遊ぶように、指と指の間にネックレスを通したり、ビーズをひとつずつ調べたりして、それぞれの違いに首をかしげ、光の中での透明さに驚く。そして「ママ、ちょっとの間着けさせて」とおねだりする。一人には頭からかぶせてやり、もう一人には首にまわして留め金をかけてやると、娘たちは大喜びする。そして少し背伸びして胸を張り、つま先立ちで鏡に向かう。

それらのネックレスは安物だ。わたしが持っている中で、市場で値段がつきそうなものは一つしかない。それは祖母からもらったもので、祖母が亡くなった今では家宝になっている。ペンダントトップは、ゴールドの台座に美しい黒真珠をセットしたもので、チェーンもゴールドだ。自分で選ぶようなものではないが、それが体現する意味ゆえに、わたしにとって大切な宝物になっている。それは愛する祖母からの贈り物であり、しかも元をたどれば、わたしの最愛の祖父が祖母に贈ったものだった。そのネックレスは思い出を運ぶ。また、珍しいデザインで、傷一つない。時を経ても変わらない美しさと、首にかかる重さは安心感をもたらすので、わたしは気後れしそうなイベントに出かける時には、よくそのネックレスを身に着ける。その歴史には、象徴的なもの、人生の課題に対処してきたというメタファが感じられる。真珠は、二枚貝が貝殻の中に砂粒を見つけて反応することによって誕生する。真珠を見つけるのは難しく、特にこのサイズのものは、異国の海での危険なダイビングによって採取される。このネックレスはさまざまな素材のパーツからできていて、さまざまな場所の熟練者が関わっている。それらのパーツがどのように集められ、魅力的で価値のあるネックレスになったのかを思い浮かべるには、想像力が必要だ。

わたしの他のネックレスは、ガラスやプラスティック、木、セラミック・ビーズ、貝殻、ボタンなどの安っぽい素材でできているが、わたしにとっては価値がある。ネックレスそのものがきれいだし、身に着けるとわたしを引き立ててくれる。また、いくつかは、思い出深い時と場所の記念品として、わたしの心をその時のその場所へ連れて行ってくれる。色鮮やかなプラスチックのビーズをつないだネックレスは、二〇代前半に初めて一人でアメリカを横断した時のことを思い出させる。そのネックレスは、ニューオリンズのマルディグラ（カーニバル）で投げつけられたものだ。それを見ていると、気だるい暑さの中、通りを行く人々の喧噪、ダンスや音楽、わずかに危険な雰囲気が思い出される。フロート（山車）に乗った人々から群衆に安物のネックレスやおもちゃを投げるのは、マルディグラでずいぶん昔から行われてきたことで、男性が女性に投げるのは、お返しにダンスやビールや、一瞬のヌードを期待してのことだ。わたしは、バルコニーで踊っている上半身裸の美しい若者からネックレスを投げられた。キャッチすると、彼から「おっぱい見せて」と言われた。びっくりして通りを走り抜け、酒場に入った。そこは一部屋だけのバーで、三人組のバンドの熱狂的な演奏に合わせて大勢の人が踊っていた。じっとりと暑い店内で、わたしはしばらくの間、ネックレスを握ったまま音楽に身を委ねて立ち尽くし、大人になったような気分を味わった。今、この安っぽいプラスチック製のネックレスを手に取ると、あの時あの場所にいた自分との唯一のつながりを持っているような気がする。

わたしのネックレスの価値はわたしと、ごく親しい人にしかわからないが、それは装飾品としては珍しいことだ。通常ジュエリーには象徴的な機能があり、身に着けることで、裕福さや、所属する部族を示すことができる。十字架のネックレスはキリスト教の信者の証であり、薬指の指輪は結婚しているという証だ。わたしも身に着けるアクセサリーによって、ライフスタイル、年齢、バックグラウンド、社会階層、性別などについて微妙なメッセージを周囲に送っている。

美しいものは、わたしたちを立ち止まらせ、それらをじっと見つめるように誘う。人間は生来、美しいものに感情的にも生物学的にも反応する。人間の文化はその傾向を育み、装飾的表現に意味や価値を持たせることを後押しした。人間は美に宿した主観的な意味をツールとして利用し、文化的象徴、規範、儀式を軸として、まとまりのある部族社会を築いてきた。これらの創出された規範は、社会と環境の圧力を受けて進化し、人間の生態と遺伝子に多大な影響を与え、人間とその社会を再構築した。

人間は、遺伝的につながりのない大きなコミュニティへの帰属を示すために美を利用する。美は、人間が表現型（フェノタイプ）［遺伝的特徴］を人工的に作り出すことを可能にし、ひいては人間の進化に影響を与える。

美意識の起源

人間は、美に対する強い感性を備えている。人の顔立ち、シンメトリーな花、小鳥のさえずり、人間の創造物など、あらゆるものに美を探し、美を見つけることに喜びを感じる。美は人を慰め、人生に意味と目的をもたらす。また、美は共感力を高め、共同体意識を生み出す。美は美を生み、たとえば街並みを花で飾ると、人々はそこをさらに美しくしようとする[1]。人間は美を見つけ、讃えるが、美術、音楽、建築、文学、ダンス、物質文化などを通して美を表現することにも熱心だ。実際、儀式中の所作から、芸術的な創作物にいたるまで、人間が行うことや作るもののほとんどは、美への欲求によって動機づけられている。わたしたちは食事をする時はテーブルマナーを守り、会話では、「汚い」言葉を避けて、社会的に受け入れられる音量で話し、人前に出るときには服で身を飾る。

人間は、美の追求に膨大な時間と労力を費やし、芸術のために命を捧げることさえある。二〇一五年、シリアの考古学者ハレル・アサドは、パルミラ遺跡の遺品を隠した場所を明かすことを拒否したため、イスラム国によって斬首された。八一歳だった彼にとって、二〇〇〇年の歴史を持つ寺院群の美しい工芸品や彫像は、命をかけて守る価値があったのだ。

美は強力な社会的ツールだが、主観的なものであり、それ自体は存在しない。おそらく、人類の美のルーツは、性選択という生物学に根ざしているのだろう。鳥の中には、自らの生物学的適応度（繁殖力）の高さを喧伝するために、極端なほど自らを飾り立てる種が数多く存在し、クジャクはその最たるものだ。虹色に輝く目玉模様の尾羽は、そのようなけばけばしい装飾にエネルギーを費やす余裕があることを誇示している。この理由から、メスのクジャクは、最も豪華な尾羽を持つオスを好むように進化した。人間はクジャクと違って、男女ともパートナーを選ぶが、お察しの通り、わたしたちは男女どちらの顔にも、クジャクの羽と同じく、健康さの証として美しさを求める。その美しさには、顔の対称性と血色の良さが含まれる。[2] 他の霊長類も、顔を指標として良い遺伝子を選ぶ。たとえばアカゲザルは、人間と同じく均整の取れた顔を好む。

人間は平均的な個人の顔より、母集団の複数の顔画像をコンピューターで平均化した「平均顔」を好むことを、複数の研究が示している。[3] この嗜好には、遺伝子の混合が成功すると環境に対する適応力や回復力が高まる、という進化的ルーツがあるのかもしれない。調査によると、人は「混血」の人に魅力を感じ、[4]近親交配の人にはあまり魅力を感じないそうだ。[5]セクシーさも魅力的な特性であり、男性ではテストステロン（男性ホルモン）、女性ではエストロゲン（女性ホルモン）の多さを示している。

つまり、人間の美意識の土台になっているのは、単なる審美眼ではないのだ。わたしたちは、若く健康で生殖力があり、病気の兆候のない人を好む。そのような人は、性的な欲求に火をつけ、わたしたちは彼ら彼女らを「美しい」と表現する。そして、最も健康で生殖力の強いパートナーを見分けるのがうまい人は、より多くの遺伝子を後世に残しただろう。こうして、人間の美意識と実際の美しさは、何千年もかけて向上してきた。

もっとも、人間の美意識の多くは主観的なものであり、生物学的適応度には基づいていない。実際、それらは気まぐれに発生し、流行の影響を受けるようだ。この件についても、動物の世界に興味深い類似が見られる。一九八〇年代、進化生物学者のナンシー・バーレイはキンカチョウ（スズメ科の鳥）の研究をしていた。彼女は研究室に入れた時期の目印として、異なる色の小さなバンドを鳥の足につけた。驚いたことに、特定の色のバンドをつけた鳥は、つがいの相手を見つけやすく、より熱心に子育てをした。[6]メスは赤いバンドのオスを好み、オスは黒とピンクのバンドのメスを好んだ。つまり、キンカチョウは研究室で新たな性的装飾を「進化」させたのだ。そのスピードは速く、バーレイは十分に検証できた。これらのバンドは適応度のシグナルとしては無意味なので、動物がどのような形質を美しいと見なすかは、ある程度偶然に左右されることを示唆している。おそらく、鳥の脳には特定の特徴や色が組み込まれていて、それに合致する変異が新たに出現したら、その変異を好むようになっているのだろう。わたしたちが目にしている自然界の多様性と美の多くは、動物の審美眼に導かれて生まれたと考えられる。

　そのように一見気まぐれな嗜好によって、人間の外見も形成されたらしい。人類は何万年にもわたって、それぞれの部族の小集団で暮らしたため、文化的差異や遺伝的差異が蓄積した。その結果、数千年の間に、スリランカ人とスウェーデン人のように顕著な違いが生まれた。小さな集団では、遺伝形質の取捨選択が進む。それを持つ人が少ないために完全に失われる遺伝子型もあれば、たまたまその集団にそれを持つ人が多かったせいで、異常なほど拡散する遺伝子型もあるからだ。人類の多様な髪の色や目の形は、小さな集団で生まれ、その集団の人々がそれらの形質を好み、それらの特徴に基づいて生殖のパートナーを選んだために、現代まで存続したと考えられる。

　たとえば、東アジアの人々の太い髪、多い汗腺、特徴的な歯、小さい胸などは、約三万五〇〇〇年前に起きたＥＤＡＲ遺伝子の変異と関連がある。この遺伝子が急速に広まったのは、暑い気候では汗腺が多い方が有利だからなのか、それとも、人々がそれらの特徴を魅力的だと感じたからなのか、専門家の意見は分かれている。白い肌[7]と青い目も、かつては希少で魅力的と見なされ、性的なパートナーを得るのに役立ったために、北欧で急速に広まったのかもしれない。過去二〇〇〇年の間に英国では、人々の身長が高くなり、金髪の人や青い目の人が増えたと言われている。

　魅力的な顔は、脳の視覚野の、顔や物の形を認識する複数の領域を活性化させる。同時に、特にその顔を美しいと認識していなくても、報酬系と快楽中枢も活性化する。また、審美眼には道徳的な要素もあり、「美しさ」を判断する脳領域と「善良さ」を判断する脳領域は同じだ。[8]美と善良さを反射的に結びつけることは、美が社会にもたらす影響の、生物学的原因になっているのかもしれない。魅力的な人々は、人生においてさまざまな恩恵を受ける。より知的で信頼できると思われ、たとえば、給料が高くなったり、刑罰が軽くなったりする。[9]

美的判断には、嫌悪感や痛みを感じる脳領域である「前島」が重要な働きをしていることが、脳画像研究[10]によって明らかになった。この意外な結果は、人間が美を認識するように進化したメカニズムを説明するのに役立つ。美的判断の本質は、ある物の価値を「自分にとって良いか悪いか」によって評価することだ。この評価は主観的なものであり、その人のその時の生理的な状態によって変わる。空腹の人は満腹の人より強く、チョコレートケーキに惹かれるだろう。脳の審美システムは、食物や性的パートナーといった生物学的に重要な対象についての判断力を高めるために進化し、その後、文化進化が進むと、絵画や音楽といった社会的に価値があるものを評価するために利用されるようになったと考えられる。脳画像診断により、ケーキを見て喜んだ時の反応と、音楽を楽しんでいる時の反応は、とてもよく似ていることがわかった。

また、美を識別する能力は、パターンを見つけようとする衝動とともに進化したのだろう。その衝動は脳の予測システムの一部であり、「ここに何か特別なものがあるから、それを解明・理解しなければならない」という認知シグナルとなって、注意を喚起する。わたしたちは何かを美しいと感じると、「もっと知りたい」という気持ちになる。その意味では、美を識別する能力は、非常に強力な好奇心の一種でもある。芸術は、この本能的な審美眼に訴える。ゴッホの絵を見ていると、脳の美的感覚の中枢がうずき、この絵は単に色が渦を巻いているのではなく、意味があるのだと教えてくれる。ある脳画像研究では、[11] 被験者が有名なベートーベンの曲を聴いていて、これからクライマックスという時に、好奇心をつかさどる脳領域である尾状核が長く活性化することが確認された。この研究を行った科学者たちによると、この期待感は、これから一連の心地よい聴覚刺激が始まることを示し、「多幸感を引き起こし、欲求と報酬の予測を導く」。このプロセスは、快楽ホルモンであるドーパミンの急増を引き起こす。これらのパワフルな方法によって、美は、どの感覚は理解する価値があり、どの感覚は無視してよいかを脳が判断するのを支援するのだ。

つまり、人間は生物学的に美に反応するようにできていて、それを文化的に視覚言語として捉え、美しいと感じるものを、価値と意味を備えたシンボルへと昇華させたのだ。人間は、性的に魅力的な肉体だけでなく、あらゆるところに美を見出す。美がもたらす喜びゆえに、貴重な時間を費やして思考を巡らせたり、実用的でなく、生存に役立つわけでもないものに関心を持ったり、美的な創造のために時間や労力やその他の資源を投入したりする。これは他のどの生物も行わないことだ。そして人間のように大きな動物の場合、不要な活動はとりわけ高くつく。槍に凝った装飾を施しても、より多くの獲物を倒せるようになるわけではない。それにもかかわらず、あらゆる人間社会は、装飾のために多大な時間と労力と物的資源を費やしている。そのことは、人間の生存にとって美が重要であることを物語っている。わたしたちは美の象徴性と意義を通して、団結力、コミュニティ、価値観や信念の共有、思いやりなど、協力的な社会を築くために必要な感情を引き出しているのだ。

ファッションと規範

人間の世界は思考やアイデアを象徴的に表現することによって成り立っており、それが他の動物と異なる点だ。わたしたちは視覚的な象徴を用いて、新たな概念を個人間や世代間で伝える。通貨制度、善悪、政府といった抽象的な概念は、身体装飾（ボディデコレーション）、芸術、音楽、建築、園芸、その他の技術を用いて、美によって表現される。

この象徴化する能力のルーツを、人間に最も近い霊長類に見ることができる。継続的な観察がなされてきたウガンダのキバレ国立公園の野生チンパンジー集団では、若いチンパンジーたちが日常的に、「赤ちゃん」に見立てた棒で遊んでいる。その棒は、彼らが意味を持たせた、「ファウンド・オブジェクト」（オブジェ芸術に使われる自然物）だ。年少のチンパンジーたちがその棒を抱きかかえ、昼日中に巣に運び込むことが観察された。これは、他の目的で棒を使うときにはしないことだ。ある若いオスは自分の棒のために独立した巣をつくり、またあるメスは、母親が乳児の背中をとんとん叩くように、棒を優しく叩く様子が確認された[12]。

およそ二〇〇万年前、ホミニンの祖先たちもファウンド・オブジェクトを大切にした。南アフリカの遺跡で古代の居住者の遺骨とともに発見された赤い碧玉石（へきぎょくせき）は、風化しているが、明らかに「顔」を持っていた[13]。おそらくは数キロメートル離れた場所で見つけられ、運ばれてきたであろうこの石は「多顔の石」と呼ばれ、最古のファウンド・アートと見なされている。その石の顔が古代の人にとって価値があったのは、何かの役に立ったからではなく、意味を備えていたからだ。ホモ・エレクトスの時代までに、人類は所有物に美しい装飾を施すようになっていた。インドネシアのジャワ島では、装飾された七〇万年前の貝殻が見つかっている[14]。

しかし、象徴的に意思を伝えたい、装飾したい、という人間の衝動が最初にその対象にしたのは、自らの体だった。口紅であれ、もっと劇的なメイクであれ、肌に色を塗る伝統は現代のあらゆる文化に見られる。また、数多くの先史時代の遺跡で、オーカー（顔料になる土）が発見されている。身体装飾はアイデンティティの主張であり、視覚的な言語であり、集団への忠誠の表現でもある。

ナイジェリア南東部のエコイ族は、装飾に基づいて、非常に複雑な組織を発展させてきた。伝統的にエコイ族の女性は、顔や体にきめこまかい象徴的な入れ墨をする。その入れ墨には、神聖な文字であるンシビディ文字の秘密のサインも含まれる。恋愛や戦争や神聖な力について語るこれらの入れ墨を解読できるのは、植民地化以前の支配層だった秘密結社エクペ・レオパードのメンバーだけだ。このように露骨な視覚的メッセージを含め、あらゆる文化において、人々は多大なコストを支払って自分の体を変化させてきた。自然な性選択を出し抜くために、自分自身を改造したのである。このようにして、文化的に確立された外見は、遺伝子によって決定された外見を塗りかえた。

人間の歴史上、最も魅力的な文化的実験の一つが個人的な装飾品の発明であり、それらは意味のあるメッセージを他者に送る。遠い祖先の時代から、ネックレスは強力なシンボルであり、文化的アイデンティティや社会的地位を顕示するために使われてきた。また、身に着けることで活力、生殖能力、富を促進する、小さいながら強力なお守りとしての意味もあった。スペインで発見された、ネアンデルタール人が身に着けた色付きの貝殻ビーズは、一一万五〇〇〇年前のものだ。ホモ・サピエンスが身に着けた最古のネックレスのビーズは、南アフリカ南端のブロンボス洞窟で発見された。それは少なくとも六五個の小さな涙型の貝殻からなり、意図的にあけられた穴と、古代に塗られたオーカーの色が残っている。その存在は、七万五〇〇〇年ほど前にそれを首から下げていた人には、わたしたちと共通する人間性が備わっていたことを語る。仮にこのブロンボス洞窟のビーズがわたしのタンスに他のネックレスと一緒に吊るしてあっても、違和感はないだろう。製作者は、バランスのよい美しい貝を選んでこのネックレスをデザインした。その意図は、ネックレスを身に着けた人に伝わったはずだ。

ビーズ細工という装飾技術は、身に着ける人とその集団が共有する視覚的言語を通じて情報を伝え、その情報は、より広いソーシャルネットワークによっても理解され得る。象徴的な文化は、集団が信念を共有することで成り立っている。わたしが属する文化では、わたしのネックレスは単なる装飾品と見なされるが、異なる文化では、まったく異なる解釈をされる可能性がある。ビーズの色に意味を持たせる文化もあり、たとえばケニア北部の遊牧民トゥルカナ族では、婚約者に黄色のビーズを贈り、未亡人は白のビーズを身に着ける。人類学者は、このような共有信念を社会規範として説明する。これらの規範は、美に関する合意から行動まで、あらゆるものに適用される。

ブロンボス洞窟から出土した貝殻ビーズを分析した考古学者たちは、時代とともに流行が大きく変わったことに気づいた。[15] 洞窟の下層の古い層で見つかったビーズは、その摩耗の様子から、貝殻の平らで光沢のある面を向かい合わせにして紐でつなげていたことがわかる。しかし、より新しい層では、貝殻は光沢のある面が見えるようにして、二つずつ結びつけられていた。この変化は一見、些細なことのように思えるかもしれないが、社会規範の変化を示す最古の証拠だ。これは化石に見られる解剖学的変化や、石斧の改良に相当する文化進化であり、新たな社会的適応（社会と調和した関係を結ぶこと）が起きた証拠と見なせる。このような行動の変化から、それぞれが独自のアイデンティティを持つ、複雑で異なる社会が発展していった。

ブロンボス洞窟の住人たちが自らビーズ細工のアイデアを変えたのか、それとも後に住みついた別の初期人類が新しいデザインを思いついたのかはわからないが、いずれにしても、これらの貝殻は今日のジュエリーと同様に、その時代の社会規範を表す象徴的な機能を十分に果たしていた。

衣服も同様だ。人類学者たちは、人間は直立歩行するので、アダムとイブが「イチジクの葉」をまとったように、性器を隠すための社会規範として衣服を着るようになった、と主張する。そうすることで、血縁関係にない大勢の人が、あまりもめることなく一緒に暮らせるようになった、と彼らは説く。わたし自身は、衣服は赤ちゃんを運ぶための抱っこ紐や、生理中の女性の腰布といった実用的なものから始まった、と考えている。そして、それらは人間が作ったり使ったりする他のあらゆるものと同じく文化的に重要だったので、装飾が施され、価値あるものとなり、女性にも男性にもコピーされるようになったのだろう。衣服という象徴的な規範によって、人は地位や性別、それに、部族や宗教への忠誠など、文化的に重要なメッセージを伝える。これにより「わたしたち」と「彼ら」というメンタリティが強化され、部族内での社会的分裂が深まる。衣服は、それぞれの文化が独自の技術と専門知識を備えて発展し、進化し、競争するのを後押しした。また衣服は、装飾の進化的目的を文化に適応したものであり、社会規範を反映し、共通の物語のもとに部族のメンバーを結束させる。

文化の累積的な進化を支えるのは模倣であり、わたしたちは他者の行動や嗜好を模倣するようにできている。そして模倣するために、規範をあえて見つけようとする。ファッションの規範には非実用的で奇抜なものもある一方、規範を巧妙に破る人もいた。たとえば日本では、庶民は豪華に装飾が施された絹の着物を着ることを禁じられていたが、一部の女性は美しい模様の入れ墨を彫ることで、その裏をかいた。また、装飾に関する規範は、他の規範と絡み合っているため、女性の権利と地位が向上するにつれて、女性の衣服はより実用的になっていった。自転車の発明は、女性用のズボンという思いがけないものを誕生させ、この進歩を早めた。

社会規範への進化

わたしたちは美を基準にして、物理的世界と社会的世界を秩序立て、自分たちのニーズを満たそうとする。つまり、自分と自分が作ったものだけでなく、社会も美化しようとするのだ。社会規範は、視覚的な装飾だけでなく行動も支配するので、人間は外見だけでなく振る舞いも美しくしようとする。社会規範は集団の中で生まれ、集団によって強化されるものであり、人間が非常に高いレベルの協力をこなせる理由を説明する。社会規範は人間の行動と価値観を一致させて利害の対立を減らすために進化した。人間社会が成長するにつれて、ヒエラルキーが生じる。対立を避けるための戦略の一つは、社会規範によってヒエラルキーを強化し、人生における他の選択肢を排除することだ。たとえば、猟師の一四歳の息子が陶芸家ではなく猟師になることが「伝統」だとしたら、集団のメンバーは結託してその規範を守ろうとする。そのような集団では、不可思議なしきたりが掟になっていて、疑うことを許されない。儀式は、社会において血縁関係にない人々も団結させ、ヒエラルキーを強化するためによく使われる。そうした儀式には、過酷な通過儀礼、試験、共通体験を通じて人々を結びつけるセレモニーが含まれる。

社会規範は、資源をめぐる対立の解決にも役立つ。たとえば、原始的な社会の多くに肉に関するルールがあり、調理法や誰がどの部分を食べるかについての儀式やタブーが定められている。猟師のグループが獲物を持ち帰ったとき、規範に基づいて、その肉の良い部分が、たとえば矢を作った人や授乳中の母親などのために確保される。このルールに従うと、必ずしも肉を平等に分け合うことにはならないが、全員が肉を得ることができ、集団の結束を維持して規範を守ることがグループの利益になることを保証する。

狩猟採集民の部族では、注文（オーダー）から配達（デリバリー）までにタイムラグがある。つまり、食料を得るための努力を始めてから、食料にありつくまでにしばらく時間を要するが、厳格な社会規範のおかげで、争いは回避される。たとえばパラグアイのアチェ族は、食料にするために森林で甲虫を養殖している。まず木を伐採して、幼虫の住みかを用意するが、甲虫を収穫するためにその場所に戻ってくるのは半年後だ。その間に誰かに横取りされないよう、切り倒された木の所有権は、厳格な規範によって守られる。イヌイット族もまた、危険だが利益の多いクジラ漁において、同様のルールを定めている。クジラは、槍で突かれてもすぐ死ぬことはめったになく、浜に乗り上げたり、浮かんだりするまでに、数日から長ければ数週間かかる。その時に他のグループが所有権を主張する可能性があるが、ここでも社会規範により、クジラが打ち上げられた時にどのグループの槍が刺さっていたかで、所有権は決まる。

社会規範は非常に強力で、公の場においてだけでなく、私生活においても、どのように行動すべきかを指示する。[16] 自慰に関するルールが驚くほどたくさんあることが示している通り、一人でいるときでさえわたしたちは規範に拘束される。規範は、反対意見を抑え込んだり、イノベーションを制限したりする可能性があり、たとえば、イスラム教徒はベーコンを食べてはいけないというように、個人に犠牲を強いることもある。しかし、そのような不便さにもかかわらず、人はたいていの場合、規範を守る。一つには、それから逸脱すると、自分の評判を落とす恐れがあるからだ。また、多くの社会では、社会的な罰や負債は次世代に引き継がれるため、子どもに悪影響が及びかねない。

服装の流行と同様に、規範や儀式の多くにはメリットがない。しかしわたしたちは、視覚的な美しさを善性と結びつけるのと同様に、規範を守ることを道徳的に解釈する。すなわち、規範に従う行動を良い行動と見なし、規範に従う人々を善良な人々と見なすのだ。このように社会規範は、共通の道徳基盤を構築することによって社会の結束を強める。また社会規範は、人々がなぜそう行動するかを理解するのに役立ち、結果として、人々の行動の予測を容易にする。

社会規範から部族主義へ

社会規範はわたしたちの生活を支配しているが、客観的な事実として存在するわけではない。重力はあなたが認めても認めなくても存在する。一方、殺人はある文脈においては凶悪な犯罪なのに、別の文脈では勲章に値する行為になる。これは当たり前のことのように思えるが、そうではない。動機や戦略や信念は、人間世界のあまりにも多くの要素をコントロールしているので、それらが作られた規範であることを、わたしたちは忘れがちだ。そして、それらを人間として守るべきものと見なし、疑うことなく受け入れている。

たとえば、女性や少女の社会的な役割は、男性に比べて制限されている。これは、進化によって、男女の認知能力に大きな差が生じたからではない。[17]女性は男性より知的に劣っているわけではないが、女性が名誉ある地位につくことを社会規範が妨げているのだ。家父長的な規範はどこにでも見られるので、昔からそうだったとあなたが考えるのも無理はない。しかし、人類学や遺伝学のデータから判断すると、人類の進化の大半においては男女平等が規範だった。実際、男女平等と夫婦の絆は、人類が霊長類の祖先から分岐した時に起きた、重要な進化的変化だった。[18]男女平等は、父方と母方のルーツを通じての広範なネットワークの形成、血縁関係にないメンバーの緊密な連携、アイデアや遺伝子の交換などを促進することにより、生存上の優位性をもたらした。祖先のコミュニティでは、むしろ母系的な規範が支配的だったと思われる。現在でも狩猟採集社会は明らかに男女平等であり、男女が同じ役割を果たすわけではないが、他の社会で当たり前になっている性別による権力のアンバランスは見られない。男女ともほぼ同量のエネルギーを集団に提供し、一緒に子どもの世話をする。また、父系と母系のどちらと一緒に住むかの選択も平等になされ、その結果、血縁関係にない人々と協力する機会が増える。

性別は生物学的に決定されるが、ジェンダーは文化が発明したものであり、しばしば偏っている。たとえば、芸術の大半は男性の視点に立っている。[19]また、世界の主な宗教は、家父長制の社会規範を支持している。農耕民族社会のほとんどは、女性の身体を隠すことから、「一族に恥をかかせた」女性を殺すことまで、多岐にわたる規範によって女性の主体性をコントロールし、抑圧している。宗教はそのような慣行に精神的な権威を与え、しばしば女性は、集団の利益のために犠牲になる。その結果が、インカ山奥の氷に閉ざされた墓で見つかった生贄にされた少女であり、亡夫が火葬されたときに焼身自殺しなければならなかった妻であり、アテネで生贄にされた娘たちだ。女性に対する文化的な抑圧や支配は、女性は慎ましく振る舞うべきで、男性は偉そうに振る舞ってよい、という社会規範に大きな影響を与えてきた。このことは、中国のてん足から、健康や富まで、人生のさまざまな機会で生じる男女の不平等に反映されている。

この文化的な条件づけは人が誕生した時から始まり、親は子を、後々社会に受け入れられやすいように育てていく。実のところ社会規範は、生まれる前から影響する。ある研究では、妊娠中の女性が胎児の性別を知らされると、胎動についての表現が変わった。[20]女の子だと知らされた女性は一般に、胎動が「静か」で、「穏やかで、蹴るよりは、回転している」と表現し、一方、男の子だと知らされた女性は、「とても活発」、「蹴ったり殴ったり」、「地震が続いているよう」と表現した。胎児の性別を知らない女性たちには、そのような表現の違いは見られなかった。

また、わたしたちが世界共通だと思っている概念の多くは、自らの文化の社会規範にすぎない。自由、平等、博愛は、ある文化においては命をかける価値があると見なされるが、多くの社会では個人の自由は重視されず、清廉潔白さのような価値観のほうが重視される。責任という概念について考えてみよう。わたしが属する文化では、人や人の財産を故意に傷つけた場合、偶然傷つけた場合より罪はずっと重い。しかし文化によっては、子どもも大人も、行為の結果によって罰せられる。[21] 故意かどうかは傍目にはわからないので、それを考慮するのは意味がない、というのがその理由だ。

人間の行動のすべてを生物学的原理によって説明し、人間を縛っている社会規範（文化的に進化した、変化しうる動機や行動）を無視するのは危険で、個人や集団から平等な機会を奪う恐れがある。もっとも、誰もが平等な機会を与えられるべきだと考えるかどうかは、その人の文化の現像液によって決まる。社会規範は、奴隷制度、カースト制度、名誉殺人、その他の多くの有害な行動を生み出す。しかし、かつて生物学的宿命とか、神が定めた掟と見なされていた社会規範が、社会によっては、時として非常に急速に変わってきたことは注目に値する。

偏見に満ちた社会規範がより公正なものになることもあるが、その逆も起こり得る。肌の色や性別で人を差別するという社会規範はタブーだが、アメリカではこの数年間で、大統領が率先してそれを容認するということが起きた。肌の色や性別がその人の道徳性や知性に、社会規範より強い影響を及ぼすという通念に、科学的根拠はない。これは重要なポイントだ。と言うのも、個人や集団に課せられる社会規範は、人々の行動や生態を変え得るからだ。

自明の理とされるものが文化によって異なるのであれば、社会規範はどのようにして生まれるのだろう。よくある誤解は、集団を統率するために、一人のリーダー、あるいは中央集権型のメディアによって作られるというものだ。実際には、社会規範はさまざまな社会で自然発生的に生まれるようだ。子どもの名前の流行に関して、オンラインである実験が行われた[22]。匿名のプレイヤーがランダムにペアを組み、一方がもう一方に、ある名前に賛成かどうかを尋ねる。次々に別の人とペアを組み、そのたびにさまざまな名前を提案し、相手の合意を得ようとする。当初、合意はほとんど得られないが、わずか数ラウンドで、全員が一つの名前に合意した。この例と同じく、規範についての合意は、何もないところからランダムな相互作用を通じて自然に形成される。物理学では「対称性の破れ」（無秩序な状態に方向性が生まれること）と呼ばれる現象だ。プレイヤーが二四人でも四八人でもあるいは九六人でも、結果は同じだった。このことは、規模を無限に拡大できることを示唆し、また、国家のような非常に大きな集団においても、社会の慣習が自然発生的に形成され得ることを物語る。この実験は、公共財ゲームと同じく、プレイヤーの相互作用に手を加えることで、合意形成のプロセスを操作できることも示した。すなわち、ソーシャルネットワークに簡単な変更を加えるだけで、人々がある社会規範に自発的に同意する可能性が高くなるのだ。つまり、わたしたちは同調するのが好きなのだ。

しかし、主流の文化に違和感を覚えるティーンエイジャーや、自己主張の強い型破りな二〇代の男性のように、個性を重視し、群れることを嫌う人々はどうだろう。彼らは社会的な規範に反発し、奇抜なメイクをしたり、独特の髪形や髭のスタイルを試したりする。しかし、急進的な主張をする彼らも実は同世代の何百万人もの人々と同じ選択をしていて、結局、皆がほとんど同じ姿になってしまう。これは「ヒップスター効果」と呼ばれ、数理モデルは、この種の共時性（シンクロニシティ）が、多数の人々の特性として自然発生することを示唆する。このモデル[23]によれば、集団の過半数が規範に従うと、しばらくして少数派が規範への反発を表現するようになり、その表現は相転移を経て同調（シンクロナイズ）し、新たにヒップスターの規範が生まれる。二〇一九年三月、あるテクノロジー雑誌がこの研究を公表し、ヒップスター効果の典型として、ビーニー帽をかぶった「トレンディ」な若者のストック画像を掲載したところ、一人の読者から、自分の写真が無断で使われたという激しい抗議が寄せられた。しかし写真に写っていたのは、まったくの別人だった。ヒップスターの外見はとても良く似ているので、自分を見分けることさえできないのだ[24]。

社会規範は、わたしたちを自己完結的な集団に結びつけ、遺伝的につながりのない人とも、同じ集団のメンバーとして認め合うのに役立つ。個人と集団の運命が密接につながり、集団が他の集団と競う場合、自集団のメンバーを識別することはきわめて重要になる。結局のところ、自分と利害得失を同じくする人々のために働くことは、自分の利益を最大にする秘訣なのだ。服装、装飾品、行動、技術、慣行などについての社会規範はすべて、自分の集団と同化し、その集団から支援や保護を確実に得るための手段になる。このことは、かつてアフリカやヨーロッパ、南アメリカの部族が行っていた人工頭蓋変形（幼児の頭を布できつく巻いたり板で挟んだりして、何年もかけてその集団に特有の頭の形にする風習）のような極端な慣行の意味を説明する。社会規範が増え、厳格に強制されるようになればなるほど、その社会のメンバーは互いの行動を予測しやすくなり、他の人々に対して、より疑い深くなる。

これが部族主義の起源だ。社会規範を多く共有すればするほど、あなたは相手の行動を予測しやすくなり、その人が自分の利益のために行動してくれるかどうかを判断しやすくなる。これにより、人と人の交流や相互作用の無駄を省くことができる。わたしたちは誕生した時から、意識的にも無意識的にも、自分が属する集団の社会規範を学び続けるので、ある集団に生まれ、そこで育ったというだけで、自然にその文化に「帰属」する。

偽の労働者階級のアクセントを真似て、特権階級の出身であることを隠そうとする政治家から、逆に貧しい生まれを隠そうとする「成金」まで、出自を偽る人や詐欺師をわたしたちは容易に見分けることができる。変形した頭蓋と同様に、言語はごまかしがききにくいため、所属集団の証として優れている。わたしたちの耳は、アクセントの違い、文法の間違い、言い回しのニュアンスなどから、部外者を敏感に聞き分ける。ある言語に精通した非ネイティブは、コミュニケーションは完璧にとれるだろうが、ネイティブを欺くことはできないだろう。ジョージ・バーナード・ショーの『ピグマリオン』やジャーヴィス・コッカーの詩「コモン・ピープル」（英国の貧富の差を描いた）などでは、部族的な社会規範の境界を越えようとした移民や他の人々が経験する困難が描かれている。ヨーロッパのユダヤ人は、簡単に見分けのつく少数派として振る舞うと信用されず、かといって、多数派の文化規範を取り入れて同化しようとすると、いっそう不信感を抱かれた。

個人と集団のアイデンティティが強く結びついていることがもたらすもう一つの結果は、ある集団から別の集団に移った人は、自分のアイデンティティを失い、どちらの集団からも疎外されているように感じて、メンタルヘルスに悪い影響が及ぶというものだ（たとえば、移民は統合失調症の発症率が高い[25]）。しかし、集団に属していれば保護と経済的利益が得られるため、人々は集団に所属するための努力を続ける[26]。

部族主義、つまり集団の内か外かの認識の起源は、人類の誕生以前に遡る。チンパンジーは集団の結束が強く、よそ者に対して非常に攻撃的で、集団間の争いによる死亡率は一三パーセントにも上る。チンパンジーと違って、人間が所属する大きな集団には血のつながりのない人も含まれるので、文化的象徴によって集団のアイデンティティや忠誠心を確認し、主張しなければならない。わたしたちはよそ者に対する偏見を、幼少期からすでに身につけている。そしてしばしば、自らの敵意を、個人に対するものではなく、文化的違いに対するもののように装うが、実際にはそれらは心の奥に根づいている認知パターンなのだ。

わたしたちは、よそ者を見分けることで、自らの集団のパラメータを明確にし、自分の立場をより確かなものにする。同じ集団のメンバーが痛い思いをしていると、人は共感し、脳はその痛みに反応する。それはつながりを感じているからだ。しかしその人が、たとえばスポーツのライバルチームのファンクラブなど、別の集団のメンバーだと知らされると、共感はストップする[27]。脳をスキャンすると、よそ者を見る時のニューロンの発火パターンは、人ではなく物体を認識するときのパターンに似ていることがわかる。つまり、認知レベルで相手の人間性を奪うのだ。他の研究では、人が同じ集団のメンバーと交流するときには、オキシトシンというホルモンが多く分泌されて利他的な行動が促進されるが、外部の人と交流したときには、オキシトシンはそれほど増えないことがわかった。

部族内での社会的協力の前提となっているのは、血縁でない人が自分のために行動してくれると信じられることだ。したがって、集団にとって最大の脅威になるのは、誰かが共同作業をさぼっているとか、あるいは、誰かが皆が思うような人物ではないといったことだ。人々の外見が似ているほど、また、文化の現像液が似ているほど、人の本質を識別するためのトークンと社会規範がいっそう重要になる。北アイルランドのカトリックとプロテスタントは、ルワンダのフツ族とツチ族のように、外見も中身もよく似ているので、些細な違いを強調する必要があった。違いを強調するためにわたしたちは、儀式、タブー、宗教、食べ物などに関する社会規範を利用してきた。また、集団のアイデンティティを構築するために、自分たちを正義（ヒーローや不当な扱いを受けた犠牲者）と見なし、他集団と競い合う物語を作った。[28] それらの感動的な物語は、社会的に似ている人同士を、対立する集団に属していることを理由に殺し合うようにさせる、非常に効果的な手段になり得る。[29]

集団が最も団結するのは、危険が迫っていると感じるときだ。五歳の子どもでも、自分が属する集団が脅威にさらされているときには、進んで協力しようとする。[30] メンバーが協力して戦う集団は生き残る可能性が高くなり、そして、将軍ならよく知っている通り、部隊のメンバーが互いのために死ぬ覚悟ができていれば、個々の兵士が生き残る確率は高くなる。集団競技における「忠誠の証」を示す儀式的なパフォーマンスは、その証だ。また、危機が迫ると団結が強まることは、社会規範と制度を強化し、社会の結束を保つ皮肉な方法を教える。それは、他集団と敵対し、競争することだ。さらには、ナショナリズムがどのように台頭するかも説明する。ナショナリズムの台頭は自国に脅威が迫っていることを示唆し、それがフィードバックループとなって、国民は、自国が移民や近隣諸国からの脅威にさらされていると確信する。しかし、実際のところそれらの国に対する脅威は、外からではなく、むしろ内部の社会的分裂と不平等から生じているのだ。

集団間の紛争は、生命にとって大きなリスクだ。ほとんどの狩猟採集民は繰り返し、あるいは継続的に紛争していて、それによる死亡率はおよそ一五パーセントと推定される。チンパンジーと同程度だ。一方、先進国間の紛争における死亡率は、現在でこそはるかに低くなったが、過去においては非常に高かった。紛争の大半は領土に関係するものだ。勝利を収めた集団は、敗者の犠牲の上に勢力を拡大し、土地や奴隷を手に入れ、敗者を難民にし、経済的成功を求める人々を敗者の土地に送り込んだ。集団内の競争では、最も協力的で結束力のあるグループが成功するため、そうした競争は、向社会的な規範を形成したと考えられる。そして、そのような集団内の選択圧は、最も外交的な人々、つまり、魅力的に話し、振る舞い、対立を避けて友好的な関係を築ける人々をますます成功させた。

社会規範が心と体を変えた

さまざまな要素が人間を集団生活に向くように変えていく中で、独自の社会規範を実践する集団がいくつも出現し、これらの規範の違いは、それを実践する人々の心と体を変えていった。文化を学ぶと、脳は変わる。[31] どのようなスキルも、しっかり身につけるには、筋肉のコントロール、調整、バランス、スピードおよび距離の判断などをつかさどる神経回路網を「接続」する必要がある。そして、練習を繰り返し、必要な行動や動きや思考プロセスが自動的に行われるようになると、脳が情報処理する際の負荷は大幅に軽減され、ワーキングメモリに余裕ができる。余裕ができた脳は細部のイノベーションを起こし、それが積み重なって、人間はさらに優秀になってきた。これは、歩くことから、コンサートピアニストやジャグラーになることまで、あらゆることに当てはまる。[32] 文化によって脳が変わる一例として、子どものときにポケモンゲームを何度もプレイした人々には、ゲームのキャラクターを認識する脳領域がある。[33] また、文化の現像液は、身体にも影響を与える。たとえば、熱心に練習するテニス選手は、ラケットを持つ側の骨密度がそうでない側より約二〇パーセントも高い。また、高地でしばらく暮らすと、酸素の薄さに対処するために赤血球が増え、呼吸筋が発達する。これらは遺伝子の変化ではなく、その人が生きている間に起きる生物学的変化だ。

メンバーの健康や経済力を向上させる社会規範や技術を持つ集団は存続し、その規範や技術を次世代に伝える可能性が高い。そうして文化的に進化していくうちに、人々の生態が変わることも多い。たとえば、タイの西海岸に暮らす海洋民族のモーケン族は、水中を見る特殊な能力を発達させた。モーケン族の子どもたちは、食料を求めて一日の大半を海に潜って過ごす。水中で彼らの目は、ヨーロッパの子どもたちより二倍も良く見える。水の屈折率と人の角膜の屈折率はほぼ同じなので、水中では角膜の屈折力が失われ、物をはっきり見ることができない。しかし、モーケン族の子どもたちはアザラシやイルカのような適応を発達させ、人間としての限界まで瞳孔を小さくできるので、焦点深度が深くなり、ピントが合いやすい［カメラの絞りを小さくするとピントが合いやすくなるのと同じ原理］。さらに彼らは、目のレンズである水晶体の厚さを変えることができる。これは文化への生物学的適応であって、遺伝子の変化によるものではない。それは無意識とはいえ習得した能力なので、原理的にはモーケン族以外の子どもでも習得できるはずだ。実際、科学者たちがスウェーデンの子どもを対象として、水に潜ってカードの絵柄を識別させる訓練を試みたところ、彼らも一一回の訓練でモーケン族の子どもたちと同等の水中視力を獲得したという[34]。

しかし、別の海洋民族であるインドネシアのバジャウ族の場合は、文化的に進化した生活様式が、遺伝子レベルでの変化をもたらした。バジャウ族の並外れた潜水能力を研究している遺伝学者は、彼らの潜水能力を支える変異遺伝子[35]をいくつか特定した。それらは、血液や重要な器官に多くの酸素を蓄え、二酸化炭素レベルをコントロールすることを可能にし、さらに酸素を含む血液の貯蔵庫になる脾臓を大きくしていた。バジャウ族の脾臓の大きさは、通常の一・五倍だ。これらの遺伝子のいくつかは、古代に絶滅したデニソワ人との交配によって受け継がれ、文化進化の圧力を受けて選択されたようだ。

文化の現像液は、人間が考え、行動し、世界を認識する方法を大きく変える。たとえば、西洋人と東アジア人の情報処理[36]を比較した研究では、次のような結果が出た。人の顔の見方[37]については、西洋人は両目から口へと、三角形に視線を送るのに対し、東アジア人は顔の中心に焦点を合わせる。背景と物体をどう把握するかについては、西洋人は、人や物を背景から切り離すのが得意だが、全体として見るのは苦手だ。他の多くの文化では、その逆の傾向が見られる。また、「バス」「電車」「線路」から関連する二つのものを選ぶように言われると、西洋人は同じく乗り物だという理由から、バスと電車を選ぶが、アジア人は切り離せない関係にあるという理由から、電車と線路を選ぶ。東アジア人と西洋人の情報処理が異なるのは、社会規範が異なるからだと研究者たちは考えている[38]。西洋の社会規範は個人主義的なので、人々は対象物そのものに注目し、また、情報をカテゴリーにまとめがちだ。対照的に東アジアの社会規範は集団主義的なので、人々は自分を全体の一部と見なし、対象物とその背景の関係性に注目して情報を処理する。言い換えると、文化の現像液は、生物学的な脳の配線に違いを生み出すのだ。しかしこれらの相違は、互いの文化で過ごす時間が長くなるほど小さくなり、次世代ではすっかり消える。[39]

もっとも社会規範は、子どもを作る相手に制限を課すため、長期的に遺伝的影響をもたらす可能性がある。たとえば、タイ北部では、結婚したカップルは新婦の家族か、より一般的には新郎の家族と同居することが社会規範になっている。このことは、遺伝的多様性に影響する。Y染色体は父親から息子へ受け継がれるので、男性より女性の流入が多い父方居住の集団では多様性に欠ける。[40]逆に母方居住が一般的な社会では、Y染色体は多様だが、母親から継承されるミトコンドリアDNAには多様性が見られない。

これから紹介するのは、文化の現像液がどのように生物学的相違や行動の相違を生み出すかを説明する、もう一つの顕著な例だ。いまや古典となった実験だが、アメリカの男子学生の集団（半分は北部出身、半分は南部出身）に、アンケート用紙に回答を記入し、廊下の先のテーブルに置いてくるように指示した。[41]それぞれの学生が狭い廊下を歩いていくと大柄な男性が書類整理箱の前で作業をしていた。男性は道をあけてはくれたものの、学生にぶつかって小声で「ばかやろう」と言った。研究者が調べたのは、そこからアンケート用紙を提出するまでの学生の態度だった。学生は激怒して血中コルチゾールとテストステロンの急増を示すか、肩をすくめて笑い飛ばすかのどちらかで、この反応の違いを決めているのは、出身州だった。北部出身者の大半は、その侮辱に怒るどころか、面白がったが、南部出身者の九〇パーセントは、怒りとストレスホルモンの上昇を示した。彼らは、この「侮辱」を目撃した人に会うと、強い握手をするといった威圧的な態度をとり、（侮辱されたことは）第三者から見れば、男らしくないように思えただろう、と後に報告した。

アメリカ南部には「名誉の文化」があり、その社会規範は男性に、自分の財産、家族、評判を力ずくで守ることを動機づけたり義務づけたりする。そのため、名前を呼ばれたといったささいなことが本格的な喧嘩に発展することもある。先の実験の第二段階では、学生はアンケート用紙を出した帰りに、狭い廊下で向こうから歩いてきた男性に道を譲らなければならなくなる。侮辱されなかった南部の学生は、礼儀正しい態度を示し、その人から九フィート（二・七メートル）手前で脇に寄った。侮辱されなかった北部の学生は、六フィート（一・八メートル）手前で立ち止まった。しかし、侮辱された場合、北部の学生は五フィート（一・五メートル）手前で立ち止まったが、南部の学生は三フィート（〇・九メートル）手前に来るまで立ち止まろうとしなかった。

集団についてのステレオタイプは、往々にして真実を語る。米国南部の人は、集団としては、北部の人々よりフレンドリーで礼儀正しい。それに比べて、北部の人は無愛想で、ぶっきらぼうだ。しかし、南部の人は北部の人より、罰を重視する。彼らは子どもに体罰をふるいやすく、警察が犯人を射殺することをよしとしがちだ。言語、環境、文化を共有する国民に見られるこれらの相違は、遺伝学的なものではなく、生物学的なものだ。個々人の脳は、その人の文化の現像液に応じて育ち、違いを生み出す。この廊下の実験は、犯罪の統計に見られる地域差を反映している。FBIの記録によると、南部人が侮辱がもとで起きた喧嘩で友人や知人を殺す確率は、北部の人よりはるかに高く、ディープサウス（深南部の保守的な地域）の殺人率は、国内の他の地域の二倍にものぼる。言い換えれば、文化の現像液は、その人の生存率に影響するのだ。

名誉の文化は、人々の資源が脆弱で、行政が弱い場所、つまり、社会規範において名声より優位性が重んじられる場所で生まれる。世界的に見ると、僻地の遊牧社会がそれにあたる。それらの社会では、家畜泥棒に遭いやすく、協力関係を築く機会はほぼ皆無なので、「侮辱には暴力で立ち向かう」という評判が身を守るために必要だ。そこでは暴力行為の大半は、名誉を汚され、恥をかかされたことがきっかけになって起きる。対照的に農業社会では、大規模な集団が定住し、密集して暮らしているため、土地の共有や灌漑水路などのインフラをめぐって協力しなければならない。したがって、優位性より名声を尊重する社会規範が形成されがちだ。農作物泥棒は牛泥棒ほど儲かるわけではないし、農民は自衛しなくても、集団の制度によって悪人を罰することができる。また、隣人からの攻撃に暴力で対抗すれば、自分も怪我をする恐れがあるが、隣人に寛容に接し、協力していれば、隣人たちは危険な状況から自分を守ってくれる。

米国南部には、スコットランドとアイルランドから、原野や高地で放牧生活をしていた人々が入植し、自治と名誉に関する独自の文化をもたらした。彼らは定住先の多くの場所で、その農業社会や都市文化に同化したが、辺境のディープサウスでは、彼らの「自分の身は自分で守る」という名誉の文化が根強く残った。対照的に北部の州には、ドイツやオランダから農業をしていた人々が入植し、結束の強いコミュニティを形成した。社会規範が変わりにくいのは、人はそれを自分で作るのではなく、親から学ぶからだ。

結局のところ、社会の変化の大半は、経済的理由によって推進される。ヨーロッパの貴族社会の名誉の文化である決闘は、中産階級の台頭によって消滅した。より分別のある方法で争いを解決できることを中産階級が示したために、決闘は馬鹿げたことと見なされるようになったからだ。さらに社会制度が強化されるにつれて、決闘をした人は、名誉を守ったことを称賛されるどころか、殺人罪に問われるようになった。[42]

最近では、ヤジディ教徒の厳格な名誉の文化に変化が起きた。発端は、ヤジディ教徒の女性たちがイスラム国の兵士たちに拉致され、性奴隷に貶められたことだ。拘束から逃れることのできた女性もいたが、村には戻れなかった。性的に汚れた女性を排除する厳しい社会規範があったからだ。しかし、経済的および社会的な必要性から、生存者が村に戻れるようにするための慎重な変革が起きた。女性たちは儀式的な「浄化」の機会と自由を与えられ、コミュニティに戻ることを許された。こうして、すべての人が体面を保ちつつ、コミュニティは残虐行為による傷を癒すことができた。そのような女性の一人、ナディーヤ・ムラードは、イスラム国の暴虐を訴えた勇気が世界に認められ、二〇一八年にノーベル平和賞を受賞した。

名誉の文化は徐々に消えつつある。威嚇は社会の結束を妨げるため、威嚇に頼る社会は往々にして、協力的な社会に圧倒され、崩壊するからだ。世界の潮流は、米国の北部州のような名声を重んじる文化へと向かっている。一方、都市部のように多様な人々が暮らし、さまざまな規範に触れる環境では、規範に違反することへの寛容性が高まり、個人の表現は多様化する。

特に幼少期から異なる社会規範に触れると、心がよりオープンになる。調査によると、子どもが民族的に多様な学校に通うと、その社会における異民族間の結束が高まるそうだ。

社会規範とその装飾的な表現は、一つの集団の信念体系から生まれ、また、その集団の文化的信念とアイデンティティに影響を与える。たとえば、同性愛は北アフリカと中東に広くみられ、イスラム教では容認されている[43]。実のところアラブ世界では、何世紀にもわたってプライベートな同性愛行為が社会規範になってきた。しかし、そうであるにもかかわらず、同性愛をおおっぴらに表現する近年の欧米の規範に対して、人々は強い拒否反応を示す。エジプトでは同性愛を表現する虹色の旗を振っていた男性が刑務所に入れられ、リヤドではある学校が、欄干を虹色に塗っただけで二万六〇〇〇ドルの罰金を科された[44]。西洋とイスラムという二つの文化において、同性のカップルに違いがあるわけではないが、社会における表現の仕方はまったく異なる。同性愛の表現を嫌悪するアラブ世界では、同性と性行為を行う男性の大多数は、自分のことを同性愛者とは呼ばないだろう。しかし欧米では、多くの同性愛者が、自分は同性愛者だと認めている。広く浸透している社会規範は、装飾的表現に多大な影響を与える。なぜなら、装飾はアイデンティティを表すからだ。

人間は美を通して、視覚言語を生み出し、より多くの人々が一つの「部族」として協力し、アイデンティティや社会規範や信念体系を共有できるようにした。この規模で活動することで、エネルギー的にも、経済的にも、生存上も有利になり、資源をめぐって他の部族と競い合えるようになった。しかし、人間は部族主義を奉じる一方で、アイデア、資源、遺伝子を交換するために、他の部族との協力のネットワークに依存している。これは、人間の文化におけるパラドックスと言えるだろう。次章ではそれを取り上げる。

第10章 宝物

取引できる美が文化の交易を生み世界をネットワーク化した

一四九二年一月、一人の孤独な男がラバに乗り、スペインのコルドバを発った。コルドバは、かつてはヨーロッパで最も栄華を誇った都市だったが、今は、落胆しきったこの男の背景にふさわしい、朽ち果てた姿をさらしていた。四〇歳の船乗りである彼は、十年以上もあてのない夢を追いかけてきたものの、それを実現するための資金集めに失敗し、敗北を認めざるを得なくなっていた。

この男、クリストファー・コロンブスは、ジェノヴァの毛織物業者の息子として生まれた。ジェノヴァは海に面した国際的な港湾都市だが、三方を山に囲まれている。したがって当時はジェノヴァから陸路で北のミラノやジュネーブに行くより、船で地中海を抜けてポルトガルのリスボンへ行く方が容易だった。コロンブスは若い頃から、ポルトガルと西アフリカを結ぶ大西洋航路で貿易を営んだ。その時代の最も貴重な商品はスパイスだ。神秘的な東洋から運ばれてくる希少なスパイスは高価で、ヨーロッパ市場を刺激したが、強大なオスマン帝国が東洋へ通じる道をすべて支配していたため、スパイス貿易は危険でコストがかかった。

そういうわけで、東洋へ向かう航路の発見が急がれた。一四八八年、ポルトガルの船乗りが、アフリカ大陸の最南端（喜望岬）を回ってインド洋に向かう航海に初めて成功したが、それは非常に危険な航路だった。コロンブスには別のアイデアがあった。それは、嵐の多い喜望岬沿岸を通らず、ヨーロッパから西に航行してアジアに到達するというものだ。幼少期に印刷機が発明されていたので、コロンブスは幅広い分野の本を読むことができた。そして独自の研究により、地球の外周が当時一般に信じられていたよりも二〇パーセント小さいという持論を立てた。その航海を実現するために、各国の王族に援助を依頼したが、ポルトガル、ジェノヴァ、ヴェネツィア、イギリスの王に断られ、スペイン王フェルディナンドと女王イザベラにも拒否された。彼の「小さな地球」論を信じようとする人はいなかったのだ。しかし、フェルディナンドはどうやら気まぐれに翻意し、イザベラはロバで去るコロンブスを衛兵に追わせた。コロンブスは年俸を与えられ、万一成功した場合の様々な報酬が約束された。

同年一〇月、コロンブスは新世界に上陸し、アメリカの先住民（当時の世界人口の三分の一を占めた）の一万年におよぶ孤立を終わらせ、世界を変革するグローバリゼーション（すなわち、相互依存と接続）をスタートさせた。コロンブス交換［コロンブスに始まる東半球と西半球との物や文化の往来］は、ヨーロッパと、そこを経由してアジアおよびアフリカに、銀、金、鉱物、食品、タバコ、梅毒、七面鳥をもたらした。一方アメリカには、伝染病、奴隷制度、絶滅、キリスト教、家畜、銃、そして人間をもたらした。その影響は急速で過激だった。先住民の九〇パーセントが麻疹、天然痘、インフルエンザで死に絶え、高度なアメリカ文明は数十年のうちにほぼ失われた。コロンブスの残忍な統治のもと、ヒスパニオラ島[1]だけでも三〇〇万人以上が亡くなった。

一方ヨーロッパにとっては、多様な資源と、アメリカ先住民とアフリカ人という奴隷の労働力を得たことで技術革新が容易になり、創造的なアイデア、技術、建築、芸術貿易などの文化的爆発がもたらされた。ボリビアのセロ・リコ山からは約七万トンの銀[2]が産出され、二世紀以上にわたってスペイン帝国の財政を支えた。アメリカからヨーロッパのエリート層に流れ込んだ新たな富は、ヒエラルキーを再構築して強化し、キリスト教がイスラム教をヨーロッパから追い出すことを可能にし、当時知られていた世界全体で探検、貿易、植民地化、民間事業を活性化した。オランダとイギリスは、東インド諸島[3]、特にナツメグとクローブの唯一の産地だったスパイス諸島との香辛料貿易を支配して、利益を得た。この時代、いくつも戦争が勃発し、世界各地が植民地化され、富が築かれた。

その結果はまさにグローバルなものだった。西洋経済における産業の繁栄や領土の拡大は、地球の南側の経済の窒息という犠牲の上に成り立っていた。南側では、人々は貧困に陥り、資源は略奪され、結果として、あるいは意図的に、文化は破壊された。人口構成が激変したため、何世代にもわたって伝えられてきた文化的知識は失われた。部族は分割され、移住させられ、社会的儀式を行うことを禁じられた。新たな移住者が先住民を圧倒し、文化や言語もろとも取って代わることもあった。また、病気や紛争や飢饉のせいで、多くの人が亡くなった。西洋の植民地主義が幕を閉じてから一世代が経過し、グローバル経済になってから数十年が経過したが、植民地主義が文化と経済に及ぼした影響は今も顕著だ。

コロンブスは強奪した金で大金持ちになったが、自分が何を発見したのかを知らないまま、一五〇六年にスペインで亡くなった。彼はアジアの辺境を発見したと思い込んでいたのだ。

この地球規模の文化的、環境的、遺伝的な交換の根本的な原因は、スパイスへの欲求だった。スパイスはヨーロッパの列強が植民地を築き、政治的、軍事的、商業的なネットワークを構築することを促した。そのうえスパイスには、人間が発明した特殊な価値があった。「スパイス」という言葉は、「外見」を意味するラテン語「スペック」に由来する。スパイスに栄養価はほとんどなかったが、カラフルさ、異国情緒、香り、風味という美的価値ゆえに熱望された。肉を保存する効果ゆえに熱望されたという説もあるが、実際には、新鮮な肉を買う方がスパイスで保存するより安上がりだ。言い換えれば、コショウ、クローブ、シナモン、ナツメグは文化的に価値があるから熱望されたのだ。ひとたび価値が社会で認められると、スパイスは消費の対象として注目を集め、上流階級のステータス・シンボルとなり、世界で最初に取引された植物になった。スパイス貿易が世界的に極めて重要になったのは、人間の美への欲求がとても強かったからなのだ。

美には、部族への帰属の象徴としての役割の他に、もう一つ重要な文化的役割がある。人間は「美」を基準にして、ある物の意味や社会的価値を判断する。その際、それが人間の生存可能性を高めるかどうかは無関係だ。スパイスのような珍しい風味、紫のように作るのが難しい色、シルクや宝石や金属のように輝く物を、人間は「美」と見なして大切にし、装飾に実益がないこと自体を喜ぶ。コロンブス交換のずっと以前から、わたしたちの祖先はこの美に対する生来の欲求を利用して、貿易を盛んにし、文化をより複雑にし、自分たちの生存可能性を高めるためのネットワークを構築してきた。貿易は、人間が資源、遺伝子、技術を交換することによって協力しつつ競争し、世界中に拡散することを可能にした文化的なテコであり、美は、そのメカニズムを促進した。

美が取引可能になる

今日の多くの小さな社会のように、初期の人間社会は、物々交換で取引していた。それぞれの集団は、自集団への忠誠心と部外者への偏見に支えられていたが、実際は、個人がそうであるように、他集団と依存しあっていた。部族は他の部族と資源をめぐって協力したり、技能や材料を交換したりした。取引は非常に重要なので、その手段として言語が生まれたと考える人類学者もいる。確かに言語がなければ、物々交換でさえ難しかっただろう。取引が成り立つのは、双方が、必要な物を自分たちで生産するより、交換した方がはるかに得だと考えるからだ。一九世紀の経済学者デヴィッド・リカードは、部族内で個人が何らかの専門家になるのが得策であるように、部族全体が何らかの技術を専門とするのは理にかなっていることを示した。

リカードのシナリオはこうだ。二つの国があり、その一国は食料の生産が得意で、衣類の生産はさらに得意だ。もう一国は食料の生産が下手で、衣類の生産はさらに下手だ。この場合、あなたは、最初の国が食料と衣類の両方を生産し、二つ目の国は無視した方がよいと考えるかもしれない。しかしリカードは、それぞれの国が最も得意とするものに特化して、他国と貿易をするのが最も効率的であることを数学的に示した。比較優位は、絶対優位より重要なのだ[4]。わたしたちが互いと取引するのは、そうすることで自分たちが生存する確率が高まるからだ。また、専門化は最もエネルギー効率のよい戦略[5]であり、だからこそ、アリから脳細胞まで、生物システムの至るところに専門化が見られる。槍の製造、あるいは捕鯨といった専門技術は、集団間の物々交換にもとづいて発達し、文化的慣行やテクノロジーの多様性や複雑性を高めてきた。

もしある集団が、鯨肉は持っていないが、槍の穂先を作っていたら、槍を必要とする捕鯨集団と取引できる。しかし、その捕鯨集団が鯨肉を持っておらず、それを手に入れるために槍が必要なのだとしたら、どうなるだろう。このように「見返りが遅れる」互恵関係では、信用が必要になる。なぜなら当事者の一方は、将来見返りを得られるという期待に基づいて、商品をもう一方に渡すからだ。専門化することで、技術はよりスピーディに向上するが、集団の互いへの依存度は高まる。しかも、集団内で人々の行動を規制した社会規範や評判は、他の集団との間には存在しない。その結果、交換の手続きはどんどん複雑になっていく。たとえば、近辺にクジラはいないが、サツマイモはあるという場合はどうだろう。サツマイモを採集する人々は槍を必要としないが、槍を作る人々は食料を必要とする。このような状況では、交換の手続きは複雑にならざるを得ない。

物々交換の成否は、供給、スキル、好み、そして取引の時期が合致するかどうかによって決まる。これらの問題のほとんどは、小さな社会では解決できるが、大規模な社会では解決しがたい。社会が拡大し、ネットワークが複雑になると、見知らぬ人同士が信用に基づいて物々交換しようとしても、商品やサービスの追跡は難しく、コストがかかる。評判や社会規範だけを頼りに、「見返りが遅れる」取引を行うのはリスキーだ。評判だけで人を信用すると、約束についての誤解や、商品の価値評価の不一致に悩まされることになる。そして、時を経るにつれて、取引のコストとリスクの計算が精神的に苦痛になり、取引は妨げられ、悪くすると紛争さえ起きる。

この問題を解決したのは、美しいものだった。人間には、ニワシドリやカササギのような収集本能[6]があり、幼い頃から美しいものを集めようとする。文化進化はこの衝動を乗っ取った。子どもは三歳になる頃には「自分の物」という意識が強くなり[7]、まったく同じ物とであっても、自分の物が交換されることを強く拒む[8]。社会が大きくなると私有財産という規範が生まれ、わたしたちは自らを装飾する人から、装飾物を所有する人へと変化した。そして他の集団との取引では、不確かな評判に頼る代わりに、装飾品などの譲渡や交換が行われるようになった。その結果、貿易が活性化した。

ブロンボス洞窟で見つかった古代の貝殻のネックレスを例にとれば、それらを特別なものにしている理由の一つは、価値あるものとして収集・交換できることだ。貝殻を見つけてネックレスを作るには、高度な技術と長い時間が必要とされた。しかも、生きていくだけで大変な時代において、である。それでもネックレスを作ったのは、多大な利益を期待できたからだろう。有力な学説は、この美しい装飾品には、部族のアイデンティティを強化するという社会的目的があっただけでなく、交換可能な収集品、言うなれば最初の貨幣としての役割があったと説く。

ブロンボスの貝殻ビーズと同様のものが、北アフリカのアルジェリアから南アフリカのケープ・タウン、さらにはイスラエルの遺跡でも見つかっている。それらの遺跡の年代は一二万年前に遡り[9]、貝殻ビーズが何万年にもわたって幅広い部族に共有されてきた文化であることを示唆する。海産の貝殻のビーズが発見された場所のいくつかは内陸にあるため、それらがよそから運ばれてきたのは確かで、沿岸部と内陸部を結ぶ、大陸規模の活発な貿易網があったことがわかる。貝殻ビーズは、これらのネットワークの構築と維持に役立ったのだろう。そのような、組織化された古代のネットワークは、遺伝子や文化の交流を促進し、文化進化を加速させた。なぜなら、人が生き延びるために部族を頼りにしたように、部族も存続するために他の部族に頼っていたからだ。貿易網はアフリカにいた祖先たちにとって極めて重要で、時代を下れば、氷河時代のオーストラリア人にとってもそうだった。手短に言うと、これは文化進化と遺伝的進化との重要な相違点だ。遺伝的進化でも集団選択が働くが、その程度については議論の余地がある。[10]一方、文化的な進化では、集団選択は明らかに個体選択より重要で、評判や社会規範を通して文化を進化させる。

装飾品は、それを作るための技能や技術を発達させるとともに、その材料を得るための探査や取引を促進した。美は取引可能な重要な資源となり、文化的な「飢え」を満たすだけでなく、食物や領土といった、生物学的飢えを満たす資源の取引コストを下げた。装飾品は、「見返りが遅れる」取引の担保として、結婚時の持参金の代わりとして、あるいは敵対する部族をなだめるための贈り物として使われた。また、社会的地位に権威を付与する装飾品もあり、たとえば王冠は首長の証になる。通常、これらは次の首長に受け継がれるが、貴重品自体が力を持ち、それを強奪した者が権力を振るうために利用することもあった。所有者が亡くなると、装飾品は遺産として相続人たちに分配されるが、特権と責任を伴う称号（タイトル）としても相続される（人間は「富」を持つ唯一の動物だ）。このことは、人間が親から遺伝子だけではなく社会的文化も継承することを意味し、これらすべてが、遺伝子と文化的知識を何世代にもわたって存続させる。

誰かが何らかの意味を託した美しい物は、その意味ゆえに重みを増す。人は、その意味がわからない場合でも、それが大切な物であることを認識し、尊重する。大英博物館のブローチ・コレクションに、アイルランドのバリコットン村の沼地で発見された小さな金色のケルト族の十字架がある。この興味深い遺物は八世紀から九世紀に作られたもので、中央に埋め込まれているガラス玉には、アラビア文字で「アラーの名のもとに」と記されている。当時、アイルランド西部の港は貿易の中心だったので、そのガラス玉は、おそらくイスラム圏の人が落としていったのだろう。およそ一二〇〇年前にそれを見つけた人は、アラビア語はもちろんのこと、文字さえ読めなかっただろうが、それでもなお、そのガラス玉が丹念に作られた貴重な品だということを理解した。そこで、十字架というもう一つの象徴的な物にそれを取りつけたのだ。

人はその歴史の大半を通じて、狩猟採集民や遊牧民として暮らし、荷造りして運ぶことのできる、必要最低限のものしか所有しなかった。そのような人々にとって、わずかな個人的所有物は宝石や、絨毯などの装飾的織物で、それらは価値あるものとして収集された。現在、トゥルカナの遊牧民はビーズのネックレスを大切にしており、モンゴルの遊牧民は複雑な模様を配した織物を「ゲル」の扉にしている。これらの装飾品は、予測が難しい彼らの生活において、経済的な不安を解消するのに役立った。収集できて、経済的に価値のある物が保険の役割を果たしたことは、装飾的な物質文化の発展を促進した。

交易の広がり

ドイツはドナウ川のほとり、ウルムという町の小さな博物館には、ライオンマンと呼ばれる精巧な像が展示されている。四万年前にマンモスの象牙を彫って作られたこの神秘的な獣は、その彫刻家にとって最も恐ろしい捕食者であったはずのホラアナライオンの頭と人間の体を持つ。超自然的存在を具現化した像として、知られている限り最古のものだ。高さはわずか三〇センチだが、みごとに彫られた体、気力に満ちた顔、まっすぐなまなざしは、並外れた力強さを感じさせる。実験[11]により、当時の技術でこの像を作るには、熟練した人でも四〇〇時間かかることがわかった。また、その体の摩耗は、長年にわたって手で扱われていたことを語る。ライオンマンはそれを作った社会にとって、精神的な意味を持つ美しい装飾物だったに違いない。おそらく、人間界と動物界を行き来できる神だったのだろう。

この氷河時代の創造物は、貝殻ビーズと同じく、生物学的欲求を満たすために作られたわけではない。どちらも、素材に意味のある装飾を施し、美化することによって、その価値を高めたのだ。この像を作った社会は、創造的な技能を高く評価しており、また、その技能を学び訓練するために、時間と人的資源（ヒューマンリソース）を投じる余裕があった。このライオンマンは、洞窟住居の奥まった部屋で、穴をあけたホッキョクギツネの歯やトナカイの角などと一緒に、大切に保管されていた。ライオンマンの口の中には有機物の微細な残骸があり、考古学者は、それを血液だと推測している。この人工のシンボルが、洗練された古代社会が共有する物語の中で重要な役割を果たし、人々を団結させ、氷河時代の過酷な環境、ホラアナライオンの脅威、他の部族との闘争を乗り越えて生き残る力を与えていたのだろうと想像すると、ぞくぞくしてくる。これらの最初期のヨーロッパ人が残した装飾品や印象的な絵画は、彼らが創意工夫に富む人々だったことを語る。彼らは、人類史上最も過酷な状況[12]を単に生き延びただけではなく、文化的に習得したアイデア、技術、資源、そして遺伝子を強力な貿易網によって交換することで、ネアンデルタール人を打ち負かして繁栄したのだ。

ネアンデルタール人を追い出した後、現生人類の人口密度は少なくとも一〇倍に増えた[13]。彼らが土地の収容能力を向上させることができたのは、装飾品によって富の移転が可能になり、交易が効率的になったからだろう。ネアンデルタール人もさまざまな装飾品を作っていたが、彼らが広く交易したという証拠は残っていない。一方、わたしたちの祖先は、交易によって遠隔地の原材料を手に入れ、それらから楽器[14]や置物、宝石などの付加価値のある装飾品を作り、それらをまた交易した。そのような交易によって、より広大なソーシャルネットワークを構築し、集団の規模や文化制度を拡大し、過酷な環境への耐性を強めた。また、ネアンデルタール人がユーラシア大陸の外へ出ることはなかったが、わたしたちの祖先は、外の世界へと拡散していった。

狩猟採集民の部族はたいてい、狩猟の時期を小さな集団に分かれて過ごすが、年に数回開かれる一週間ほどの大きな祭りでは全員が集結する。その期間には、異なる部族や文化に属する多様な工芸品の製作者や、専門的なハンターが交流する。肉、物語、その他の資源を交換し、アイデア、技能、道具を吟味し、踊り、音楽、装飾品を鑑賞し、貿易関係を築き、発展させる。これらの祭りに備えて、現代の狩猟採集民であるカラハリ砂漠の西部のクン族は、ダチョウの卵の殻でできたアクセサリーなど、取引できる装飾品の準備と製造に長い時間を費やす。つまり、貴重な時間とエネルギーを投資するのだ。彼らがそれらの装飾品によって購入する主なものの一つは、他の集団の縄張りに入ってそこで狩猟したり食料を採集したりする権利だ。装飾品は、このような生存のための協定の担保であり、困難な状況に備える保険でもある。

アフリカにいたわたしたちの祖先は、装飾品の交易や移住によって、環境リスクを分散させた。もし、ある部族の領地で池が干上がり、狩猟ができなくなっても、交易によって遠隔地の部族から食料を得ることができた。移住も、変化する環境や社会状況の中で生き延びるための適応だ。他の部族の領地に入るのは危険だが、それに関して、人間と霊長類の親戚との間には大きな違いが見られる。チンパンジーは他の集団のメンバーを敵視し、侵入者を攻撃する。彼らが縄張りを広げるときには、隣の集団を攻撃して殺す。人間も武力で領土を奪うことはあるが、より一般的には、外交技術を駆使し、他部族の安全な通行を認めたり、領土の共有や購入を許可したりする。また、力で征服したときも、敗者を必ず虐殺するわけではない。敗者は、貢物を捧げ、奴隷にされ、あるいは勝者の部族に忠誠を誓って規範に従うことにより、勝者に労働力と資源という利益をもたらす。

人間の集団間の相互作用が往々にして敵対的でなく、協力的なのは、一つには、両者が親戚関係にあるからだ。姻戚を含む拡大家族は、集団の境界を越えていることが多い。とは言え、人間が隣人たちを皆殺しにしない主な理由は、彼らを殺すより取引した方がはるかに大きな利益を得られるからだ。人間は集団が交流するための社会的戦略を発達させた。それは、友好的な言葉をかけたり、通行許可を得るために装飾品を手渡したりして善意を表現することだ。そうすれば、見知らぬ集団に近づき、無傷でいることができる。ほとんどの社会には見知らぬ人を歓迎する社会規範があり、ある部族とその首長の評判は、訪問者を手厚くもてなし、その部族の寛大さ、礼儀正しさ、豊かさを印象づけられたかどうかで決まる。それがうまくいけば、交易への道が開かれ、また、その部族の良い評判が拡散していく。その恩恵は、欧州連合（EU）のような貿易圏に見ることができる。EUは、競争的な衝突はコストがかかり、平和的な協力の方がはるかにましであることを明らかにしている。

他の霊長類は熱帯雨林にしか生息しないが、人間の交易網は部族間の壁を取り払い、アイデアと人間が地理的に流動することを可能にした。その結果、文化はより多様で複雑になり、人間の環境と遺伝子は変化していった。現代人の遺伝子マーカーの出現率と頻度をマッピングすることで、古代人がアフリカを離れた後、世界のどこを、いつ移動したかを明らかにできる。出アフリカのルートとしては、現在のジブチからバブ・エル・マンデブ海峡を渡ってイエメンに至った可能性が高い。この初期のビーチコーマー（浜辺で漂着物を拾って生活する人々）の一部は、海岸沿いにインドまで急速に拡大し、およそ六万五〇〇〇年前に東南アジアとオーストラリアに到達した。[15] 一方、別の集団はアラビア半島から内陸を移動し、中東を経由して南アジアと中央アジアに向かったと考えられている。そこから北へ向かい、八万年前に中国に、[16] 四万年前にヨーロッパに到達した。そして二万年前、最終氷期がピークを迎え、海面が現在より九〇メートル低い時期に、アジアの狩猟民の小集団が東アジアの凍てつく北極地域に向かい、ベーリング陸橋を通ってアメリカ大陸に渡った。[17] それから南の氷のない土地に到達するまでにさらに五〇〇〇年かかったが、その後、一〇〇〇年以内に南アメリカの南端に到達した。こうして熱帯生まれの霊長類が、南極を除く地球上のすべての大陸を占拠した。

人間の進化史の大半を占める更新世の環境は過酷だったので、人口は低く抑えられ、集団間の交流の機会はきわめて少なかった。その結果、アフリカから外へ出てきた比較的少数の人々の子孫には、さまざまな遺伝的差異が生じた。たとえば、約二万五〇〇〇年前に高地に住み着いたチベット人は、古代デニソワ人との交配で継承した遺伝子（酸素が薄い高地でもヘモグロビンが増えすぎないようにする遺伝子）によって、高地での生活に適応している。特に女性にとっては、妊娠中に高血圧になりにくいというメリットがある。その遺伝子を持つチベット人女性が産む子どもは、そうでない女性の子どもより生存確率が二倍以上高い。つまり、その遺伝子は非常に強い選択圧をもたらすのだ。もう一つの高地で、およそ一万一〇〇〇年前に人間が住み始めたアンデスでは、血中のヘモグロビンの濃度を高め、より多くの酸素を運べるようにするという、別の適応が起きた。[18] 複数の遺伝子が関わっている肌の色も、[19] 祖先の移動を示す明白なマーカーであり、一般に緯度が高いほど日光が弱くなるので、（メラニンが失われて）肌は明るくなる。メラニンは紫外線から肌を守る一方、日光に反応して体内で作られる必須ビタミンであるビタミンDの量を制限する。おなじみの肌の白いヨーロッパ人が出現したのは、実は驚くほど最近のことだ。[20] 七〇〇〇年前のヨーロッパ人は、肌は浅黒く、髪も黒かった[21] ことが、スペインの狩猟採集民の遺伝子分析によって示されている。[22]

世界を作り変えたヤムナヤ文化

ヨーロッパ人の白い肌、言語、その他多くの特徴は、非凡な遊牧民、ヤムナヤに由来する。ヤムナヤは、世界で初めて大陸横断の交易網を構築し、アイルランドから中国までの部族の遺伝子と文化を徹底的に作り変えた。ユーラシア大陸の草原地帯、黒海とカスピ海の周辺を本拠地とするヤムナヤは、およそ五五〇〇年前に北へ領地を広げ、大いに成功した。彼らは魅力的な商品と、それを売るための兵站を持っていた。ヤムナヤによる変革は、野生の馬をただ狩るのではなく、家畜化し、荷物を運ばせたり、戦時の乗り物にしたりすることから始まった。その後、彼らは車輪を発明し[23]、物品をより遠くまで、より速く運ぶことを可能にした。彼らが暮らす草原を干ばつが襲うと、青々とした牧草と新しい交易の機会を求めて、ある集団は荷馬車で中欧と北欧を目指し、別の集団は東のアジアに向かった。

このヤムナヤの容姿や文化は、ヨーロッパの農民にとって初めて見るものばかりだった。色白で黒い目のヤムナヤの戦士たちは、ブロンズの宝飾品で身を飾り、馬にまたがり、車輪のついた荷車を引いていた。彼らはインド・ヨーロッパ祖語の言語を話し、高度な金属加工技術を持ち、収集価値のある装飾的な宝石や、鐘状ビーカーと呼ばれる、複雑な模様が刻まれた鐘型の陶器を作った。この陶器は広く取引され、スカンジナビアからモロッコまでの広域で出土している。最近の分析[24]により、ヤムナヤは大麻も吸っていて、ユーラシア大陸で初めてマリファナの取引を行った[25]ことがわかっている。

ヤムナヤは、牧畜と、家畜の繁殖でも成功を収めた。選択的に交配することで、野生のウシ、ヤギ、ヒツジをおとなしい家畜に変え、肉、皮革、血液、乳製品を調達した。多くの牧畜民が、動物の血を採取する。それは、動物を殺さずに、カロリーとタンパク質を得る良い方法だ。しかし、ヤムナヤは他に先立って、家畜の乳を利用したらしい。多くの鐘状ビーカーにミルクの痕跡が残っていたことから、草原の遊牧民が今も行っているように、ヤムナヤはヨーグルトや凝乳、チーズなどを作っていたと考えられる。そしてこの文化は、彼らの遺伝子を変えた。

哺乳類である人間は、乳児期には母乳を飲んで育つが、離乳後は乳糖(ラクトース)を消化するための遺伝子が生産されなくなるので、大人になる頃には乳を飲めなくなる。[27] ヨーグルトとハードチーズには乳糖がほとんど含まれないので問題はないが、この最初の牧畜民ヤムナヤは、未加工のミルクにも挑戦し、そうするうちに遺伝子が変化した。約九〇〇〇年前、ヤムナヤの遺伝子に変異が生じ、年長の子どもや大人もミルクを消化できるようになった。乳糖の分解を可能にするこの遺伝子(ラクターゼ活性持続性遺伝子)を受け継いだ人々は、ミルクに含まれる糖、タンパク質、脂肪、その他の栄養素の恩恵を受けることができるが、その遺伝子を持たない人はミルクを飲むと具合が悪くなる。

この遺伝子のように栄養状態を向上させる適応は、集団内に急速に広がる。なぜなら、栄養状態の良い健康な人は繁殖力が強く、子どもを多く持ち、自らの遺伝子を伝える可能性が高いからだ。人間は野生の牛(オーロックス)を捕らえて、人為的な進化によって家畜化し、そのミルクを飲んで自らの遺伝子を適応させた。これは、文化と環境がもたらした遺伝子の進化だ。数世紀のうちに、ヤムナヤはヨーロッパの社会、文化、遺伝子に革命的変化をもたらし、その地で農業を営んでいた人々を、石器時代から青銅器時代へと急速に進ませた。常に栄養が足りず、生育不良気味だった農耕民族にとって、ラクターゼ活性持続性遺伝子は大きな利点になった。今日、北西ヨーロッパの成人のおよそ九八パーセントが牛乳を飲むことができる。[28] また、ビタミンD[29]が豊富な動物の肝臓や他の食物を得にくかった農耕民族にとって、色白の肌は日光によるビタミンD生産を促進し、プラスに働いたので、ヤムナヤの遺伝子拡散に寄与したはずだ。人口の少ない社会では、わずかな優位性でも遺伝子の拡散を導く。

遺伝子と同様に、この進歩的な部族の社会規範、制度、技術は、他の集団に模倣され、採用された。こうして、成功した部族の信念体系、宝飾品、芸術、技術、制度などが、広域に拡散していった。その後、それらに、各地の部族が独自のアイデンティティを刻み込んだ。この文化的な遺伝子交換の結果、ヨーロッパでは、色白で乳糖耐性を持つ人々が多数派になった。彼らは、新しいゲルマン祖語（農耕民族の言葉を取り入れたインド・ヨーロッパ祖語）を話し、農業、家畜の飼育、酪農を行い、縄目文土器と呼ばれる新たな様式の陶器を発明した。それは主にビールを入れるための容器で、女性の陶工がヤムナヤの装飾的な木箱をイメージして作った。[30]

ヤムナヤがこれほど大きな変化をもたらすことができたのは、ネットワークを持っていたからだ。彼らは流動的な社会をつなぐ通信システムを形成し、馬と荷車という高速の輸送手段で食料や水を運び、加えて、交易の能力も高かった。また、タイミングにも恵まれた。彼らがヨーロッパにやって来たのは、疫病がその全土を襲って人口を激減させた直後だったのだ。[31] 犬やオオカミの歯のネックレスをつけたヤムナヤの戦士たち[32][33]は、馬に乗ってヨーロッパ中を駆け巡り、村々を襲って植民地化していった。先住民の男性たちは圧倒され、虐殺され、追い出された。DNAの証拠は、この先住民族がイタリアのサルデーニャ島に避難したことを語っている[34]［ヤムナヤ遺伝子の割合が他の地域より低い］。そして女性たちはレイプされるか、あるいは、この背が高く健康で魅惑的な外国人たちの妻になることを自ら選んだ。スペインやポルトガルのY遺伝子（男性だけが持つ遺伝子）を含め、元の遺伝子プールの約九〇パーセントがヤムナヤの遺伝子と入れ替わった[35]。

この青銅器時代の牧畜民は、グローバル化の先駆者であり、ヨーロッパやアジアの広大な地域で、食料、知識、金属加工技術、文化的技能を先住民と交換した。彼らが取引したもののいくつかは、金属製の道具のように実用的なものだったが、他の多くは装飾品だった。それらの美しい物が広く流通することによって、より大きく、より効率的な経済が円滑に運営されるようになった。ヤムナヤとその周辺の人々[36]によってつくられた交易路は、琥珀、絹、スパイスといった貴重品の交換ネットワークとして重要な役割を果たし、数千年後にはシルクロードの一部になった。

絹とペスト

ヤムナヤが遺伝子と文化に革命を起こした時期、世界人口はわずか五〇〇万人だった。それがシルクロードの最盛期には、三億六〇〇〇万人に増えていた。人口の増加は、文化と遺伝子の多様化をもたらした。そして、交易路は単に文化の輸出入を支えるだけでなく、新しいアイデアや技術や信念を伝播し、文化進化を加速させた。

シルクロードの起源は、ヤムナヤが野生の馬を家畜化する方法を発見するよりずっと前に遡る。約七五〇〇年前の中国で、職人たちが馬よりずっと小さな生物を飼い始めた。学名 *Bonbyx mori*、蚕だ。数世紀にわたる交配の結果、蚕はより大きくなり、より速く繁殖し、より多くの卵を生むようになった。こうして品種改良された蚕は、もはや飛ぶことができず、繁殖や、餌となる桑の葉の供給を人間にすっかり頼るようになった。蚕の幼虫は食用にもなったが、その本当の価値は、その虫が繭を作るために吐き出す糸にあった。蚕の繭を紡ぐと、光沢があって強く、価値の高い絹糸が得られる[37]。その絹糸で織った絹布は金銭の代わりに、他の部族との取引や、和解のための贈り物、兵士や労働者への支払いに使われた。人間が引き起こした生態系の変化、つまり野生種の人為的進化は、生物には利益をもたらさなかったが、人間の文化には大いに寄与した。

見た目は平凡なこの虫が作る美しい糸は、中国の最も価値のある商品であり、世界を変えた。エジプトからローマまで、人々はこの上質の布を欲しがり、その生産の秘密を解き明かすためにスパイを中国に送り込んだ。二世紀までに、ヤムナヤの古代の交易路は太平洋と地中海を結ぶ総長四〇〇〇マイルのネットワークへと成長し、何世紀にもわたって経済と知識の両面で東西の文化を結ぶ重要な架け橋となり、それまで孤立していた人々を結びつけた。仏教やイスラム教から、スパイス、宝石、金属、陶器まで、あらゆるものがシルクロードを旅したが、あいにくなことに、腺ペストまで運ばれた。致命的なペスト菌をもつノミが寄生するマーモットやスナネズミが、干ばつで穀物が不作になった中央アジアから脱出し、交易路を行く商人たちをペスト菌に感染させた。一三四五年までに、腺ペストは黒海の港町に到達し、そこからコンスタンティノープル、中東、エジプト、地中海沿岸へと広がっていった。その致死率は想像を超えた。ヨーロッパでは、人口のほぼ三分の二が死亡した。ロンドン市民の半数近くが亡くなり、近郊のイースト・アングリアでは一〇人中七人が亡くなった。イースト・アングリアの州都ノリッジからイタリアのフィレンツェまで、繁栄していた都市はさびれ、人々は世界の終わりのように感じたことだろう。

確かにそれは、一つの世界秩序の終焉だった。伝染病や戦争などでネットワークが破壊されると、人々の「安全な」行動様式が崩れ、新たなつながりが生まれ、これまでと異なる人々、アイデア、技術が出現し、新たなネットワークが形成され始める。ペスト後の社会が再編される過程でオスマン帝国が台頭し、シルクロードはヨーロッパの商人にとって金のかかる危険な道になった。先に述べた通り、それがアメリカ大陸の発見につながった。

やがて、絹の秘密は外に漏れた。ホータン国の翡翠王に嫁ぐ中国の皇女が、王の指示で髪の毛の中にカイコと桑の種を隠して持ち出したとも、ビザンチンの僧侶二人が竹の杖の中に蚕の卵を入れて持ち出したとも言われているが、真相は闇の中だ。中国は絹生産の独占権を失ったが、主な輸出国ではあり続けた。絹は、山や川や何千キロもの距離によって隔てられていた部族間の文化と遺伝子の交流を促進した。

今日では、遺伝子、人、文化、技術が素晴らしい融合を遂げたが、その多様性と複雑性の多くは「美」に起因する。「美」は生物学的には不要だが、人間には、それを強く欲し、それに価値を見出す性向がある。交易が盛んになると、社会規範や遺伝子や技術が異なる部族と協力せざるを得なくなった。その結果、ネットワークと集団脳が拡大し、また、貴重な原材料を求めて環境を探索するようになった。交易は文化進化を促す。なぜなら、ひとつの部族の中で生まれ選択されたアイデアや技術、すなわち文化が、交易を通じて他集団による新たな選択圧を受けることで、より複雑になり、多様になるからだ。新しいアイデアや技術が、資源や装飾品とともに交換されることもあれば、移住や他の手段によって人間が交換され、彼らの文化が以前の文化に取って代わることもあった。人間がどのくらい入れ替わったかは、集団遺伝学によって確認できる。いずれにしても、文化の複雑さが高まるには、人口と社会ネットワークの増加が必要であることを歴史は語る。

孤立した社会の運命

社会ネットワークは相乗効果をもたらし、ネットワークでつながった集団は、孤立した集団には不可能なことを可能にする。コロンブスがヨーロッパとアメリカの間で劇的な文化の交流を実現できたのは、彼が組織化された国際貿易網の一部であったからだ。人間の歴史を通して、ネットワークが強力かつ広範で、気候が暮らしやすければ、より優れた技術が生み出されるが、逆の場合は、時には数千年[38]にもわたって複雑な文化は失われる。つまり、文化に空白が生じるのは、その時代の文化の遺物が残らなかったからではなく、もともと作られなかったからなのだ[39]。

社会が孤立すると、文化的（および遺伝的）複雑さは消滅するか、その瀬戸際まで追い込まれる。タスマニアの先住民族アボリジニにはそれが起きた。ヨーロッパ人がタスマニア島に到着した時、その島は少なくとも一万年にわたって、オーストラリア本土から切り離されていた。島民たちは、孤立した小さな集団の中でどうにか生きていた。用いる技術は単純で、わずか二四種類の道具しかなかった。粗雑な作りの、水漏れする船を持っていたが、彼らはもはや漁の仕方を忘れていた。また、文化的・経済的孤立のせいで、火を起こすこともできなくなっていたと伝えられる。一方、バス海峡で隔てられたオーストラリア本土に住んでいたパマ・ニュンガン語を話すアボリジニはどうだっただろう。同じ時代に彼らは、何百種類もの複雑な道具を使い、船、特殊な衣服、鳥や動物や魚を捕らえるためのさまざまな網、槍を持っていた。こうして見ると、タスマニア島の道具は、四万年前のヨーロッパ人が使っていたものよりはるかに粗いだけでなく、彼らの先祖がオーストラリア本土から渡ってくる前に持っていた技術より粗雑なのは確かだ。つまり、タスマニア人の孤立は、彼らの集団脳を事実上縮小させ、彼らの文化を単純化したのである。

かつてカナダにいたパレオ・エスキモーにも、同様のことが起きたようだ。パレオ・エスキモーは腕の立つトナカイ猟師で、機知に富み、さまざまな道具を使いこなした。北極圏の暮らしに適応しており、その祖先はおよそ六〇〇〇年前に、人間を拒む氷と海を乗り越えて、シベリアから北米にたどり着いた。[40] 以来四〇〇〇年にわたって、時には彼らの大半を死に追いやるほど過酷な北極圏の気候の中で、カナダ南部に避難したり、温暖化の時期には居住地を広げたりして、生き延びてきた。小さな部族で暮らし、全人口が三〇〇〇人を超えることはなかったと考えられている。カナダ南部の高度に洗練されたアメリカ先住民と領土が重なっていたにもかかわらず、社会の規範によって、あえて文化的にも遺伝的にも孤立していた。アメリカ先住民のDNAの中に、パレオ・エスキモーのDNAは見つかっていない。

しかし、時が経つにつれ、パレオ・エスキモーは苦闘するようになった。近親交配のせいで健康状態が悪化し、文化も単純化していった。彼らは社会的にも技術的にも複雑さを失った。すなわち退化していったのだ。トゥーレ人、あるいはイヌイットと呼ばれるエスキモーの新しい波がシベリアからやってきた時には、遺伝的には同じ民族であるにもかかわらず、両者の文化間にはこれ以上ないほどの開きがあった。クジラを獲るトゥーレ人は、組織化された大きな村に住み、犬ぞりや複合弓などの高度な技術を持っていた。一方、パレオ・エスキモーは二〇人から三〇人の小さな村に住み、打製石器で狩りをしていた。両者が争ったという証拠はないが、パレオ・エスキモーはまもなく（一五〇〇年頃）絶滅した。資源をめぐっての競争に敗れたのか、北極圏の周辺に追いやられたのか、あるいは単に病気で絶滅したのか、いずれにせよ、他集団との交易を行わなかった彼らは、民族全体が消滅したのである。

地理的に孤立した人々は脆弱だが、たった一つのネットワーク接続が、文化的なライフラインになることがある。さらに時代を下った一八二〇年代、北極圏のグリーンランドに住んでいたイヌイットの集団は、疫病のせいで知識が豊かな年長の猟師たちを失い、重要で複雑な道具を作れなくなった。独特なスピア（魚を突くためのヤス）、弓矢はもとより、イグルー［氷の家］やカヤック［カヌー］の作り方さえわからなくなり、彼らは事実上、置き去りにされ、必要とする獲物を狩ることさえできなくなった。人口は減る一方だったが、一八六二年に救世主が現れた。狩猟のためにやってきたバフィン島のイヌイットが、偶然出会った彼らに文化的知識を教えたのだ。グリーンランドのイヌイットはバフィン島イヌイットの技術をすべて学び、狩猟や移動のための能力を取り戻した。彼らは、新たに学んだバフィン島スタイルのカヤックを作った。数十年後、人口が増加し、他のグリーンランドのイヌイットと再びつながった頃、彼らが作るカヤックは、元のグリーンランドスタイルの、より流線型の形に戻り始めた。

文化進化が必ずしも進歩につながらないことは奇妙に思えるかもしれないが、生物の進化でも、同様のことが起きる。たとえば、ダーウィンはフジツボを観察していて、その大半はより複雑な形態に進化したが、一部はより単純な形態に進化したことを発見した。人間の文化の進化においては、人口規模や人々のつながり具合が鍵になる。人類学者の調査によると、人口が多いほど、技術はより複雑になり、数も増える。ある研究では、太平洋のいくつかの島について、人口およびつながりの強さと、釣り道具の数および精巧さとの相関を調べた。[41] 人口がおよそ一〇〇〇人のマレクラ島には、一二種類の釣り道具があるのに対し、人口が一〇〇万人以上でつながりの強いハワイには、七〇種以上の洗練された釣り道具がある。

世界のどこでも、生き残っている社会は、健康を維持するのに十分な遺伝的多様性があり、社会のネットワークが強靭で、文化が複雑な方向へ進化することができた社会だった。[42] 集団が大きくなることは、集団脳、つまり、成功するイノベーションを生み出す頭脳が増えることを意味する。たとえば、矢に羽根をつけるという発明について考えてみよう。[43] 一人の人が一生のうちに矢に羽根をつけることを思いつく確率が一〇〇〇分の一だとする。その場合、一〇人の集団の誰かが、一生のうちにそれを思いつく確率は一〇〇分の一になる。したがって、一〇人の集団が羽根をつけることを思いつくまでに一〇〇世代（二五〇〇年）かかる。一〇〇〇人の集団が一世代のうちにそれを思いつく確率は約六三パーセントとなり、平均四〇年間で誰か一人が思いつく。一万人の集団では、一世代たたないうちに誰かがそれを思いつくことになる。もっとも、人間の文化的学習にとってより重要なのは、人口が多いとそれだけ教師の数も多いことだ。ジョセフ・ヘンリックは、学生を対象としてある実験を行った。学生たちは、画像編集か紐結びのいずれかの作業を、五人か一人の教師から学び、それを次の学生に伝え、その学生がまた次の学生に伝える。どちらの作業でも、五人の教師から学んだ学生は、一〇人伝えるうちにそのスキルが向上したのに対して、一人の教師から学んだ学生のスキルは、伝えるうちに低下した[44]。他の科学者たちは、集団のサイズを変えることで、同様の結果を得た。小さな集団は、複雑なタスクの完遂も単純なタスクの改良もできなかったが、大きな集団は時間の経過とともに、両方のタスクをうまくこなせるようになった[45][46]。

資源の得やすさに影響する環境要因と、集団の移動のしやすさは、文化の複雑さにとっても重要だ。干ばつ、凶作、火山噴火、津波は、文化の崩壊や人口減少をもたらし、場合によっては暗黒時代を招く。しかしまた、それらは社会の変化も導き、新たな交流、移住、技術移転によって文化進化は加速する。人間は、ゼロから発明するより、模倣することを得意とする種なので、仮に文化の複雑さを失っても、技術的に高度な人々にアクセスできる限り（グリーンランドのイヌイットがそうであったように）、比較的早く復興できる。また、技術を交換することで、他の部族が何世代にもわたって学んできたことを速やかに吸収できる。アメリカの先住民族である平原インディアンは、馬を使って狩猟する技術を瞬く間に習得し、野牛の狩りを一変させた。

貿易網と、それが運ぶ資源、遺伝子、文化は、すべて輸送技術の影響を受けた。ヤムナヤが成功したのは、馬と荷馬車を持っていたからであり、コロンブスが成功したのは、帆船を所有していたからだ。ローマ人は、帝国全土に道路網を敷くことで、貿易と技術革新を促進した。その効果は二〇〇〇年後の現在でも見ることができる。ローマ時代の道路沿いに建設された町は、今も豊かで、技術的にも洗練されている。[47] いつの時代も、貿易の拠点において、文化の多様性と複雑性は最も顕著だった。

そして通貨が生まれた

ネットワークと社会が大規模で複雑になり、貿易が盛んになるにつれて、金、銀、貝殻などの貴重品は必要不可欠なものになっていった。それらは負債の記録としても使われた。そして、ビジネスが成長するにつれ、借金をする必要が生じ、負債は増えていった。北米の先住民は、ワンパムと呼ばれる貝殻ビーズを紐に通したものを、通貨として使っていた。ニューイングランドに入植したオランダ人はこの貝貨を採用し、イギリス系アメリカ人の銀行から、ワンパムで巨額の融資を受けた。一六三七年から一六六一年まで、ニューイングランドではワンパムが法定通貨となり、貿易が容易になり、盛んになった。ヨーロッパの商人たちが貝殻を不正に入手して、現地の市場を操作することも起きた。たとえばアフリカのベナンには、奴隷の代価として数十億個のコヤスガイが流入した。やがて中東や、ヨーロッパ諸国の植民地でも貝貨が通貨となり、[48] 美しさよりも、サイズの標準化が重視されるようになった。これは、コインの誕生を導いたのと同じ文化的変化だった。

経済が複雑になり、国際的な貿易網が広がるにつれて問題が生じてきた。多くの国では、商品やサービスの支払いに金などの貴金属を用いていた。そのため、人々は金や銀の塊を持ち歩かなければならなかった。そして取引するたびに、価値に応じた重さを計量し、切り落として支払いにあてた。これは不便だった上、純度の問題にも悩まされた。と言うのも、金は自然な状態でも銀や他の金属と混ざり合っているので、容易に純度を落とすことができるからだ。アルキメデスは密度を調べることでこの問題を解決したと伝えられるが、単に取引したいだけの場合、その方法は時間がかかり、面倒だ。この問題を解決したのが硬貨である。国家が硬貨を発行し、その価値を証明し、保証することで、純度にまつわる悩みは消えた。貿易は容易になり、活発になった。最初の硬貨はトルコと中国でほぼ同時期（二五〇〇年前）に発明され、たちまち成功を収め、大きな富をもたらした。トルコのリュディア王国のクロイソス王は世界で初めて金本位制を確立した。同国の錬金術師が金と銀を分離し、ライオンの紋章を使って重さを刻印するという難しい作業を成し遂げたからだ。たちまち硬貨は、日常的に使われる最も重要なものとして量産されるようになり、経済の形態を変えた。

通貨の次の段階は、まさに革命的だった。刻印によって保証した金貨の信頼度を、基本的に無価値なもの、すなわち紙幣に拡張したのだ。紙幣は人々に信頼の飛躍を求めた。つまり、紙幣は実質的には無価値で、それ自体、美しくはないが、国の印章が押されると、刻印された金貨と同等の価値が付与される。それを承認し、信頼することを人々に求めたのだ。そのためには、紙幣の価値だけでなく、その価値を保証する制度と国家に対する信頼が必要とされた。最初の紙幣は一〇世紀に中国で樹皮から作られ、急速に広まったが、ヨーロッパでは普及が遅れた［初めて作られたのは一五世紀後半。国の承認を受けた最初の紙幣は一七世紀］。紙幣には偽造されやすいという欠点があったが、それ以上に懸念されたのは、インフレが起きることだ。紙幣の信用を支えていたのは、いつでも等価の硬貨と交換できるという約束である。中国の場合、その貨幣は、四角い穴のある小さな真鍮製の硬貨だった。しかし一五世紀には、明の皇帝が大量の紙幣を発行した結果、紙幣の価値が急落し、物価が急騰した。一四五五年、紙幣は中国で廃止され、数百年の間復活しなかった。しかし、永久に葬るにはあまりにも優れたテクノロジーであり、紙幣のない現代経済を想像することはできない(49)。

わたしは美しいガラスのボウルに、海外旅行で余った外貨を入れている。かつては海外旅行に行く前に、使える小銭はないかとそのボウルの中を調べたものだった。そこには、フランスのフラン、ユーゴスラビアのディナール、エクアドルのスクレ、西ドイツのマルクなどが入っている。しかし、すでにこれらのコインや紙幣の多くは、無価値で、役に立たない、古びた土産物になってしまった。国の分裂や変化に伴い、通貨は消滅したり入れ換わったりする。しかし、この一五年間、わたしが埃っぽいボウルの中を探らなかった最大の理由は、ほとんどの西欧諸国でコインと紙幣は新たなテクノロジーに取って代わられ、通貨が国籍も実体も失ったからだった。クレジットカード、電子送金、仮想通貨により、ボタンを押すかカードをスワイプするだけで、海外に送金できる。もはや交易は、コミュニケーションや評判を伴う、対面での美しい収集品の交換ではなくなった。現在わたしたちは、顔の見えない巨大なグローバル企業や、オンラインアドレスを持つ見知らぬ人から物品を購入している。

一九九六年、ピエール・オミダイアは、自身が所有するネットオークションサービス「オークションウェブ」で、買い手と売り手とのトラブルの多さに辟易し、ユーザーが取引相手について、＋1、0、－1の評価とコメントを残すことのできる公開フィードバック評価システムを導入した。このオンライン評価システムはたちまち成功を収め、オークションウェブの後継であるイーベイ（eBay）は現在、年間二〇億ドル超の収益を上げている。そしてあらゆる分野のトレーダーが、この手法を、見知らぬ人同士の信頼を築くために利用している。電子送金やクレジットカードによる取引は追跡可能で、保証と保険に支えられており、国や文化が異なる、見知らぬ人同士のスムーズなビジネスを助けている。現在では、ほとんどすべてのものを世界中の人から購入できるようになったが、古代の祖先がそうであったように、わたしたちも、評判と、売買される物品の主観的な価値に基づいて取引を行っている。

他の集団の人々との取引は、相手と戦わずに協力するという決断から始まった。それは物々交換から始まり、有形の物品を介して負債を交換するまでになった。しかし人間は、誰が誰に何を借りているか、誰なら信頼してビジネスができるか、といった認知的な会計処理の多くを、社会の制度に委託してきた。現在では取引は簡単になったが、取引に使われる通貨は本質的な価値を持たなくなり、新たな種類の集団的な信用が必要とされるようになった。こうして取引の形態は変化してきたが、生物学的に無価値なものに価値を付与するという、装飾品によって交わした最初の契約は、おそらく人間にとって最も思い切った決断だった。

第11章　建築
人間世界を自然界と分離させた家と巨大都市

一九六五年、二つの川の合流点に近いウクライナのメジリッヒ村で、農夫が地下室を拡張するために地面を掘っていたところ、鋤が何か硬い物にあたった。マンモスの巨大な顎骨だった。農夫は掘り出そうとしたが、その顎骨は、さらに奥に埋まっている別の顎骨と絡みあっていて動かなかった。そこで彼は専門家に助けを求めた。発掘したところ、約一五〇個のマンモスの骨が意図的に組み合わされていた。それは約二万年前、木材が希少で、洞窟などのシェルターもなかった場所に、マンモスの骨を骨組みにして建てられた、非常に珍しい四つの家だった。

それらを建てたのは、氷床、吹雪、猛烈な嵐といった過酷な自然条件と闘ってきた人々だった。この極寒の地で生き延びてきた狩猟採集民である彼らは、この壮大で耐久性のある、きわめて美しい建造物を作り上げた。これは、記念碑的な建造物が建てられたという最古の証拠だ。

それらは驚くほど複雑な構造をしていたので、綿密な計画と熟練した技術が必要とされたはずだ。それぞれのドーム型の家は、マンモスの顎を連結して作った直径四メートルほどの頑丈な輪を土台とし、三五本ほどの巨大な湾曲した牙で屋根と入口を支えている。中には、頭蓋骨とくっついたままの牙もある。異なる長さの牙を組み合わせて、隙間の空いた屋根を築いている。この頑強な枠組みが完成すると、おそらく、一九世紀までシベリアの沿岸部の猟師が鯨の骨で建てていた家のように、全体を獣の皮で覆ったのだろう。

この家は一軒あたり、マンモスの群（むれ）一つ分の骨を必要としたが、そのすべてを狩ったわけではなかった。いくつかの骨に肉食動物がかじった跡があることから、拾ってきたものもあったようだ。とは言え、一〇〇キログラム以上ある巨大な頭蓋骨を長い距離引きずって運ぶには、かなりの組織力と協力が求められたはずだ。建築に多くの時間と労力と資源と計画を必要とするこれらの家が、その社会にとって重要だったのは明らかだ。また、マンモスの骨は、大きいからというだけでなく、素材としても貴重だった。現在の象牙と同じように、貴重品だったという証拠がある。[1]

その骨の家の内部では、五〇〇キロメートルも離れた場所から運ばれてきた琥珀の装飾品や貝の化石、これまでに発見された中で最も古い太鼓（ドラム）の残骸など、美しい宝物が見つかった。太鼓はマンモスの頭蓋骨に黄土を塗ったもので、動物の長骨がスティック代わりだ。傷み具合から、どのように使われていたかがわかる。おそらく、儀式や社交の場などで使われていたのだろう。そこでは、マンモスの牙に刻まれた世界最古の地図も発見された。地図はあたりの様子を上から見たもので、家だけでなく、川や森との相対的な位置関係も描かれていた。この場所はその住民にとって大いに意味があったのだ。彼らは荒野から出でて、家を建てた。

マンモスの骨で家を作った主な目的は、極度の寒さや強風から身を守ることだったのだろう。それは熱帯で進化した人間が北極圏で生き延びるための文化的適応だった。それらの家を作るには協力が必要とされたが、完成すると、それぞれ一〇〇人も収容できた。考古学者の中には、それらのデザイン、大きさ、見事な外観から、宗教的、社会的意味があったと主張する人もいる。似たような骨の家は少なからず見つかっていて、大抵は四軒から五軒が小さな「村」を形成していた。それらは同じ文化圏の人々か、あるいはその技術を学んだ他の部族によって作られた。そこより西の地域では、石灰岩の張り出した部分や洞窟の出入り口がシェルターになったので、頑強な家を作る必要はなかった。

人間は「美」を利用して、個人や集団のアイデンティティを確立し、物質に価値と意味を与えた。しかし、環境をデザインし、定義するためにも「美」を利用した。初めは岩山や洞窟住居に絵を描くなどして、精神的な意味を付与し、その後、人間独自のもの、すなわちモニュメントや住居を創造した。建築家となって、象徴的な建造物（アーキテクチャ）や家や庭を創ったのである。そして、自分たちのアイデアに沿って、現実の風景の上に人工的な世界を築き始めた。建物は、設計され、意味を持った。人工的な世界を構築する時、人間は自然環境の物理的特性を利用し、再解釈した。そうすることで、自然の生態系の一部としての生き方や活動の仕方を変えていった。また、他のどの種にも見られない協力を行うことで、密度の濃いネットワークを築き、遺伝子や技術や行動を交換して真のグローバル化を実現していった。

最初の巨大建築ギョベクリ・テペ

「家」を建てるという発想は、数十万年前からあった。フランス南西部のブルニケル洞窟の奥深くで、一七万六〇〇〇年前のネアンデルタール人の建築物が発見されている。それは、およそ四〇〇個の折れた石筍を並べたり積み重ねたりして作った環状の低い壁で、意図的に作られた物としては最古の構造の一つだ。火が使われた形跡があるので、洞窟の中に居心地の良い住まいを作るための間仕切りだったのかもしれないし、あるいは、儀式の場だったのかもしれない。ホモ・サピエンスも、住居にするために洞窟や岩のシェルターといった自然の構造に手を加えたり、その土地で手に入る資源を使って、独自の構造を作ったりした。寒さや湿気を避けるための木製の間仕切りや屋根、小屋の屋根に使われたホラアナライオンの皮の痕跡などが発見されている。

わたしたちは、狩猟採集民は遊牧民だったと考えがちだ。確かに彼らは遊牧するが、ほとんどの部族は半永久的な集落（キャンプ）を持ち、その場所は何世代にもわたって受け継がれる。そのようなキャンプでの生活は数カ月続き、饗宴や宗教的儀式や祭りを行うだけでなく、そこを拠点として交易も行われていたようだ。最初期のキャンプの多くはヤシ、木、竹などの植物性の材料で作られていたため、痕跡は残っていない。しかし西ヨーロッパでは、古代の半永久的な野外キャンプの痕跡が続々と発見されている。そこは、猟師の小集団が狩猟シーズンの生活の場にしていたらしい。冬になると彼らはより大きな集団と合流して、洞窟のシェルターで暮らしたと思われる。キャンプの遺跡の中で最も研究が進んでいるのは、約一万五〇〇〇年前のセーヌ渓谷のピンセベントのキャンプ跡だ。ハンターの小集団が夏場に暮らした、トナカイ皮のテント五つの概略が判明した。土台は残っていないが、テントの中に落ちていた、当時の道具職人が削った火打ち石（フリント）の断片の様子から、テントの形が再現された。

洞窟のような恒久的な構造物の中には、数万年にわたって居住されていたものもあり、それらはわたしたちの祖先の豊かな半定住生活を語る。六万五〇〇〇年前のネアンデルタール人の絵画や手形、三万五〇〇〇年以上前のスラウェシ島（インドネシア中部の島）の人間が作った具象作品など、驚くほど緻密な芸術作品がこれらの最初期の住居を彩っている。手形の大きさから見て、その多くは女性によって描かれたようだ。住居を作るために、人間は環境を変えていった。森林を伐採し、巨大な動物を狩り、最終的には完全に人工的な景観を作り出した。人間の身体は精神的にも生理的にも、これらの住環境に反応する。わたしたちは家の中では安全で快適な気分になり、実のところ、耐糖能、アドレナリンの血中濃度、呼吸、代謝などが、測定可能なほど変化する。この環境からの刺激は、睡眠パターンから脂肪の蓄積まで、人間のあらゆる生態に微妙な影響を及ぼす。

わたしたちの祖先が火を囲んで語った物語には、聞き手を団結させ、生命を脅かす危機を乗り越えさせるという意図があった。超自然的な存在に関する物語もあり、それらの神話にはしばしば祖先が登場し、空、岩、湖、丘などの環境要素が、霊的な力を持つものとして語られた。今でもアニミズムの文化は印象的なランドマークを崇拝し、そこから力を得ようとする。また、キリスト教やイスラム教を受け入れた社会の多くは、その後も、奇抜な形の岩、円錐形の火山、あるいはジャガーなどの美しい動物に力が宿るという古代の信仰を保ち続けた。ひとたびこれらのシンボルが集団にとって意味を持つようになると、たとえば、エアーズロックに絵を描いたり、ジャガーの衣装をまとったりするなど、人々はそれらに独自の装飾を施したり、儀式にそれらを取り入れたりした。

その後、人々は独自のモニュメントを作り始め、実質的に、自然界から人間（およびその文化的象徴）を切り離していった。一万二〇〇〇年前、トルコ南東部のギョベクリ・テペ（太鼓腹の丘）では、狩猟採集社会の人々が、おそらく世界初となる巨大建築を作った。その丘の上には、彫刻を施した巨大な石（高さ五メートルほどで、上に長方形の石が乗っている）が円を描くように立ち並んでいる。これらのT字型の柱には何も描かれていないものもあるが、ハゲタカ、キツネ、ライオン、サソリなど、文化的に重要な意味があったと思われる動物の立体的な彫刻が施されているものもある。きわめて大規模な装飾的象徴であり、ここでは「美」は、所有したり取引したりする収集品としてではなく、社会を結束させるランドマークとして、あるいは死者を葬る場所の装飾として利用された。[2]

現在このあたりは、埃っぽい不毛の地になっている。何世紀にもわたる集約農業と近年の気候変動の結果だ。しかしかつては肥沃な楽園で、レバント地方やアフリカから動物を追ってきた人々にとっては幸運な場所だった。野生の大麦や小麦が茂り、穏やかな川にガチョウや渡り鳥が群れ、木々には果物やナッツが実り、広大な草原では野生の草食動物が草を食んでいた。

ギョベクリ・テペの七トンの柱に彫刻を施し、それらを立てたり、積み上げたりしたのは、放浪者たちではない。狩猟採集民が、何世紀にもわたって前例のない規模で協力したのだ。この巨大で象徴的な作業には、何百人もの労働者と、彼らに食べ物と住居を提供する共同体が必要とされた。それが大きくなり、有名になると、その制作に参加するため、あるいは単に巡礼のために、より多くの遊牧民が集まってきた。ギョベクリ・テペは、崇拝者、商人、そして新たな機会を求める移民たちの目的地になっていたのだろう。その地域に集落が形成され、増え続ける人口に、年間を通して、食料やその他の資源を供給した。

一万年以上前、この地に定住地が誕生したのは、美を創造したいという衝動、言い換えれば、集合意識を象徴する巨大な物体を作りたいという衝動に人々が突き動かされたからだった。定住した人々は、社会としての相互作用のあり方（言うなれば、ネットワークの形態）と、他の生態系との相互作用の力学を変更することによって、文化進化が向かう方向をシフトさせた。

定住と農業

人間が定住するようになると、地域の資源に多大な圧力がかかる。つまり、人々は簡単に手に入る食物を食べ尽くしてしまい、入手するのに手間とコストがかかる物を食べなければならなくなるのだ。この新たに誕生した「村人」たちは、多くの人を養うために野生のヒツジやヤギを飼いならし、野生の穀物や果物を集中的に植える一方、無益でおいしくない植物は排除した。ギョベクリ・テペからわずか二〇マイルのところで、最古の農業の証拠、すなわち、先史時代の村と、世界最古の栽培種のムギが発見された。放射性炭素分析により、ギョベクリ・テペの建設から五〇〇年後のものであることが判明した。

人々は何千年にもわたって、野生のムギから種を集めて利用してきた。そうするうちに、栽培に向く新たな品種が生まれた。また、これらの村では穀物を嚙んで吐き出したものを発酵させてアルコールを作るようになり[3]、それに応じて、アルコールを消化しやすい遺伝子が拡散していった。醸造を通じて、穀物に関する知識が増え、一部を集落に貯蔵できるようになった。穀物を貯蔵すること自体、かなり実験的だったが、そのことがより多くの実験を導いた。人々は、実が大きく、殻が剝きやすい品種を選択して植えるようになった。彼らの祖先がオオカミを飼いならしてイヌにしたように[4]、ムギを飼いならしていったのだ。それまでムギは風でタネを飛ばしていたが、人間は穂からタネが落ちにくいムギを選んで栽培し、収穫しやすいようにムギを進化させた。タンパク質が豊富な大きな種子を持つムギは、粉に挽き、焼いてパンを作ることができた。このプロセスは世界の多くの地域に普及し、重要なものになった。今でも、パンを他の人と分け合うことは意味のある行為と見なされている。

人間は、生来備えている美への欲求――意味のある物質によって自分自身を視覚的に表現したいという欲求――に導かれて、部族を形成し、交易するようになり、さらには定住して農業を始めた。その各段階で、環境の人口支持力（一定の環境で生活できる人間の数）は向上していった。農業をすると、狩猟採集の約五倍のカロリーを同じ広さの土地から得ることができた。狩猟採集民の集団は小規模で、その地域の資源を使い果たすと移動していた。しかし、定住して交易するようになり、社会的なつながりを強めた祖先たちは、人口を大幅に増やすことができた。それは、ある地域の資源が不足しても、他の地域の資源で補うことができたからだ。恒久的な定住はまもなく農業に依存するようになり、それによって人口支持力はさらに高まった。

新石器時代初期、どこでも定住者の人口は狩猟採集民の人口を上回るようになった。[5][6]農業は非常に有用な技術であり、世界各地で独自に発明され、他の地域にも広く普及した。人間が築いた世界は、農業に依存していた。

わたしたちの祖先は、一万二〇〇〇年前のギョベクリ・テペよりもっと前の時代にもモニュメントを建てただろうが、それらはまだ発見されていないか、時とともに風化してしまったらしい。およそ七万年前にボツワナのライノ洞窟の、何百もの円形の穴が掘られた大きな岩盤の前で、人々が慎重に作られた槍の穂先を燃やしたり叩いたりして精霊に捧げた、という証拠が見つかっている。[7]ともあれ、長期間にわたって多くの労働力を必要とした巨大なギョベクリ・テペは、膨大な人口を支える社会がなければ建造できなかったはずだ。最終氷期（七万年前〜一万年前）の大気は、二酸化炭素の量が少なかった（大気の二酸化炭素濃度はわずか180ppmで、おそらく史上最低だった）。そのため光合成の効率が悪く、地球の植物量は今の半分しかなかった。なんとか生えている野生の草では、農業はもちろんのこと、動物の群れを永続的に支えることもできなかった。そういうわけで、二万年前の遊牧民は大人数で定住することができなかった。大規模な定住人口を支えられるのは農業だけだが、農業は、氷期が終わってようやく可能になった。[8]

およそ一万一〇〇〇年前、環境条件の変化により海洋循環パターンが変わり、空気中の二酸化炭素が増えると、地球の生態系は爆発的に繁殖しはじめた。三〇〇〇年の間に、大気の二酸化炭素濃度は250ppmにまで上がり、植物の生産性は驚異的に高まった。その結果、土壌に窒素と水が蓄えられるようになり、野生の穀物や果実などの有用な植物が劇的に増えた。狩猟採集民は、食料を求めて遠くまで行く必要がなくなり、動物の群も同じ場所にとどまるようになった。こうして安定した資源を手に入れた人々は、ギョベクリ・テペのように大規模な建築プロジェクトに協力できるようになった。そのような小さな一歩から、やがて人間は市民になり、ついには帝国を築くまでになった。美は人間と世界を変えたが、そのような変化、すなわち文化進化は、環境が変化しなければ起こり得なかった。

人間が農業と定住という文化進化を起こすと、その進化が別の進化を引き起こした。すなわち、人間は野生の動物を飼いならして家畜種を作り、野生植物を栽培して作物種を作ったのだ。現在わたしたちが食べているあらゆる動物と植物は、五〇〇〇年前までに家畜化・栽培化されたものだ。それ以降は、家畜化も栽培化も起きていない。そしてわたしたちの摂取カロリーのおよそ六〇パーセントは、コムギ、トウモロコシ、コメというわずか三種の作物によってまかなわれている。この環境と文化の進化は、遺伝子に変化をもたらし、人間は穀物を代謝しやすくなり、人口密集地での病気への抵抗力を強めた。五〇〇〇年前の祖先とわたしたちの遺伝的違いは、五〇〇〇年前の祖先とネアンデルタール人との違いよりも大きい。この五〇〇〇年間（わずか一五〇世代）で、人間にとってプラスになる遺伝子の選択は、他のどの時代より一〇〇倍高い割合で起きた。これは主に食生活の変化と病気の流行によるものだが、人口が増えて進化が加速したせいでもある。わたしたちの遺伝子のおよそ七パーセントは、最近、変異したものだ。[9]

しかし農業は、特に初期の段階では、不安定な生活様式であり、多くの人が飢え、[10] あるいはぎりぎりの状況で生き延びていた。地域の野生動物は、定住した人間が獲り尽くしたせいでほとんど消えていたため、収穫に失敗しても、狩猟採集生活に戻ることはできなかった。たとえば九一〇〇〇年前から八〇〇〇年前のアナトリアの遺跡では、（主に出生率の上昇によって）人口が急増した一方、デンプン質中心で低タンパク質の食事のせいで、骨の感染症や虫歯が増えたことを示す証拠が見つかっている。農業の拡大は、当初、社会を苦境に陥れたのだ。

農業が男尊女卑を生んだ

農業によって打撃を受けたのは、健康だけではなかった。社会の福祉も変化し、その不公平さは今も続いている。[11] 世界最古の都市遺跡と呼ばれるトルコのチャタル・ヒュユク遺跡は、八〇〇〇年前の都市の姿を今に伝える。泥レンガでできたワンルームの家が数百軒も並び、人々は屋根から出入りしていた。その遺構は、当時のチャタル・ヒュユクが、蓄財を阻む規範を持つ、きわめて平等な社会だったことを語る。しかし、六五〇〇年前までにはこの状況は一変し、世帯間の不平等が増大した。また、それに伴って、反抗的なメンバーに対する暴力的な処罰が増えたようだ。と言うのも、この時期から、意図的に攻撃され、治癒した痕のある頭蓋骨が見つかるようになるからだ[12]。

また、同じ時期に男尊女卑の傾向も出現した。おそらく理由の一つは、男性の方が上半身の力が強く、耕作に向いていたため、食料供給において優位に立つようになったからだろう。重要な資源を支配するようになった男性は、他の多くのものに対しても力を持つようになった。一九七〇年、デンマークの経済学者エスター・ボセルップ[13]は、社会における女性の役割は、その社会が用いる農業技術の種類と関連していることを明らかにした。鍬や掘り出し棒など、手で扱う道具を用いる移動耕作（焼畑農業）は労働集約型（活動の大半を人間の労働力に頼る）で、女性も積極的に農作業に参加する。一方、犂を使って畑を耕す農法（耕起農法）は、より資本集約的で、自ら犂を引いたり、犂を引く動物をコントロールしたりするために、かなりの上半身の力と握力と瞬発力が必要とされる。また、犂を使う農法は、育児と両立しにくい。その結果、耕起農法を行う社会では、男性が屋外の農作業に従事し、女性は家の中での活動に従事するようになる。

やがてこの分業が、女性にとって「自然な」場所は家の中だ、という規範を生み出した。これは経済が農業から離れた後も続き、家の外のすべての活動や雇用における女性の参加に、今なお影響している。アフリカのように、主に移動耕作を行っていた地域の文化は、中東のように主に耕起農法を行っていた文化より平等主義的であることが、研究によって明らかになっている。同様の変化はサハラ以南のアフリカでも起きた。牛の所有権が普及したことで、母系社会が父系社会に移行したのだ[14]。母系社会が存続したのは、眠り病をもたらすツェツェバエのせいでウシやウマが飼えない地域だけだった。このように、環境の圧力は文化に影響する[15]。

農業の種類は、他の社会規範にも影響する。稲作には、多数の田に水を送る複雑な灌漑システムが必要とされ、作業を共同で行うことも多い。一方、コムギ農家は水を降雨に頼り、他の農家との協力を必要としない。中国での調査により、稲作農家は集団主義的な考え方をしがちだが、コムギ農家はより個人主義的で、「西洋的」な考え方をすることが明らかになった[16]。

いずれにしても、人間が定住し、（面積当たりの生産カロリーが最も多い）穀物を栽培するようになると、社会規範は家父長制へと変化した。女性の平均寿命が二八歳に届かず、乳児死亡率が七五パーセントだった時代、女性は部族の存続のために、常に赤ちゃんを産んで育てていた。狩猟採集民は、一度に二人以上の乳児を運ぶことができないので、間隔をあけて子どもを産んだが、農業社会では毎年のように子どもを産んだ。男性は、子どもに土地を耕させ、家畜の世話をさせるという経済的な理由から、女性の生殖能力を利用するようになった。また、男性は、自分が養い、財産を相続させるのが、確かに自分の子であるようにするために、妻の性を支配するようになった。女性は、結婚のために部族間で女性を交換するという慣行にも苦しめられた。女性は自分の親族の支援から切り離され、一方男性は生涯、近くで暮らす親族の男性たちと同盟を結ぶことで優位に立つことができた。定住する農業社会では、やがて家父長制から生まれた戦士集団[17]が、戦士階級を持たない平等主義の部族を支配するようになった。支配された部族の男性は殺され[18]、女性と子どもは捕虜や奴隷になった。要するに、女性と子どもは、男性の所有物になったのだ。

定住型農業は、他にも社会に大きな影響を及ぼした。ひとたび作物や他の資産を手に入れると、それを他の部族から守らなければならなくなる。そのための防御壁を作るには、血縁でない人々と広く協力する必要があった。また、大きな村や都市を支えるほどの規模の農業を行うには、灌漑用水路、防波堤、運河などの大規模な土木工事が必要だった。そのような事業は、計画、組織化、管理を必要とし、そのために階層的な構造や制度が生まれ、その影響で、社会的ネットワーク、その中での人々の地位、人生の可能性までもが変わった。

狩猟採集民は必要なものを必要なだけ周囲の環境から得ていた。食べきれないほどの食料を得るために時間を費やすのは、愚かで無駄なことだった。しかし、定住農業は「税」という全く新しい経済を生み出した。税は、公共建築を増やし社会的インフラを支えることで人口を増やし、そうすることで、また税収を増やした。穀物は決まった時期に収穫され、貯蔵や取引が可能で、通貨として支払いにも利用できるため、畑の面積に応じて容易に課税できた。課税対象の人口の多い社会では、権力を持つエリートを中心として新たな社会構造が形成され、作物の余剰と税を使って、インフラ、軍隊、城壁などが築かれた。

キャッサバ芋のような塊茎を主な作物とする地域では、国家は形成されなかった。収穫の確認が難しく、収穫時期もまちまちだったので、課税できなかったからだ。[19] 農業は作業の大半を人間の労働に頼るため、国がその生産量と税収に依存するようになると、労働力そのものが、穀物に並ぶほど重要な資源になった。エリートたちはこの資源を情け容赦なく管理し、(病気や栄養失調のせいで平均寿命が短かった時代には) 戦争を仕掛けて他の部族を奴隷にしたり、農民を束縛して働かせたりすることで、大量の労働力を維持した。課税モデルの一つは、国は関税による収入で貧しい人々を養い、忠誠心を掌握し、社会の混乱を回避する、というものだ。たとえば古代ローマ帝国は征服した地域の人々に課税し、その税収によって、税を免除されている貧しいローマ市民に食料を配った。[20] 人口二〇〇万人の巨大都市ローマには膨大な数の失業者がいたが、無料で食料と娯楽を提供する「パンとサーカス」政策によって、貧民が危険な暴徒になるのを防いだ。

階級社会の出現

農業は人間の生活に、重大な社会経済的変化をもたらした。農業に従事する人々は、最終的に収穫と報酬が得られるという約束のもと、過酷な労働に耐え、時間と労力を費やす。つまり労働の対価が得られるのはかなり先なので、それまで人々を働かせるには信仰が必要だった。ここで、美が大きな役割を果たす。モニュメントは希望を具現化したものであり、脆弱な人間が責任を委ねることのできる、崇高な力を表現している。そこから、人間は国家という概念を発展させた。国家自体が概念的なモニュメントであり、わたしたちは国家に価値と意味を付与し、国家のアイデンティティに自らや部族のアイデンティティを重ねる。

最大にして最も印象的なモニュメントのいくつかは、最も絶望的な状況にある人々によって作られた。常識的に考えれば、彼らは時間と資源を、食料を得るために使ったほうが身のためになっただろう。しかしそのような見方をすると、モニュメントが具現化している、人間が協力することの意味を過小評価することになる。はるか遠くのラパ・ヌイ（イースター島）にある、モアイと呼ばれる象徴的な先祖の像は、悲劇を静かに語る。この島は南米の本土から三〇〇〇キロメートル以上離れた沖合にある、地球上で最後に人間が住み着いた場所の一つだ。今からおよそ一三〇〇年前、（カラハリ砂漠のサン族がサバンナを読むように）海の景色を「読む」ことのできる洗練されたポリネシア人が、二重船体のカヌーでこの島にやってきた。彼らは、波のパターンを読み、漂流物の種類や雲の形や天候を分析するなど、文化的に習得した多くのスキルによって、ニュージーランドからフィジーやその先の交易所を行き来していた。

しかし一六世紀までに、ラパ・ヌイ島の人々はこの海洋航行の知識を失い、島に閉じ込められた。折悪しく、環境からの圧力が高まり、島の農業生産は激減した。絶望したコミュニティは何をしたか。何百もの巨大なモアイの石像を彫り始めたのだ。守り神であるモアイへの信仰を共有することで力を得て、団結しようとしたのである。これは、文化的に進化した人間が、生き残るために選択した策だった。しかし、大きいものは高さが二〇メートルもある装飾的な石像を作り、採石場から運ぶには、丸太が必要だったので、島の森林が破壊された。これが土壌浸食を引き起こし、干ばつはさらに悪化し、深刻な飢饉が発生し、人口は激減した。部族間の戦争が勃発し、島民は互いのモアイを倒し、ライバルを殺して食べた。「おまえの母親の肉が、歯のあいだにはさまっている」という侮辱の言葉が今に伝えられている。モアイの祖先崇拝は一六〇〇年に衰退し、鳥人儀礼に取って代わられた。これは外部からの影響なしに、ある文化の宗教が一変した特別な例だ[21]。鳥人儀礼は、島の貴重な環境資源を讃える春の祝祭だ[22]。文化進化は環境の変化をもたらし、それがさらなる文化進化をもたらしたのである[23]。

どの社会でも、人口が増えると新たな制度が必要になる。評判は依然として重要だが、新たな制度の基盤になるのは、階層構造と特権階級の創出だ。集団が大きくなると階層構造と特権階級が自然に形成され、同時に、「規模の経済」によってより多くの人を養えるようになる。ユーラシアの農業社会は北米の先住民社会より不平等だったが、それはおそらく、ユーラシア人がウマやウシなどの大型の家畜を所有し、エネルギー上の利点があったからだろう。ウマやウシを使うことで、急速で広範な経済成長が可能になったが、資源を巡って競争が生じ、格差が広がったと考えられる。[24] この階層構造は、部族を結束させる社会的な物語に織り込まれ、社会規範や装飾的な図像によって強化されたため、権威、体制派、正統派に挑むことはますます困難になっていった。モニュメントや象徴的な芸術にはこれらの社会規範が反映されており、裕福な人々は往々にして、神や神に近い存在として描かれた。彼らはより多くの土地や食料を所有していただけでなく、人々の生活も所有していたのだ。必然的結果として、貧しい人々は神格化されず、善良でなく、無気力で、分相応の状況にあり、裕福な人々の情けに頼って生きている、と見なされた。

今でもほとんどすべての社会において、社会的ネットワークにおける個人の地位は生まれによって決まる。インドは強力なカースト制度があることで知られる（何世代にもわたる近親交配がゲノムに顕著に現れているほどだ）[25]。イギリスでも、親の社会経済的な地位が子どもの将来の職業と富を強く予測する。親が子どもをエリート校に通わせるのは、上流階級の子どもたちのネットワークのメンバーにするためだ。彼らはやがて企業のトップや政治家やオピニオンリーダーの大半を占めることになる。社会階級のもう一方の端にいるのは、フランスの不可触賤民、「カゴ」だ。[26] 彼らは何百年もの間、下等な階級として差別され、カゴテリという辺鄙な地区に隔離されて暮らした。

社会がより大きくなり、格差が広がると、問題が生じてくる。なぜなら、人間は生来、世の中は公平であるべきだと考えるからだ。[27] わたしたちが知る限り、働きバチは雄バチや女王バチになりたいとは思わないが、人間は自分の人生に美と意味と幸福を望み、主体性さえ求める。このような個人の自立性への欲求と集団の利益との間には、常に緊張がある。何千年にもわたって社会は、不平等の犠牲になっている人々が暴動を起こすのをどうやって防ぐかという問題に取り組んできた。中国の哲学者、孔子は「人生の意義を知りたい、自己表現したい」という個人の欲求を利用して、より公平で幸せな社会を作ることを目指した。彼が提案したのは、家族という階層に沿って社会を運営することだ。すなわち、皇帝を神によって任命された「父」と見なし、威圧によってではなく、相互の同意、名誉、尊敬、愛を重んじる家父長制の倫理によって社会を管理するのである。人々が日々の暮らしにおいて徳を積めば、自ずと社会は良くなると孔子は説いた。このような、個人が自分の行動や社会に対して主体性を持つことを想定する実践的な哲学は、ソクラテスからイエスまで世界中の多くの偉大な教えの根幹を成している。共通するのは、個人同士の関係に焦点を絞ることによって制御不能な世界を理解しようとすることだ。他者に共感し、思いやりを持てば、自らの人間性を高めることができるというのが、それらの普遍的なメッセージである。

農業文化への移行は環境を変えた。狩猟採集民は一時的に景観を変化させるだけだったが、定住者は川底から粘土をすくい取って家を建て、川の流れを変え、木々を伐採し、大規模に放牧し、土壌を侵食することによって、永続的な変化をもたらした。新石器時代の人々は大規模な環境破壊の先駆者であり、広大な森林、湿地、草原を、今日よく見られる人工的な単一栽培の農業景観に変え始めた。耕作された土壌はじきに硝酸塩やリン酸塩などの必須栄養素が枯渇したが、それらを補うのは非常に難しかった。土壌の活力を回復させる最も効率的な方法は、森林や他の植物を焼き払い、その豊かな灰で作物を育てることだった。焼畑農業はたちまちヨーロッパの原風景を変え、人間や家畜の糞を撒くことで土壌はさらに肥沃になった。同時に、人々は最初の人工的な「洞窟」も作った。八〇〇〇年前、ヨーロッパ各地で、数家族が居住できるロングハウス（長方形の集合住宅）が建てられるようになったのだ。

これは、わたしたちの祖先が自然界を理解し、自然界と関係を結ぶ上での大きな変化だった。狩猟採集民の多くは自分たちを生態系の一部と見なし、先に見てきた通り、彼らの行動や技術は「狩猟の時期と場所を限定すべし」という社会規範を反映している。この規範は、自分たちの生存を支える資源を取り尽くさないようにするという、実利的な理由から進化したようだ。しかし、ひとたび人間が動物と植物を所有し始めると、この関係に変化が起きた。もはや人間と動物は対等でなくなった。崇拝する対象が、生きている動物や自然界の構造から、記念碑的な絵画や彫刻、さらには人間の形をした存在へと変わるにつれて、自然界における人間の身分は変わっていった。人間は、風雨から身を守るために永続的な家を建て、道路を敷き、川の流れを変えることにより、自然界から分離した世界を築いた。寒く、湿っぽく、ぬかるんでいて、危険な自然界と隔絶した、人工的な環境を作り出したのだ。その一方で、自分たちが必要とする自然の要素に手を加えた。つまり、食料になる植物を改良し、荷役用の動物を飼いならし、材料になる資源を育てたのだ。

この推移を調べた最近の研究[28]では、シカゴの都市部で育った子どもたちとアメリカ先住民族のメノミニー族の子どもたちが、おもちゃの動物でどのように遊ぶかを比較した。メノミニー族の長老が「生態系から切り離された状況で遊ばせたのでは意味がない」と主張したため、リアルな木や草、岩などを配したジオラマで遊ばせた[29]。その研究によると、シカゴの子どもたちはおもちゃの動物を擬人化して遊んだが、メノミニー族の子どもたちはそれらを動物と見なして遊んだ。

人間は独自の世界を構築すると、自分たちを自然から独立した、自然を支配する存在[30]と見なすようになり、また、自然の価値は、有用な資源を生み出すことだけにあると考えるようになった。このことが、環境と無数の種の進化の軌跡を、大きく変えることになる。

DNAが物語ること

農業技術が広く普及したのは明らかだが、どのように広まったのか、つまりアイデアだけが伝播したのか、それとも、技術を持つ人が移住したのかは最近までわかっていなかった。今では遺伝子分析によって、状況が少し見えてきた。どうもその両方が起きたらしい。肥沃な三日月地帯内では、農業のアイデアは道具や黒曜石のような貴重な素材とともに、集団から集団へ伝えられたようだ。この農民の一部はアナトリア（トルコの東側）からやってきた。彼らの仲間は、ヨーロッパの寒冷で生産性の低い地域に、線帯文土器（せんたいもん）、種子採取と播種の技術、醸造技術、畜産を伝えた。また、レバントから東アフリカに渡った集団もいたらしく、ソマリア人のDNAの三分の一は、このレバントの集団に由来する。

DNAの証拠から、[31]九〇〇〇年前から七〇〇〇年前にアナトリアの農民がヨーロッパに渡り、徐々に現地の狩猟採集民と混血し始めたことがわかっている。大麦やライ麦などの作物をヨーロッパの北端で育てるのは、容易なことではなかった。これらの農業のパイオニアたちは、何百万年にもわたって中東で進化し、中東の気候に適応していた作物を、ようやく氷河が溶けたばかりの地域に伝播させたのだ。これらの敏腕で挑戦的な農民は、ストーンヘンジなどの壮大なモニュメントを作った人々でもある。それらの建設に駆り出された人々は、最初期の農産物を食べ、イノシシや、絶滅したオーロックス（家畜牛の祖先）などの野生動物の肉で栄養を補った。

ヨーロッパを開拓したこれらの農民の文化と、後にヨーロッパにやってきたヤムナヤの文化は、財産と土地の所有に関する強い社会規範と、財産を家族間で継承するという新しい考え方によって統合された。均質に見えるヨーロッパにおいて（イギリスにおいてさえ）、グループ間に目には見えない遺伝的な違いが残っているのは、こうした規範のおかげでもある。イギリス人の詳細な遺伝子地図を見ると、[32]狭い地域で何世代にもわたって結婚を繰り返してきた人々の集団と、移民の子孫の集団の境界がはっきり見て取れる。驚くようなことではないが、オークニー諸島の人々の遺伝子の特徴は際立っていて、ノルウェーのバイキングの血が流れていることがわかる。しかし他の場所、たとえばデボン州とコーンウォール州のように人為的に境界が引かれただけの場所で、遺伝子に明確な違いが見られることには興味をそそられる。両州の境界になっているテイマー川（九三六年にアセルスタン王が境界に定めた）が、何世紀にもわたって住民を遺伝的に分離してきたのだ。その他の地域では、北ウェールズの人々の祖先は、おそらく最初にイギリスに住み始めた人々であることがわかっている。もっとも、北ウェールズの人々は、アイルランドやスコットランドの人々とケルト文化でつながっているが、そのつながりは遺伝子には反映されていない。文化的慣習が集団間で伝播したり、押しつけられたりすることもあれば、文化や技術を備えた人々が移住してそれらを伝えることもある。近年進歩している集団遺伝学は、古代のDNAの解読、考古学、古生物学および言語学とともに、文化進化がどのように起きたかを解明しつつある。イギリスへやってきたアングロサクソン系移民がどの地域に定住したのかがわかるのは、彼らが遺伝子プールを変化させたからだ。一方、ローマ人、バイキング、ノルマン人は、侵略によってイギリスの文化史を一変させたが、現代のイギリス人のDNAに彼らの痕跡は残っていない[33]。

集団遺伝学研究はヨーロッパ大陸でも同様の物語を明らかにしてきた。三〇〇〇人を対象とする研究を行った遺伝学者は、「ヨーロッパ人の遺伝的変異を平面上に表現すれば、そのままヨーロッパの地図になる」と言った[34]。ただし、集団間の遺伝的類似や遺伝的差異は、隣接するコーンウォール州とデボン州の間に見られるものも、スリランカとスウェーデンの間に見られるものも、あるいは、目に見える違いであってもなくても、人間のほぼ均質な遺伝子における些細な変化に過ぎないことを忘れてはいけない。現代人の遺伝子は互いによく似ていて、二人の人のDNAは二頭のチンパンジーのDNAよりはるかに互いとよく似ている。それは、人間がわずか二〇万年ほど前に比較的少数の集団として誕生し、その後、大規模な集団崩壊（ボトルネック）（個体数の激減）を経験したうえ、交易ネットワークを通じて交雑を重ねてきたからだ。現代人のどの二人を選んでも、塩基対の違いは平均で一〇〇〇個に一個で、類人猿に比べて遺伝的多様性が著しく低いことがわかる[35]。

人間を大陸別に分けると、個人間の遺伝的変異のおよそ九〇パーセントは大陸内で見られ、大陸間では一〇パーセントしか見られない。その理由の一つは、人間すべてが血縁関係にあることだ。しかもそれは遠い祖先の時代においてではなく、比較的最近のことである。共通の祖先を見つけるために、家系図を延々と遡る必要はない。親は二人、祖父母は四人、曾祖父母は八人、高祖父母は一六人、と祖先が続くことを考えてみよう。こうして四〇世代、およそ一〇〇〇年前に遡ると、わたしたち一人ひとりに約一兆人の祖先がいることになる。その数は今日までに地球に生きた人間の数をはるかに上回るため、祖先の重複を計算に入れなければ辻褄が合わない。たとえば、あなたの母方の祖父母の姉妹が、父方の祖父母の従兄弟で、あなたの配偶者の祖父母の従兄弟でもある、というように、祖先が重なっているのだ。統計学者のジョセフ・チャンは、すべての家系図が数世代――およそ六世代以内で、互いとつながっていることを明らかにした。言うなれば、時を遡っての「六次の隔たり」だ。

ヨーロッパに祖先をもつ人は皆、カール大帝の子孫だ。実際、一〇〇〇年前にヨーロッパで生きていた人で、その子孫が現在も生きている人（全体の八〇パーセント程度）は、今日生きているすべての人の祖先だ。そして三〇〇〇年前に遡ると、現在地球上で生きているすべての人の共通の祖先にたどり着く[36]。つまり、わたしはムハンマドの子孫であり[37]、地球上のほぼすべての人と同じく、孔子や、エジプトの王妃ネフェルティティの子孫でもあるのだ。逆に言えば、わたしの子どもに子どもが生まれ、その孫が生まれ、というように子孫が続けば、数千年後にはわたしは地球上のすべての人の祖先になる。

このように人間の家族は他の家族と濃密につながっており、遺伝的類似性が高い。人間は言うなれば雑種で、人種の違いは存在しない[38]。集団間には遺伝的な違いがあるが、それが行動様式や生態に及ぼす影響は、文化の影響に比べると些細なものだ。通常、ある変異を導いた環境的、文化的、遺伝的条件が変化すると、その変異がどのように表現されるかが変わる。太平洋諸島の祖先は、食料不足に耐えながら島から島へ長い航海を行った。彼らはその文化的圧力を受けて、脂肪を蓄積しやすい肥満遺伝子を進化させた。しかし今、彼らの文化の現像液は変わった。彼らは高カロリーの輸入食を食べ、座りがちな生活を送っており、それが肥満遺伝子の働きと相まって、世界で最も太った人々になり、糖尿病患者も増える一方だ。肥満をもたらす遺伝子は複数あるが、フィジー人とポリネシア人の肥満には生活習慣が強く影響している。つまり彼らの肥満は、遺伝的要因があるとしても、文化的要因の方が圧倒的に大きいのだ。

身長のように八〇パーセントが遺伝で決まる特徴でさえ、貧しい国に住む人と栄養状態の良い国に住む人では大きな差が生じる。戦争や飢饉の時期に育った人々は、栄養状態の良い自らの子どもより往々にして背が低い。オランダ人は過去二世紀の経済成長に伴い、身長が二〇センチも伸びたそうだ。インドでは文化的嗜好により、長男が最も多く栄養を与えられ、背も高くなるが、女子と次男以降の男子は概して発育不良になる。

しかし南太平洋のピンゲラップ島では、遺伝子が圧倒的な影響力を振るった。一七七五年、壊滅的な台風のせいで島民の大半が死滅し、わずか二〇人しか生き残らなかった。その島は比較的孤立しており、また、外部の人との結婚を禁じる社会規範があったために、近親交配が繰り返され、ある遺伝子の変異が蓄積されていった。その結果、現在では島の人口の一〇パーセントが重度の色覚異常で、白と黒以外の色が見えない。その変異を持つ人は、昼間は不自由な思いをするが、夜になると正常な視力の人よりもよく見えるようになる。おかげで夜の漁をうまくこなし、それがこの遺伝子が残っている理由だと考えられている。

農業が発達すると人々は大きな村で暮らすようになり、他の村との行き来も増えるため、孤立した小人数の狩猟採集民の中で生じ、維持されてきた遺伝と文化の独自性は消えていくと考えられてきた。しかし珍しいことに、パプアニューギニアでは農業をしているにもかかわらず各集団［地理的に分断された五集団］が遺伝的独自性を維持しており、全体として遺伝的多様性が高い。それに対して、ヨーロッパ、東アジア、サハラ以南のアフリカが遺伝的に均質なのは、それらの地域が青銅器時代とそれに続く鉄器時代を経験したからだ。その二つの技術革新が原動力となって、交易ネットワークが発展し、各地域の文化を変えた。交易のために人々が行き交うようになり、やがて人々は遺伝的に均質になっていったのだ。言語に関しても、パプアニューギニアでは多様性が保たれている。一方、現在のヨーロッパで、狩猟採集時代、つまり農業が始まる前の言語の名残として残っているのはバスク語だけだ。

地理的環境は、人間集団の混血、貿易、文化の伝達に大きく影響した。ユーラシア大陸は縦長ではなく、横に長い。そして緯度が同じなら気候もほとんど同じなので、東西何千キロにもわたって、同じ作物を育てることができる。ユーラシア人が北米にやってきた時も、緯度が同じだったので、ユーラシアと同じ作物を育て、同じ家畜を飼うことができた。南アフリカやオーストラリアでも同様だった。しかし、アフリカと中南米の熱帯地域では、農業のやり方と技術を変える必要があった。また、物流（ロジスティック）について言えば、ヨーロッパは水路のネットワークが発達していたので、航行できない川や山といった輸送の障害が多いアフリカや南米に比べて、よりスムーズに文化を伝えることができた。

人間集団の混合を妨害する、それほど目立たないが重要な生物学的障壁は、病気だ。病気への耐性はある程度、遺伝によって決まるが、環境要因の影響も大きい。農業が始まり、人々が大集団で密集して暮らすようになると、人間同士や動物との接触によって感染する病気がたびたび流行し、生き残った人々は病気への耐性をもたらす遺伝子を次世代に伝えた。ヨーロッパやアジアを襲った腺ペストは歴史の流れを変え、帝国を崩壊させ、人々や文化の新たな波をもたらした。腺ペストや天然痘の壊滅的な流行が残した興味深い遺産の一つは、それらの流行を生き延びたヨーロッパ人の子孫の一部が、ＨＩＶ耐性遺伝子を持っていることだ。[39] ヨーロッパが長期にわたって伝染病にさらされたことのもう一つの結果は、オーストラリアと南北アメリカ大陸の先住民が、ヨーロッパ人が持ち込んだ天然痘、はしか、インフルエンザに感染し、速やかに征服されて世界の地政学的・文化的地図が一変したことだ。

一方、金、ダイヤモンド、象牙などの貴重な品を求めてアフリカやアジアの熱帯雨林地域に踏み込んだヨーロッパ人は、マラリアなどの風土病に打ちのめされた。先住民の多くは、遺伝性の鎌状赤血球貧血という病気を持っていて、マラリアに対する抵抗力があるが（鎌状赤血球はマラリア原虫が入るとすぐ壊れる）、血液が十分な酸素を運ぶことができないので病弱だ。ヤムイモの栽培が蚊の繁殖に最適な環境を作るため、ヤムイモ栽培の歴史の長いアフリカでは、鎌状赤血球貧血の発生率が高い一方、マラリアによる死亡率は低い。環境が変わると、遺伝子も変わるのだ。

人間の集団間の遺伝的差異は次第に薄れてきたが、それは人間が遺伝的に進化しなくなったからではなく、交雑が進んでいるからだ。かつて部族は孤立していたが、他の部族との性交渉、結婚、移住、交易などによって、孤立は解消された。過去の、部族内に近親婚を禁じる厳しい規範があった時代にも近親婚が続いていたことを、遺伝子の証拠は語る。一九世紀になっても、ヨーロッパ人は近親者と結婚していた。しかし、自転車[40]が普及したせいで、地理的に離れた人々の間でのセックスが可能になり、近親婚は大幅に減った。第一次世界大戦前に自転車が四〇〇万台販売されたことはフランス社会に大きな影響を与え、血縁者同士の結婚が減少し、フランス人の身長は高くなった。[41] イギリスでも同様の影響が見られた。

都市という究極のモニュメント

人間が築いた究極のモニュメントである都市は完全に人工的な景観であり、文化と人々の願望を象徴するために設計・建設された。都市は、地球という惑星を特徴づける美にして、地球の輪郭を描き直したものであり、その存在は宇宙からも見ることができる。都市は、しばしば機能性を犠牲にして、美と意味のために構築され、それ自体命を持つものとして、市民の象徴になっている。二〇一九年四月にパリのノートルダム大聖堂が火事に見舞われた時、たちまち世界中の人々から強い感情が湧き起こった。その悲劇の本質は、パリのキリスト教徒が礼拝の場を失ったことでも、広々としたシェルターがなくなったことでも、観光収入が大打撃を受けたことでもなかった。燃えさかる火を前に悲嘆に暮れる市民たちは、自らの一部が失われたことを嘆いたのだ。わたしたち一人ひとりが遺伝的継承と文化的遺産の結果であり、ノートルダム大聖堂はそれを象徴するモニュメントだったのだ。数日のうちに、再建を願う人々から数十万ユーロの寄付金が寄せられた。

都市が誕生すると、文化進化はいっそう加速した。シルクロードや大西洋がアイデア、技術、遺伝子を交換するための重要なネットワークになったように、都市も異文化交流の中心になった。都市は多様な人々を引き寄せ、密集した環境で交流する機会を増やすことで、続々と文化を生み出していった。貿易網が発達し、科学技術が進化するにつれ、さらに多くの人が都市に集まり、技術革新がさらにスピードアップするという、正のフィードバックが起きた。一三世紀のロンドンでは、[42]ローマ人が去った後に失われていた木造建築の技術をヨーロッパの商人から学び直し、多層構造の建物を建設できるようになった。その結果、人口が劇的に増えた。その世紀の終わりまでに、ロンドンのチープサイドには、屋根裏部屋のある三階建てのタウンハウスが並んだ。

あらゆるソーシャルネットワークと同様に都市は相乗効果をもたらし、人口が一〇〇パーセント増えると、創造性は一一五パーセント向上する。[43]また都市は、孤立して存在することはなく、他の地域から新たな資源やアイデアを運んでくる商人、外交官、職人などの交易ネットワークに支えられている。アイデアは、都市の街路、喫茶店、大学、公共施設などで生み出され、今日わたしたちが目にするテクノロジー、芸術、文化的慣習へと進化してきた。都市が遺伝子に及ぼす影響は非常に強く、何世紀も後の子孫に見ることができる。およそ四〇〇年前、西アフリカのクバ族のカリスマ的指導者、シャアム・ア＝ムブルは、現在のコンゴ民主共和国の中南西部に平和で洗練された大規模な都市国家を形成し、その地域の多くの民族を統合した。クバ王国は、憲法、選挙で選ばれた官僚、陪審員による裁判、公共財の提供、社会福祉など、驚くほど近代的な政治システムを備えたきわめて裕福な国家に成長し、すぐれた芸術と革新の拠点になった。一九世紀末に最初のヨーロッパ人がこの地を訪れた時、彼らはこのような馴染みのある政治システムが独自に生まれたとは信じられず、以前に西洋と交流があったのだろうと誤解した。この驚くべき国際的国家はベルギーの植民地にされたために衰退したが、その遺産は子孫のDNAの中に生き続けている。クバ族の子孫は、その地域の他の集団に比べて遺伝的多様性がはるかに高く、幅広い民族の特徴を備えているのだ[44]。

都市の住民は、匿名性が比較的高く、規範に従わせようとする「評判」の圧力をそれほど受けず、また、小さなグループを形成しやすいため、性差に関する規範から音楽の流行まで、新たな社会規範を生み出しやすい。そうした規範や流行は、装飾によって表現される。たとえば、何千年も前から床や壁や屋根を覆うために使われてきた、粘土性のタイルやルーフタイル（瓦）について考えてみよう。タイルには、家庭や牧歌的な場面から宗教的な物語まで、きわめて幅広い装飾が施されており、それらは社会の考え方が時代とともに変わってきたことを今に伝える。これらの装飾の規範は社会の規範を体現しており、ひいては、集団のアイデンティティも体現し、構築している。六七六年、朝鮮半島を統一した新羅は、大規模な建造計画によってその富と権力を顕示した。首都の慶州は一八万棟の新築住宅が立ち並ぶ壮大な計画都市で、屋根には藁ではなく、耐候性と耐火性を備えた高価なルーフタイル（瓦）が使われた。そして屋根の端には、竜の紋様が施された棟飾（むねかざり）の瓦が取りつけられた。それは新しい国家の力の象徴であり、現在も使われている。地味な存在であるはずの瓦が、国のモニュメントになったのだ。

都市は、美を創造し自然環境を征服したいという人間の衝動が最大のスケールで表現されたものだ。居住空間を美しくし、建築を通じて意味を伝えるために、膨大な努力が費やされてきた。ウルのジッグラト［古代メソポタミアの巨大な聖塔］から、レイキャビクのハルパコンサートホールまで、人間は貴重な材料と労働を投じて印象的なモニュメントを作り、苦労の末に獲得した生存のための適応を、装飾的な建造物という形で表現してきた。それらの建造物は、わたしたちの身体や、場合によっては遺伝子が地球上から消えた後も、長く存続するだろう。

都市は、文化的圧力を受けて選択的に進化した環境だ。人間が構築してきた都市という新たな環境は、人間の生態や文化進化を変え、さらには自然界の遺伝子の進化も変えた。鳥の中には、都市環境に適応してより大きな声でさえずるようになったものや、餌箱に適応してくちばしが長くなったもの、羽根が変化したものがいる。この二世紀の間にヨーロッパに入ってきた、洞窟に暮らす蛾は、現在では衣服の害虫になり、都市の家庭のタンスの中で生き延びている。わたしたち人間も都市生活から劇的な影響を受けており、栄養不良の密集したコミュニティを伝染病が襲ったり、古代ローマや現代のミシガン州フリントでの鉛[45]による水汚染のように、インフラ自体が病気や有害物質を運び込んだりもする。今日の都市部の大気汚染は循環器系や呼吸器系の問題を引き起こし、年間九〇〇万人の死亡原因になっている。注目すべき点は、文化進化によって優れた技術と社会制度が生み出されたが、人口が増えても、多くの人の生活や寿命が改善されるわけではないことだ。ローマ帝国は偉大な文化的進歩を遂げたが、国民の健康状態は悲惨だった。イギリスの男性の大腿骨は、ローマ帝国の支配下にあった時代には短くなり、ローマ帝国が去ると長さを回復した。「ローマ人は自らの進歩とそれが生態系に及ぼした悪影響に絡めとられて滅びた」と言われる。[46]不衛生な都市で密集して暮らすことが問題の大半を占めたが、ローマ帝国のネットワークが病気を運ぶこともあった。現在、考古学者たちは、腸内寄生虫の感染の広がりを調べることによって、この帝国の拡大を追跡している。

人口が密集する都市には衛生面での問題が常につきまとい、つい最近まで都市生活者の寿命は著しく短かった。死亡率が高かったので、都市の人口は田舎の人が定期的に流入することで維持されていた。一八六一年のデボン州オークハンプトンで生まれた男性の平均寿命が五六歳だったのに対し、リバプール生まれの男性の平均寿命は二六歳だった。当時のヨーロッパでは、体を洗うと腺ペストなどの致命的な病気の元が体に入ってくると信じられており、清潔さを保つ最善策は、洗濯できるリネンのシャツを着ることだとされていた。ペストが流行した一四世紀からおよそ五世紀にわたって、彼らは入浴を極力避けた[47]。しかし、一八〇〇年代半ばのコレラの流行や、ロンドン大悪臭事件[48]の後、細菌理論が提唱されたことを受けて、公衆衛生への公共投資が行われるようになり、体を清潔に保つことは容易かつ望ましいことになった。社会規範が変化し、体や衣服が清潔な方が魅力的だという考え方が生まれたのだ。清潔さは重要で達成可能な目標になり、浴場、トイレ、下水道、それに、密集して暮らす人間の体臭を消すために香水を作る産業が生まれた。

狩猟採集から農業への移行、さらには農業に依存する都市生活への移行は、社会の階層化を進め、少数のエリートには直接的な利益をもたらしたものの、大多数の人の食生活と健康を悪化させ、生態系にも多大な影響を及ぼした。しかし、進化は総じて単純ではない。西ヨーロッパに富とアイデアをもたらした貿易は、黒死病ももたらし、人口を激減させ、そのことがヨーロッパの環境を変えた。人口が減ると農業活動も減少し、森林が増え、汚染が減り、地域の気温が下がった（南北アメリカ大陸で、ヨーロッパ人が持ち込んだ伝染病によって先住民族の農民が壊滅的な打撃を受けたときも、同様の環境変化が起きた）。

イングランドとウェールズでは、ペストで多くの農民が亡くなり、食糧生産が低下したことが、社会と農業に劇的な変化をもたらした。共有の放牧地だった土地（コモンズ）を領主や地主が囲い込んで私有化したことが、農業のイノベーションと投資を促した。コモンズでは収穫を終えると休耕し、家畜を放牧しながら土壌を回復させていたが、新たに囲い込んだ土地では、小麦などの根の浅い草に続いて、カブのような根の深い塊根を育て、その後、クローバーのようなマメ科植物を育てて土壌に窒素を戻すという輪作システムによって、集約農業を行うようになった。コモンズでは、他の人の家畜に掘り起こされる恐れがあったので、塊根を育てることはできなかったが、囲い込むことでそれが可能になった。また、調整可能な車輪のない鋤「バスタード・ダッチ・プラウ」（実際はダッチ〈オランダ製〉ではなく、中国の発明）などの新たな技術により、以前のように六頭から八頭ではなく、わずか一頭か二頭の牛で耕せるようになり、広大な沼地や湿原を排水できるようになった。ヨーロッパの農業生産高は急増し、世界最高となり、余剰の食料が拡大したネットワークで取引されるようになった。人口が増加し、新たな労働人口が生まれ、それに支えられて産業革命が起こり、現代の世界が構築された。

今も人間は、都市環境での生活に適応するために生物学的に進化しつつあるが、都市環境にストレスを感じてもいて、それは統合失調症や精神病などの精神疾患[49]や、行動障害[50]、喘息などの自己免疫疾患の増加につながっている。また都市環境は、エピジェネティックな変化（DNAの変化を伴わない、遺伝子発現の変化）をもたらしている可能性がある。ストレスが多く汚染された都市に住む妊婦は、そうでない妊婦に比べて、脳、代謝、免疫に問題のある赤ちゃんを産む確率が高く[51]、しかも、そのようなエピジェネティックな変化は、次世代に受け継がれる恐れがある。[52] それは文化、遺伝子、環境という人間の進化の三要素が相互作用した結果だ。しかし、そのような健康リスクにもかかわらず、都市はわたしたちを惹きつける。なぜなら都市は、人間という部族の繁栄と、経済的・文化的豊かさの恩恵を象徴しているからだ。

インターネットは仮想都市として機能し、人々の社会的なつながりを拡げることで、都市と同様の文化的効果を生み出しているようだ。かつてスティーブ・ジョブズは、コンピューターを「人間の能力を拡張する道具」という意味で、「知性の自転車」と呼んだ。現在わたしたちはインターネットを通じて、それまで知らなかった人、他では出会うはずのない人と、次々につながっている。ネット上のつながりの数理モデルは、このようなネットワークは異人種間の結婚率を著しく高め、（より多くの人から相性の良い人を選べるので）離婚率を低下させると予測する。すでにアメリカでは、出会い系サイトが導入されて以来、異人種間の結婚が急増している。人間の大規模な移住、侵略、逃亡、聖戦、探検、放浪、植民地化、奴隷貿易、戦争・仕事・財産のための追放、そして今ではインターネットによって、過去一〇〇〇年、特に最近の数世紀において、遺伝子の大規模な混合が進んだ。その結果、肌の黒い人が北半球の高緯度地域に暮らしてビタミンD欠乏症になるなど、いくつかの問題が起きている。しかし、わたしたちが向かう未来では、目に見える特徴に基づいて、自分と同じ集団の魅力を語ったり、自分と異なる集団に偏見を持ったりできなくなるはずだ。言い換えれば、「人種」という間違った概念に基づいて人の違いを説明することは、いっそう信用できなくなるだろう。

すべての動物は、食料や、つがう相手を見つけたいという生物としての本能に駆られるが、人間は意義や目的にも動機づけられる。人間はそれを美の中に見出し、知の探求にも見出す。

次の章では、それを見ていこう。

第4部 時間

わたしたちは、自分が何を知っているかをどうやって知るのだろう？　継承者であり、祖先の文化的・生物学的遺産であるわたしたちは、自らの存在について問い、自らが何者で、時空のどこに存在するのかと考える。わたしたちは物語を持っており、それは過去について語り、未来を想像するのを助ける。しかし、わたしたちは現実という考え、つまり、客観的真実に心を奪われ、それを追求しようとする。わたしたちは全存在を費やして、時間というとらえどころのないものを理解し、特徴づけ、習得しようとしてきた。未来を読み解くために自らの謎を観察し、予測し、測定し、推論し、そうすることで世界とそこに存在する自らを再構築してきたのだ。

第12章　時計

時間を意識することがいかに技術を進め人の生き方を変えたか

一九六二年、フランスの若い地質学者ミッシェル・シフレは、アルプス山脈の奥深くにある洞窟にこもって、二カ月を過ごした。人間の体が自然なリズムを保つには日光などの外部の刺激が必要なのか、それとも、人間には体内時計のようなものがあるのかを、明らかにしたかったからだ。「わたしは、時計を持たず時間を知らない動物のように暮らすことにしました」と彼は言った。

シフレの実験は、過酷な耐久テストだった。彼が実験場所に選んだのは、洞窟の奥の、氷に覆われた空洞で、そこまではS字型の縦穴を四五メートルもくだっていく。そのプロセス自体、危険で、技術的に難しかった。すべての装備を運びこむのは命がけの作業で、仮にシフレが怪我をしても救助するのはほぼ不可能だった。しかも、わずか二三歳だったシフレは、実験中は誰とも接触しないと言い張り、最初の一カ月間はどんな状況になっても救助しないようにと指示した。二カ月という長い実験期間、シフレは自分の生理データ、食事内容、そして精神状態を克明に記録し続けた。洞窟の入口に設営されたテントに二人の同僚が常駐し、シフレと電話回線でつながっていた。シフレは目を覚ますと彼らに電話をかけ、彼らは電話がかかってきた時間を記録した。

今が昼なのか夜なのかわからないまま、シフレの体は一定の睡眠スケジュールを保つようになった。この若い科学者は、湿っていて凍えそうな洞穴の中で、みじめで不安な気持ちを募らせながら、その新たな環境に精神的に順応しようとした。「装備が不十分で、足はいつも濡れていて、体温は三四度まで下がった。多くの時間、自分の未来について考えながら過ごした」と、後に回想している(1)。

孤独で不安な状態の中で、食欲は減退し、食べる物はパンとチーズだけになった。持参した二枚のレコードもすぐ聞き飽きてしまった。唯一の楽しみは、捕獲したクモをペットにして可愛がることだった。そして、彼の時間はどうなっただろう。二回目の朝までに、シフレの時間は、実際の時間よりすでに二時間ずれていた。そして一〇日目には昼を夜と思うようになり、電話で聞く同僚たちの元気のいい「ハロー!」を聞いて、「外界はすでに昼間で、彼らが何時間も前から起きていることがわかった」と日記に書き留めた。だが実際は何度も彼らを真夜中に起こしていたのだった。電話の途中で、シフレは自分の脈拍を測り(正常値は一分間に六〇〜一〇〇回)、一二〇回まで数えて「二分たった」と報告した。しかし、地上の同僚たちの計測によると、シフレの言う二分は実際には五分だった。

シフレは、孤独に耐えて最後まで頑張るために、好物のチーズを配給制にしており、それをもらった回数から、二カ月までにまだ二四日残っていると思っていた時に突然、実験終了を告げられた。同僚たちは彼に、実験は終了したので迎えに行くと知らせた。洞窟の中でシフレが感じた時間は現実の時間とずれていたため、六三日の約三分の一が消えてしまったのだった。一〇分から一五分うたた寝しただけだと思っていたのに、実際は八時間も熟睡していたこともあった。昼と夜の区別がつかなかったので、シフレには時間がたつのが実際より遅く感じられた。だが、彼の体にとってはそうではなかった。彼は混乱していたが、DNAは地上の時間と同じペースで、彼の体に時間を刻ませていた。

人間は皆、時間とともに生きている。人間は時間と空間が絡み合う宇宙で進化し、この体は地球の動きに適応している。人間の細胞は時計遺伝子を持っていて、それらの遺伝子群が時計の歯車のように相互作用し、タンパク質の合成と抑制のサイクルと一日のリズムを生み出している。これらの時計が、人間の遺伝子、ホルモン、心拍数、脳の活動、気分、身体機能を調整している[2]。午前一〇時頃、腸の働きが最も活発になる。午後二時頃、苦痛への耐性や、身体の協調性がピークになる。肉体的なピークを迎えるのは午後五時頃で、筋力、柔軟性、心肺機能が最善になる。午後八時にはアルコール耐性がピークになり、その一時間後には睡眠ホルモンの分泌が始まる。そして午前二時から三時の間に、眠りが最も深くなる[3]。体温が最も低くなるのは、午前四時から五時の間だ。人間の体は、月経から妊娠まで、驚くほど規則正しく生物学的な時間割にしたがっている。

しかし、体は時間に忠実でも、意識はそうではない。そして、その意識こそが人間の文化を築いた。時間の経過や太陽系の周期的システムは文化のあらゆる側面に影響するので、人間は文化を築くために、タイムトラベルするための認知ツールや、時を遡るための文化的ツールを進化させた。そうやって時間をコントロールできるようになって初めて、複雑で段階的な技術、階層的な社会構造、さらには、（語順や構造によって意味が決まる）言語を創り出せるようになった。もっとも、時間は発明された抽象的な概念にすぎない。わたしたちが敏腕の精神的タイムトラベラーになり、過去のできごとを（自分が体験していないことさえ）思い出したり、想像した未来に自分を投影したりできるようになったのは、祖先たちが集団として時間の概念を信じ、操作できるようになったからだ。

わかっている限り、人間はセックスが子どもの誕生につながることを理解している唯一の動物だ。つまり、今日の行動が九カ月後に結果をもたらすことを知っているので、血縁関係をたどることができ、さらにはネットワークを広げることができるのだ。また、人間は死すべき運命、つまり、自分がいつかは死ぬことを知っている。そのように、時の経過が元に戻らないことを「感じ取る」能力があり、自分たちの前に生きた人と、これから生きる人がいることを知っているからこそ、人間は生きがいを切望するようになり、人生は、単に生き延びるためのものではなく、世界の客観的な真実を知るためのものになったのだろう。誕生の原因と死の必然性を知ることで、人間は長期的な目的を得て、文化を進化させてきた。また、時間を深く理解したことで、自分たちの歴史や、文化や環境の変化を、長期的な観点から見られるようになった。人間はそのような豊かな文脈の中で自らの人生、文化的ツール、慣習を理解しているので、より有意義で文化的な集団の知識に頼れるようになった。

目覚め、食べ、眠るという日課は、人間の生体サイクルを地球の自転と結びつけ、主観的に感じている時間を宇宙の普遍的な時計と調和させる。生活を物理的な世界に定着させるには、文化に導かれる生活を客観的な現実に合わせる必要があり、人間はまず、時間を論理的に調べることからそれを始めた。この取り組みは、人間という種を全く新しい軌道に乗せた。

記憶というタイムトラベル

シフレが立ち上げた時間生物学の実験により、人間は二四時間三一分の周期で寝たり起きたりを繰り返していることが明らかになった。人間の体内時計は、脳の視床下部にあるニューロンの振動（遺伝子発現の変動）によって自動的に調節されているが、通常は太陽光によって修正され、二四時間のサイクルを保っている。

一方で、時間についての精神的な認識は、学んで習得しなければならない。乳児が理解できるのは「現在」だけで、生後数カ月たたないと「対象の永続性」、つまり、何かが視界から消えても別の場所に存在することを理解できない。もっとも、人間は生来、時間の間隔を認識できるので、乳児も二〇秒間と四〇秒間の違いなどは認識できる。また、生まれる前からリズムを感じることができ、それが言語能力の発達につながっている。しかし、乳児は時間のない世界を生きているので、過去の経験を現在のできごとに結びつけたり、未来や過去を想像したりすることはできない。また、学習能力はあるが、長期記憶を作ることはできない。三歳か四歳になって初めて心のタイムトラベルができるようになり、虚構の世界に没入して、その世界における自分の感情を想像できるようになる。そこから人間は感情を調節するスキルを身につけ、また、将来のできごとを予想したり恐れたりするようになる。心がタイムトラベルできるようになると、計画を立てられるようにもなる。このことは人間に、飛躍的な変化をもたらした。

タイムトラベルには記憶を用いる――そして、記憶があればこそ、わたしたちは累積的な文化を持ち、自らが所属する大規模な社会集団を把握することができる。記憶があればこそ、過去の似たような状況で何がうまくいったかを思い出し、それを再現するだけで状況に対処できる。同様に重要なことは、記憶によって、過去を思い出すだけでなく、未来を想像できることだ。そのために脳の予測システムは、エピソード記憶と呼ばれる、おそらく人間に特有の高度な記憶を用いる。[4] 新しい技術を覚えたり、フランスの首都はどこか、といった事実を覚えたりする、時間に影響されない通常の記憶と違って、エピソード記憶は過去の出来事を思い出し、未来のできごとを予想することを可能にする。エピソード記憶によって、わたしたちは記憶を個人化(パーソナライズ)し、状況に沿わせ、経験からニュアンス豊かに学ぶことができる。また、将来起きることについても、感情的な情報と分析的な情報から、より良い決断を下すことができる。この進化した認知能力は、人間が環境の変化に迅速に適応したり、季節的なイベントや食料の入手可能性の変動などを予測したりするのを助けて、生存上の優位性をもたらしている。

エピソード記憶は言語と同様に、脳の異なる領域間の接続に依存している。エピソード記憶が構築される時や、思い出される時、脳内では特別なネットワークが活性化することが、脳画像で確認されている。[5] 類人猿はエピソード記憶を持たないが、[6] わたしたちの祖先は少なくとも一六〇万年前までにそれを進化させていた。と言うのも、作った場所から遠く離れた場所まで運ばれたその時代の石器が発見されているからだ。それが意味するのは、それらの石器を作った人々は、将来それらの石器を使うことを予期していたということだ。他の霊長類は先のことを考えず、過剰な食料を手に入れたら、その時に不要なものは捨ててしまう。彼らは、現在の世界と異なる世界を予想することができないのだ。リスなどの食料を蓄えておく動物は、意識的にではなく、本能的にそうしている。

時間という経験は、わたしたちの心、記憶、感情、それに、時間はどこかで宇宙とつながっているという考えから作り出されている。この「心の中の時間」、すなわち「内なる時間という感覚」は、現実の経験の核をなしている。ほとんどの人にとって、時間は川の流れのように進む。わたしたちの後ろには、過ぎ去った確かなできごとがあり、わたしたちの前には、未来に起きる不確かなできごとがある。過去数十年にわたってさまざまな興味深い実験が行われ、感情、恐怖、年齢、孤独、体温、拒絶、集中度は、時間が過ぎる速さの感じ方に影響することが明らかになった。[7]

わたしたちが世界と自分たちの位置づけを理解するには、心の中の時間を、現実の時間に合うよう修正しなければならない。わたしたちの祖先が生き延びるには、住まいの確保、狩り、農業、移動をどの季節のいつ行うかが、きわめて重要だった。その結果、文化的なカレンダーが生まれ、特に喜ばしいできごとや、冬至（一年で昼間が最も短い日）のように社会が脆弱になる時期を示すために、儀式、祭式、祝宴が行われるようになった。そして、これらの文化的活動を自然の時計に合わせるために、時間を測ることが極めて重要になった。

天空の時計

祖先たちが最も信頼できる時計は、空にあった。——祖先たちは星の地図を作り、その動きの意味を読み解こうとした。天体は夜の間、回転し、季節によって前後に動くが、地球から見るかぎり星々の相対的な位置は固定していて、毎年同じ動きを繰り返している。祖先たちは何週間にもわたる狩猟の旅や、季節ごとの移動などの折に持ち運べるよう、小石、骨、鹿の角などに月暦を刻んだ。少なくとも三万年前に遡る、月暦が刻まれたワシの骨片が、フランスのドルドーニュ地方を流れるタルドワール川上流の、みごとな壁画が描かれた洞窟群で発見された。その骨片には、一四日間にわたる月の満ち欠けを表す、円、半円、三日月形などの記号やV字のマークが刻まれている。ドイツのアッハ渓谷の洞窟では、三万八〇〇〇年前というさらに古い時代の、マンモスの牙から切り出した長方形の板が見つかった。それには、手足を広げたネコのような人間と、その足の間にある剣が彫られている。専門家は、それはオリオン座を表しているいると考えている。板の側面と裏側には八六個のV字型の刻み目があり、それらは豊穣を意味したようだ。

フランスのラスコー洞窟では、一万七〇〇〇年前に描かれた壮大な天体地図が発見された。その地図では、月の二九日周期が点と四角形で表現されている。これらの点の上部に並ぶ一三個の点は半月を表し、冬の夜空にプレアデス星団が現れてから半月を一三回観察すると、ウマが妊娠して狩りをしやすい時期になることを示しているらしい。ラスコー洞窟群の、重要な現象を表現した壁画の中にも、天文地図が描かれている。[8] これらの詳細な天文地図を描いた人々は、言うなれば古代の科学者だった。彼らは自然現象を客観的に観察することにより、自分たちの世界を理解しようとした。ラスコーは古代のプラネタリウムだったのかもしれない。

考古学者たちは有史以前の洞窟壁画を再調査して、ヨーロッパ各地で星図を発見した。それらは古代の人々が宇宙を数学的かつ科学的に観察していたことを語る。狩猟採集を行っていたわたしたちの祖先は、星座を描き、影の長さの変化によって太陽の軌道を記すなど、さまざまな方法によって空間と時間を理解し、それに基づいて天文時計を創造し、次第に緻密なものにしていった。ストーンヘンジも、太陽、月、星の動きを追跡するための観測所だったらしい。それを建築した人々は、天文と数学と建築の高度な知識を備えていたはずだ。そうでなければ、なぜ、主軸が夏至の日の出の方向とぴったり一致するように巨大な石を配置しているのか、説明がつかない。

アイリッシュ海を隔てたアイルランド島ボイン・バレーのニューグレンジには、さらに時代を遡る、天文学の高度な知識を生かした遺跡がある。それは直径七六メートルの巨大な石室墓で、八〇キロメートル離れた場所で切り出され運ばれてきた約二〇〇〇枚の石英の厚板が使われている。奥深くにある墓室とそこに通じる長さ二〇メートルの羨道（えんどう）は年間を通じて真っ暗だが、冬至の日の出の時だけ、正面入口の上にある「ルーフボックス」と呼ばれる小さな開口部から太陽光が射し込み、墓室の奥を照らす。この重要な遺跡の設計者は、時間と共に変わる太陽の角度、位置、動きを熟知していたのである。

これらの巨大な建造物は、建てるためにかなりの時間と労力を必要とし、コミュニティは協力してその作業を行った。しかし、時間と労力の他に、鋭い天文観測、学習によって得た知識、正確な予測も必要とされ、それらを身につけるには何世代もかかったことだろう。ケニア[9]やオーストラリア[10]でも、同じような建造物が見つかっている。それらを建設した人々は科学的知識を重視し、それを得るためのインフラへの投資を惜しまなかった。

天文学的知識は文化的・環境的適応であり、わたしたちの祖先が季節的な気候変動を生き抜いたり、食料源の確保を予測したりするのを助けた。したがって、天体の知識はオーストラリア先住民のソングラインのような歌詞や物語に組み込まれ、何世代にもわたって伝えられてきた。その一例がオーストラリアのビクトリア州西部のアボリジニ、ウェルガイア族の言い伝えだ。ひどい干ばつに襲われ、人々が飢餓に陥っていた時、マーピアンクリックという女性が、一族のために食物を探しに出かけた。長く探し回った末に彼女はアリの巣を見つけ、栄養豊かなアリの幼虫を大量に掘り出し、おかげで一族は冬を生き抜くことができた。マーピアンクリックは亡くなった後に、アークトゥルス（うしかい座の一等星）になった。今では、夜空にアークトゥルスが昇ると、ウェルガイア族は、アリの幼虫を収穫する時期が訪れたことを知る。

他にも、日食の仕組み、惑星が恒星と異なる動きをすること、月と潮の干満の関係などがソングラインには語られている[11]。プレアデス星団（和名は「すばる」）のように、世界各地で文化的に重要な意味を持つようになった星座もある。プレアデス星団がそうなったのは、五つから七つの明るく輝く星が集まっているので見つけやすく、加えて、毎年同じ時期に明け方の東天の地平線上に姿を現すからだ。この星団にちなんで、七は幸運の数字になった。アメリカ大陸ではマヤ族とインカ族が、毎年収穫の時期に夜空に戻ってくるプレアデス星団を豊穣と結びつけ、その動きを追跡するために太陽と夜空の観測所を建設した。ニューメキシコ州のズニ族は、プレアデス星団が種をまく季節に現れることから、それを「シードスター（種の星）」と呼ぶ。北アフリカのベルベル人にとってプレアデス星団は、暑い季節と寒い季節の変わり目を教える星座であり、古代ギリシア人にとっては、地中海を安全に航海できる時期の始まりを知らせる星座だった。

天文学は航海や長距離の移動にとって欠かせない文化的ツールでもあった。多くの動物は月明かりや磁場を利用して移動するメカニズムを遺伝的に進化させたが、人間の場合は、頭の中に地図を思い浮かべるという文化的に進化した能力にほぼ全面的に依存している。これらの地図は物語として伝えられることもあるが、土台になっているのは、風景の詳細と、天体の位置だ。ポリネシア人は航海中に方位を知るために、約二二〇の星の動きを追う驚異的な「スター・コンパス（星の羅針盤）」を頭の中に進化させた。ポリネシアの熟練の船乗りたちは、それらの星について、一年のどの時期に、どこから昇り、どこへ沈んでいくかを記憶した。そして航海中はそれらの星を目印にして、自分の位置と向かうべき方向を見定めた。こうして彼らは広大な太平洋を支配したのだ。

人間は頭の中の時計を自然のサイクルや事象に合わせ、パターンを観察し、予測することで、地球全体を探索したり、自分の人生や他者の人生を一時的に旅したりできるようになった。時間は人間に基準となる座標、言うなれば、空間における自分の位置をマッピングするための言葉を与えた。この時間という言葉のおかげで、人間は会ったり、未来に交流したり、過去や計画された出来事について話し合ったりできるようになった。このように、時間という座標を使うことは、生活のエントロピー（無秩序さ）を減らし、活動のエネルギーコストを下げた。たとえば、食料が豊かな熱帯地方を離れて、寒冷な高緯度の地域に移った時、食料が不足する季節に備えて食料を蓄えることは有益だった。多くの動物はそれを行うよう遺伝的に進化したが、ここでもまた人間は文化的な進化によって、食料の季節的変動に素早く適応できるようになった。

時間の概念は、社会の組織化も助けた。時間という座標を利用するとき、人間が頼りとしたのは主観的な基準ではなく、他の部族の合意が得られる客観的な基準だった。社会の規模と複雑さが増すにつれて、より正確なカレンダーが必要になり、時間設定は重要な専門分野になった。天文の専門家は威信が高まり、どの文化でも尊敬された。彼らは収穫など特定の出来事を予測することができたので、特別な力を持っていると考えられ、多くの場合、将来を予測できるだけでなく、将来を変えることのできる魔術師と見なされた。

その一方で、時間を標準化しなければならないという圧力が高まった。一日はいつ始まって、いつ終わるのか、一年は何カ月か、それに、一日は何時間かということさえ、何千年もの間、統一されなかった[12]。天体の周期の問題点は、太陰月（月の満ち欠けが一巡する日数）も、一年を太陰月で割った数（一年が何カ月か）も、切りのいい数、つまり整数にならないことだ。太陰月は二九・五三〇六日で、太陽年（地球が太陽の周りを一周する日数）は平均で三六五・二四二二日。太陽年を太陰月の日数で割ると、一年は一二・三六八三月という、落ち着きの悪い数字になる。世界中の天文学者がこの難題に取り組み、大衆も聖職者も公務員も使うことができて、未来のどの年でも正確なカレンダーを作るために、ありとあらゆる方法を試みた[13]。

古代ローマ人は一年の始まりを三月から一月に移し、他の暦も徐々にそれにならった。もっとも、イギリスは一七五二年になってようやく年初を一月一日にした。また、キリストの死の四世紀後、ローマ帝国は、推定されるキリストの割礼日［一二月二五日の八日後：当時の暦では一月一日］を紀元（AD）一年一月一日に定めた（ゼロという概念がまだ考案されていなかったため、紀元前〈BC〉一年に、紀元〈AD〉一年が続いた）[14]。時間は相対的なものだが、定量化できる資源と見なされている。一七五二年、イギリスがヨーロッパの大半の国に合わせてグレゴリオ暦を導入し、日数を補正するために九月二日の翌日を九月一四日にすると[15]、「失われた」日をめぐってロンドンとブリストルで暴動が起きた。今では世界中でグレゴリオ暦が使われているが、月を週に分ける方法は、かつては社会によって大きく異なっていた。革命後のフランスは、一七九二年というそれほど昔でもない時代に、一週間を十日にしようとした[16]。

人々は天体の動きに根差す同じ時間を経験し、正確に測定しているにもかかわらず、時間の解釈は社会によって違っていた。このことは、科学の進歩によって知識が増えても、その情報をどう解釈し、どう利用するかは、文化規範や社会的・政治的ニーズに左右されることを物語っている。数学者、天文学者、哲学者によって作られ、紀元前四五年から古代ローマ人によって使われてきたユリウス暦は、ヨーロッパの人々の時間に対する認識が、周期的なものから直線的なものに移行したことを示している。それは時間の測定を天空の周期から切り離すという重大な変化でもあり、数学などの抽象的思考への道を開いた。

天空から機械へ

古代ローマ帝国は、現代の工業化された国々で見られるような方法で、生活を時間で区切った最初の国家だった。日時計は精巧になり、公共の場や個人の庭などあらゆる場所に置かれた。紀元前一世紀には建築家のウィトルウィウスが、一三種類の日時計をリストアップしている──これは、劇作家のプラウトゥスが「この地上に日時計をもたらし、わたしの日々を無惨なまでに切り刻んだ者を呪いたまえ！」と悪態をついた約二世紀後のことだった。

しかし日時計に頼ることで、一時間の長さが季節によって変わるという不都合が生じた。バビロニア人から一日二四時間制を受け継いだ古代ローマでは、日の出から日没までを昼間、日没から日の出までを夜間とし、それぞれを一二分割した長さを一時間としていたからだ（バビロニアの六〇進法[17]は、二、三、四、五、六、一二で容易に割り切れる）。しかしこの方法では、昼間の一時間は、真夏の七五分から真冬の四五分まで変化する（夜はその逆）。いくつかの状況では、重力に頼る時計によってこの問題を回避した。古代ローマの法廷では、水時計[18]が弁護士の発言時間を制限するために使われた。[19]これは現代の法廷や政治討論の場にも復活させるべきだろう。

テクノロジーは、社会を客観的で測定可能な宇宙のリズムと同調させるように、進化してきた。しかし、計時（タイムキーピング）は遠い過去には、たとえば、食料を得やすい時期を予測するなど、生存のために役立っていたが、やがて、主観的な社会規範のためになされるようになった。

キリスト教の聖職者たちは、イースターにまつわる複雑な計算の拠りどころとなる夏至と春分の日にちを確定するために、天文学に多大な投資をした。キリスト教暦の政治的性質は、人間と時間との複雑な関係を反映しており、時間の解釈を軸として文化的規範が築かれてきたことを示唆する。イースターはキリスト教徒にとって最も重要な祝祭だが、異教徒の春の祝典（旧約聖書時代の過越祭）を起源とし、紀元二世紀頃から祝われるようになった。[20] キリスト教徒はイエスがユダヤ教の過越祭（聖なる金曜日）の三日後に復活したと信じており、過越祭はユダヤ暦のニサン月（四月頃）の十四日の夜から始まる。それは春の最初の満月の頃だが、ユダヤ暦には閏月があるため（平年は一二カ月、閏月のある閏年は一三カ月）、過越祭の日は毎年変わる。キリスト教徒は、自分たちの聖日である日曜日にイースターを祝いたいと思った。また、キリスト教がユダヤ教とは異なることを確実にするために、自分たちの祝日が過越祭と重ならないことも望んだ。過越祭がイースターの物語のカギであることを考えると、矛盾しているように思えるが、宗教とはそういうものだ。最終的にイースターは、春分の後の、最初の満月の後の、最初の日曜日に祝うことになった。ただし満月の日が日曜日だった場合は、イースターは次の日曜日に延期される。将来の春分の日にちを知るには、複雑な天文学的・数学的計算によって月、太陽、星の動きをモデル化する必要があったため、キリスト教の聖職者たちは何世紀にもわたって天文観測を指揮し、支援してきた。そして、教会暦は今も太陰太陽暦（月の満ち欠けと地球の公転の両方を基準にした暦）で、季節と同じペースを保ちながら、月の満ち欠けに合わせて祝日を祝う。

イスラム教にとっても、正確な時計と暦は非常に重要だった。なぜなら、イスラム教徒は一日に五回、決まった時間に、メッカの方角に向かって礼拝を行うからだ。このような背景から、中世のイスラム帝国では天文学が発展した。この時期に改良されたきわめて重要な科学機器の一つが、アストロラーベだ。この機器は、角度と勾配から太陽・月・星の位置を測定・予測することができ、経度と時刻の変換、土地の測量、航海時の緯度の推定など、[21]多目的に利用された。

一四世紀に脱進機が発明され、ついに時計は天空の動きから切り離された。脱進機によって機械時計は、落下する重りによって引っ張られる歯車の回転速度を一定に保てるようになった。歯車は時計の機構を動かし、定時に鐘を打ち鳴らす（「時計〈clock〉」の語源は、古フランス語の「鐘〈cloke〉」）。脱進機のチックタックという音は、やがて時の経過を告げる音になった。機械時計の登場により、日時計では季節によって変化していた一時間の長さは、一年を通じて一定になった。[22]

英国、ウェールズの大聖堂の北の翼廊には、一四世紀に作られた美しい天文時計が飾られている。その盤面には当時の地球中心の宇宙観が描かれており、太陰月の日にちと、月の満ち欠けを表示し、精密な自動人形が鐘を叩く音で今も一五分おきに時を知らせる。記念碑的な公共の時計が作られるようになると、時間は大切な商品になった――時間の経過を耳で聞き、より正確な時間を知ることができるようになった人々は、時間に支配されるようになった。時間の計測におけるこの文化進化は他の分野にも影響し、度量衡、貨幣の基準、複式簿記、透視画法、多声音楽などの精度が格段に増した。西欧では世界に対する考え方が変わり、物事を数字で捉え、分類するようになった。この社会規範の傾向は普及し、脅迫的なまでになり、時間の「浪費」は愚かなことで、罪深いことでさえあると考えられるようになった。

時間を管理することは、より大きく複雑な社会から生じたものだったが、同時にそうした社会を可能にした。なぜなら時間を管理すれば取引が容易になり、また、不確実性（時間の「浪費」）を取り除くことで交流や活動にかかるエネルギーコストが下がるからだ。国がより複雑になるにつれて、時間は生活のあらゆる面を支配するようになった。

分単位はもちろんのこと、秒単位で時間を区切れるようになったことは、社会に革命的変化をもたらし、計画的な世界へと導いた。時計[23]は町の広場や職場、家庭に普及し、加えて、人々は懐中時計を携帯するようになった。[24]労働時間は、どれだけの仕事をこなしたかではなく、どれだけ長く働いたかで測られるようになった。以前は、人々は夜明けに起きて、自分の必要に応じて働き、夜は休んだ。しかし今では機械、工場、織機がペースを決め、人間は同じ時間に仕事を始め、決められた時間働いて、同じ時間に仕事を終える。時は金（マネー）になり、過ぎるのではなく、費やされている。時計による絶対的な命令が、人間の生活様式を劇的に変えた。時間を知ることが重要になり、今が何時であるかは、自然のサイクルとはほぼ無関係になった。ロマン派が詩や芸術で嘆いたように、人間は一日を地球という母体から切り離し、労働日のリズムに合うようリセットしたのだ。

時間が発明されたことで、人間の環境は時間によって管理されるようになり、それが人間の文化や生態を変えた。自然界からより多くの刺激と合図を得ていた頃の人間は、自然のリズムをよく知っていて、変動する体のサイクルともっと調和していたはずだ。ひとたび時間に支配されるようになると人の生き方は変わる、という古代ローマの劇作家プラウトゥスの嘆きは的を射ている。幼児は動物と同じで、時間を超越した世界を生きている。何分でも何時間でも遊びに没頭し、やめたくなるのは、空腹や疲労を感じた時だけだ。しかし、自分が感じている時間が現実の客観的な時間にどのように対応しているかという社会規範を学ぶと、幼児の頭の中の時間は変わり始める。文化によっては、時間は大人にとってもゆるやかに進むが、工業化社会では、時間に追われていないと罪悪感を感じることがある。時間が常に計測され、人間の生活を支配している英語圏の社会では、「time」という単語は、他の名詞より頻繁に使われている。一方、アマゾンのアモンダワ族は、時間や月や年を意味する言葉を持たない。

一九七二年以降、すべての人は公式には、世界的に合意された時間に従うようになったが、文化的な時間は依然としてさまざまだ。一九九〇年代に社会心理学者のロバート・レヴァインは世界三一か国の生活のペースを、平均的な歩行速度、時計の正確さ、効率（郵便局で一枚の切手を買うためにかかる時間の長さ）などによって調べた。その結果[25]、世界はタイムゾーン（時間帯）が異なるだけでなく、活動のペースがまったく異なることが明らかになった。一番ペースが速い国は経済が一番強く、都市は農村地帯よりペースが速く、熱帯地方は高緯度の国々よりペースが遅かった。ニューギニア西部の高地に住むカパウク族が二日連続で働くことはない。アフリカ南部の狩猟採集民であるクン族は、週に二・五日しか働かず、しかも一日の労働時間はわずか六時間程度だ。世界の多くの地域では、人々は急がない。バスは時刻表通りには運行せず、満員になったら発車する。インドでは、男性は仕事を放棄して、精神的な悟りと神秘的な洞察を得るために生きることができる。西洋でそんなことをしたら浮浪者として逮捕されかねないが、インドではそうした生き方が社会的に認められていて、人々はその人の

「旅」を支援するために食料を運ぶ。西洋人は時間を生産的に使わない人を疑い、嫌うので、労働者は忙しそうに見られるために多大な努力を払う。ヨーロッパの文化には頭蓋骨のイメージをよく見かけるが、それは、時間は貴重で、人生は一度きりだということを人々に思い出させる。

人工の時間の害

水晶（クォーツ）は電圧をかけると一定の周期で規則的に振動する。一九二〇年代にベル研究所の研究者は、その「圧電効果」を利用するクォーツ時計の原理を考案した。クォーツ時計は振り子時計と違って、湿度、温度、動きの影響を受けない。こうして誕生した安価で正確なクォーツ時計が市場にあふれ、計時（タイムキーピング）は桁違いに正確になった。このクォーツ時計の登場により、太陽と地球の動きから割り出される一日の長さは、思っていたほど正確でないことがわかった。一日の長さは潮の満ち引きや、地球の中心核の動き、さらには風のパターンによって変動するのだ。このずれは、一九六〇年代に原子時計が開発されるといっそう明らかになった。原子や分子の正確なリズムを刻む原子時計によって、計時はナノ秒レベルまで、すなわち、クォーツ時計のマイクロ秒より一〇〇〇倍も正確になった。

こうして一日は、地球の自転一周分の時間ではなくなり、八万六四〇〇原子秒になった。しかし、人間の文化によって発明され、今では宇宙の物理によって計られるようになった時間は、依然として地球の生物学的な時間に従属している。すなわち、原子時間と太陽のリズムが大幅にずれることがないよう、世界の原子時計は、地球の軌道の変化に合わせて毎年セットし直されているのだ。毎年「国際地球回転・基準系事業」の時間の専門家たちが、その年に自転の速度の変動のために地球が失った時間を基に「閏秒（うるう）」を加えるかどうかを決める。閏秒(26)による調整を加えなければ、原子ベースの国際時間は数十年以内に地球の時間とずれてしまうだろう。

人間が文化的な時間と生物学的な時間を切り離そうとしたために、家や都市は人工の光にあふれるようになり、人間は自然界の夜明けと日暮れのサイクルから完全に離脱した。動物と植物も混乱し、夜がまだ明けないうちから鳥が鳴いたり、季節外れの花が咲いたりするようになった。人間の細胞内の時計と、現実の時間――衛星からスマートフォンに送られてくる原子時間――の文化的解釈との間にはずれが生じ、わたしたちは夜遅くまで働いたり、まだ暗いうちに起きたりする。高緯度地域では、冬の間、何週間も太陽を見ないままオフィスで働く人もいるだろう。多くの人は恒常的な時差ぼけ状態にあり、それが、がんやうつ病の増加をはじめとする健康問題を招き、自然界との関係にも有害な影響を及ぼしている。

進化の途上にあった時代、人間は地理的な距離によって切り離されていたが、今では移動時間は短くなり、コミュニケーションは一瞬でとれるようになった。正確に時を刻む時計を使って、この高速化された世界で暮らすことで、人間は時間に関する新たな視点を得た。わたしたちは今、ビッグバンに始まる宇宙の歴史という文脈において、自分自身や、宇宙における自分の位置を理解している。地球の成り立ちや、地球上のすべての生物と人間の祖先とのつながりなどについて新たな知識が得られるたびに、自己認識は更新され、社会的アイデンティティと文化的信念は揺らいできた。一八三七年、チャールズ・ダーウィンは生命進化に関する自説を述べ、ノートの「わたしは考える」という言葉の下に、何本にも枝分かれした木の絵を描いた[27]。その一世紀ほど後に、（ロザリンド・フランクリンのX線解析像を基にした）フランシス・クリックによる鉛筆描きのスケッチが、DNAの二重らせん構造を明らかにした。それは、生物が遺伝情報を伝えることを可能にする、美しくシンプルな「生命の本質」だった。層状に積み重なった堆積岩、すなわち地層が地質学的な時間を示すように、わたしたちのDNAは生命の遺伝学的時間を示している[28]。

一八九五年、H・G・ウェルズがSF小説『タイム・マシン』を出版した。アインシュタインが特殊相対性理論[29]を発表する一〇年前のことだ。同書によって、人間が時間を完全にコントロールすることは理論的に可能だと、初めて感じられるようになった。しかし皮肉なことに、時間に関する新しい専門知識を得たにもかかわらず、依然として人間は未来を考えて何かを計画したり、自分たちが死んだ後、この世界がどうなるかを想像したりするのが苦手だ。それはおそらく生物学的な認知の失敗であり、間違いなく、文化的失敗である。

第13章　理性

自らの直感に相反する客観的事実の認識が科学を生む

　ギリシアのパルナッソス山の南麓の都市国家デルフォイには、神聖な「大地の裂け目」があり、そこには少なくとも三五〇〇年にわたって神殿が建てられてきた。大神ゼウスによれば、この裂け目は地球の中心につながっていた。この裂け目についてはさまざまな物語が語られてきた。その一つは、アポロン神がピュトンという名の大蛇を退治し、その亡骸をデルフォイの裂け目に葬ったというものだ。大蛇の亡骸は甘い匂いの霊気を発散させて、人々を引き寄せたという。

　伝説によると、ある日、コレタスというヤギ飼いが、その裂け目に迷い込んだヤギが奇妙な振る舞いをしていることに気づいた。コレタスは興味をひかれて、自らその裂け目に入った。すると彼は、神々しい霊気に満たされ、過去も未来も見通せるようになった。人間の限られた視点から解放され、時間の翼に乗って自由に飛べるようになったのだ。

このうわさは広まり、多くの人がデルフォイを訪れるようになった。裂け目に入った人は、ひきつけを起こしたり、トランス状態に陥ったりした。中には狂乱状態になって、裂け目の奥に消えた人もいた。やがてデルフォイには女神ガイアを讃える神殿が建てられ、独身の若い女性が神託を伝える巫女に選ばれた。後にその神殿はアポロンを信仰する場となり、巫女はあらゆる神の神託を語った。神託をうかがう日にちは星の配列によって決められ、その日、巫女は裂け目の奥深くへ入り、神聖なピュトンの甘い霊気を吸い込む。そしてトランス状態に陥り、恍惚となったまま熱狂的に神託を告げる。人々は畏怖と尊敬をもってそれを聞く。

巫女の未来についての知識と卓越した予測力は、現在に囚われている人々にとって、たまらなく魅力的だった。デルフォイの代々の巫女は、何世紀にもわたって絶大な影響力を持った。皇帝たちは、恋愛から戦争まで、あらゆる問題を巫女に相談した。巫女の予言が運命を変え、生死に関わる決定を左右した。巫女は全能と見なされていた。


神託を伝える巫女は、予測に対する進化上の強い欲求を体現している。未来を正確に予測できる人ほど、当人と子孫の生き残りの可能性は高まる。人間はタイムトラベルができないので、未来を見通すためのツールを進化させてきた。たとえば評判というツールを利用して、社会的環境をナビゲートしている。しかし物理的環境をナビゲートするには、知識を得る新たな方法が必要とされる。その方法とは、物理的環境の仕組みを調べ、観察し、測定して、世界をより正確に理解することだ。「不可思議さ」に刺激されて、人間は主観的知識の外に目を向け、世界を理性的に調べ、客観的事実に意味を見出そうとする。そして好奇心に導かれて、実験とイノベーションを行う。つまり好奇心は人間を科学者、探求者、エンジニアにするのだ。

科学は仮説とその検証によって成り立っており、そこから得られた知識がさらに正確で多様な仮説を可能にし、技術の進歩を加速させる。このような文化進化は、人間が進化させた批判的思考力、合理性、理性を用いて、模倣の繰り返しを超えた革新的な解決策を導くが、しばしば主観的知識と対立する。それでもこの科学的思考という文化進化は、人間の文化をより複雑にし、学習に関する社会規範を支配してきた。その結果、今ではほとんどの人が、自分は理性を働かせて未来についてより良い決断を下すことができると考えている。しかし、人間が選ぶ「神託」は必ずしも合理的ではない。

知識とイノベーション

知識は文化進化の実体、すなわち単位（ユニット）である。知識が人と人の間で、あるいは世代を超えて伝えられるときにわずかな変化が起こり、それが生存上の優位性や、社会的魅力の向上につながる。そうした変化が長年のうちに蓄積することで、文化は進化する。このプロセスは遺伝子の進化における突然変異によく似ている。しかし、文化進化においては知能設計（インテリジェント・デザイン）も重要な役割を果たし、個人の意図的なイノベーションが文化的変化のペースを劇的に加速させることがある。もっとも、孤高の天才が突発的で驚異的な発明をする、というのは神話にすぎず[1]、技術のイノベーションは文化の揺り籠の中で進む。つまり、発明の大半はゼロからなされるわけではなく、他人が行った洞察や、既存の物の間に新たなつながりを見つけることに基づいているのだ。とは言え、そのようなブレークスルーは、遺伝的な進化でコピーミスが選択されるのと違って、文化進化が急速に進むことを可能にする。目的のある発明は、複雑化のペースを加速させるのだ。

イノベーションは動物にも広く見られ、脳の大きさと相関関係にある。生物学者は動物の新しい行動を無数に観察している。たとえばイギリスの鳴鳥は、牛乳瓶のアルミ箔のふたをくちばしでつついて穴を開けて牛乳を飲む方法を発明した。屋根を滑り降りるカラスもいる。[2] イノベーションは、緩慢な生物学的進化よりスピーディに、動物の適応力を高める。ある研究では、[3] イノベーティブな種の鳥は、人間によって新しい環境に移された時に生き延びる可能性がかなり高いことがわかった。わたしたちの祖先が地球上を比較的速く移動するには、イノベーティブな能力が欠かせなかったはずだ。

自ら実験し、試行錯誤しながら知識を獲得していくのは、おそらく人間にとって最も原始的な学習の方法だろう。脳はその持ち主の生存可能性を高めるための予測システムとして進化してきたが、世界との関わりを増やすことで、予測能力は高まっていく。乳幼児はその五感を通じて環境を理解していく。味わったり観察したりして、たとえば足でボールを蹴るとボールが加速する、氷は水より冷たい、といったことを発見する。しかし、これまでに見てきたように、文化的に進化してきた人間の脳は、社会の中で学習する際には発明よりも模倣を重視する。なぜなら、数多くの他者の経験を観察し、うまくいった方法を模倣し、予測することは、自分の限られた経験に頼るよりはるかに効率的だからだ。イノベーションは、失敗する確率が高いリスキーな戦略であり[4]、実のところ、あまり利用されない。ある研究では[5]、現実の状況で文化がどのように進化するかを、オンラインのプログラミングコンテストを用いて分析した。その結果、プログラミングの改良の大半は、最も成功したソリューションを模倣しつつ微調整を何度も加えることによってなされ、イノベーティブな飛躍によってなされることはまれだった。模倣とイノベーションの比率は、一六対一だった。

イノベーションは比較的まれにしか起きないが、それでも重要だ。なぜなら、人々がイノベーションに背を向け、成功したソリューションのコピーと改良ばかりするようになると、文化は徐々に多様性を失っていくからだ。そうなると、社会は十分な適応策を持たなくなり、急速な環境の変化などの危機に対処できなくなる。コピーとイノベーションという、二つの文化進化のプロセスが一つになって、集団脳に新たな可能性と機能性のカスケードを生じさせる。慎重になされた改変が累積的文化に取り込まれ、淘汰圧にさらされ、最善のソリューションと見なされたものが、忠実にコピーされ、拡散していく。

しかし、イノベーションは無から生じるわけではなく、コピーによる進歩と同様に、集合的知性の上に築かれる。車輪が発明されると、ろくろ、荷馬車、戦車、手押し車、歯車、水車を思いつくのは容易になった。特にテクノロジーの発明は、物理学や生物学の法則に依拠しているため、科学知識の蓄積とともに加速する。科学的文化、すなわち、実験と客観的な観察に基づいて世界を合理的に理解しようとする知的文化が育つにつれて、イノベーションも増えていった。知能設計(インテリジェント・デザイン)は、累積的文化進化の爪車(ラチェット)を一気に回す[6]。つまり、イノベーションが起きるには、あるレベルの文化の複雑さが必要とされるが、ひとたび何らかの洞察が得られると、社会は加速度的に進歩するのだ。

たとえば数学は、ゼロが発明されると飛躍的に進歩した。数学の最古の証拠は五〇〇〇年前のもので、メソポタミアの古代シュメール人が記したものだ。彼らは数、測量、掛け算表、幾何学を発展させ、それをバビロニア人とギリシア人が受け継ぎ、少しずつ進歩させた。紀元七世紀にゼロが発明されると、ゼロで位を表すことで、たとえば一〇〇と一〇〇〇の区別が容易にできるようになった。簡単な財務会計をはじめとする多くの実用的な数学はもちろんのこと、高等数学も可能になった。また、ゼロは小数点以下の数字も無限に表示できるようにし、ニュートンのような思索家が新たな物理法則を考案することを可能にした（独善的なキリスト教徒は、「無」や「無限」を意味するゼロは悪魔の数字だと主張し、一〇〇〇年にわたってゼロをヨーロッパから追い払おうとしたが、成功しなかった）。

タレスを裕福にしたもの

過去何世紀もの間に、天文学者、哲学者、数学者、エンジニアは、さまざまな方向から知識を探求し、理解を深めてきた。そうすることで彼らは、未来の未知の領域で起きることをうまく予測できるようになった。そのような予測は、権威者の主張や、多くの人が信じる物語に頼るものではなく、客観的で信頼できるルールによる測定や計算に基づいていたので、検証が可能だった。

これは、他の分野の文化進化とは異なっている。世界に関する主観的知識に、どちらが上か下かといった階層はない。もし、あなたが花嫁は白い衣装を着るべきだと言い、わたしは、白は死者を弔う色だから花嫁は赤を着るべきだと言ったとして、それは単なる意見の相違だ。また、民間伝承は文化によって異なる。一方、重力に西洋と東洋の違いはない。西洋の科学というものも存在しない。存在するのは科学だけだ。だからと言って、わたしたちが出来事に見出そうとする象徴的意味が失われるわけではない。人生の意味は何か、意識とは何か、といった、今でも科学には答えられず、わたしたちが物語や文化的解釈によって説明しようとする謎は多く残っている。科学はこれらの問いに答えるのに適したツールではないと考える人もいるが、いつか科学はこれらの問いにも合理的な答えをもたらすと考える人もいる。中には、ある事柄については科学的に議論することをよしとしながら、他の事柄についてはスピリチュアルな説明を信じるというように、知識を得る二つの方法をやすやすと両立させる人もいる。

神託のような超自然的な予言に匹敵する科学的予測をした、知られるかぎり最初の自然哲学者[7]は、約二六〇〇年前の古代ギリシアに生きたタレスだ[8]。タレスはエジプトとバビロンで学び、帰国後は「数学の定理は、証明されなければ真実と認めることはできない」ことを明らかにするなど、純粋数学の分野に変革をもたらした。タレスはまた、ナイル川の氾濫や地震などの自然現象を合理的に説明し、それらを神の怒りだとする説明を否定した。しかしタレスを裕福にしたのは、根拠に基づく農業予測だった。彼はイオニアのミレトス地域の気象パターンを研究することで、翌シーズンの収穫を正確に予測できた。ある冬タレスは、翌夏にはオリーブが豊作になることを予測し、少々の手付金を払って、ミレトスにあるオリーブ搾り機をすべて借り上げた。夏になり、大豊作となったオリーブを搾ろうとしたオリーブ生産者たちは、タレスが搾り機を独占していることを知った。タレスは彼らに搾り機を貸し出して莫大な利益を得た。
知識とイノベーションが社会に拡散するかどうかは、知的な探求を社会規範が奨励するか、あるいは妨害するかに大きく左右される。古代ギリシアの知的文化にとって、探求、疑問、哲学、討論と観察を通して知識を得る、という考えは不可欠な要素だった。また宗教的な物語は、新しい考え方や発見を盛り込むことで活力と情報を得て、寛容で思慮深く合理的な文化を彩り、豊かにした。しかし、哲学的で科学的な探求は、キリスト教の教義の犠牲になった。

理性の堕落は、イエスが亡くなって間もない頃に使徒パウロから始まった。[9] パウロは元は熱心なユダヤ教徒で、キリスト教徒を迫害していた。しかしキリストの死後、キリストの声を聞いて回心し、その教えの布教に努めるようになった。しかしパウロは、ギリシアの哲学者たちは「問答」というアプローチに固執して盲目的になっているので地獄に落ちる、と語ったと伝えられる。四世紀には皇帝テオドシウスがキリスト教を国教に定め、聖書はあらゆる疑問の最終的な答えとなり、何かを問うこと自体が異端と見なされるようになった。こうして、かつては開放的で寛容で多元的だったローマ帝国の文明は、聖書、ガレノスやヒポクラテスの医学、プトレマイオスの天文学といった権威に支配されるようになった。西洋社会は、古代の理性的な道理を持つ異教的な社会から、科学的・合理的思考を否定する教義に縛られた社会へと明確に移行し、その教義に従わない人々は残忍に罰せられた。

その犠牲者の一人が、古代アレクサンドリアの数学者にして天文学者で、哲学者でもあったヒュパティアである。彼女は当時としては希少な女性学者で、偉大な思想家の一人だった。ヒュパティアはプラトンやアリストテレスの思想について講義を行い、好評を博した。数学や天文学も教授し、アストロラーベの作り方も教えた。彼女は高名な知識人で、著名なキリスト教徒と交際していたが、自身はキリスト教徒ではなかった。紀元四一五年、「誦経者」ペトロス率いる狂信的なキリスト教徒の集団が、ヒュパティアが乗った馬車から彼女を引きずりおろし、教会に連れこみ、裸にして屋根瓦で殴り殺した。狂信者たちはその後、ヒュパティアの体をばらばらにして焼いた。[10] ヒュパティアは探求心を持っていたために殺されたのだ。

一般に、宗教の不寛容さが高まると創造性や技術のイノベーションは衰え、[11] 社会の規範がイノベーティブな思考よりも忠実なコピーを好むようになると集団の文化は縮小する。ローマ帝国でも、かつての寛容だった時代には学問は尊重され、裕福な上流階級や、商業に従事する中流階級の人は皆、読み書きができ、巨大で活発な知的ネットワークの一部になっていた。しかし五世紀以降、西ローマ帝国の崩壊に伴って、聖職者以外の識字率は急速に低下した。中世初期のヨーロッパは封建社会となり、科学技術のイノベーションが起きなかったので、暗黒時代と呼ばれる。この時代、修道士たちは古代の書物の写本に明け暮れ、科学的研究を行おうとしなかった。知のネットワークは壊れ、文化の複雑さは後退した。この暗黒時代に人口が激減し、集団が孤立したせいで、知識を得る方法は制限され、加えて社会の規範と制度が情報の流れを制限し、文化進化を遅らせた。

しかし東方では、社会的規範は非常に異なっていた。男性も女性も、読み書きができることは高く評価された。イスラムの学者たちはギリシアとローマの科学と医学の知識を取り入れ、それにペルシアとインドの伝統をつけ加えた。八世紀、中東とアフリカの地中海沿岸を広く支配したアッバース朝の首都として、バグダッドは学問の世界的中心になった。ヨーロッパとアフリカとアジアが交差するところにある人口二〇〇万の都市バグダッド[12]は、さまざまな文化、思想、経験を吸収できた。こうしたつながり、異なる考えを受け入れる開放的な姿勢、そして学習の重視がイスラムの黄金時代を築き、科学の進歩を支えた。七〇〇年以上にわたって、科学の国際語はアラビア語だった。

イノベーションは往々にして、異なる考えの間に有用なつながりを見つけることで生まれるが、標準化はそれを助ける。すなわち、共通のアラビア語を使うことで、知識はより広く普及し、「ひらめき」の瞬間が起きやすくなったのだ。バグダッドでは、アラブ人は戦争捕虜の中国人から紙の作り方を教わり、それまで使っていたパピルス紙や羊皮紙よりも安く迅速に情報を広める方法を生み出した。紙と、簡単な文字システムによって、情報は民主化され、本を書いて売ることで生計を立てられるようになった[13]。

八三〇年には、アッバース朝の第七代カリフ、アブ・ジャファー・アル・マームーンの庇護のもと、世界中の知識を集めるという壮大な翻訳プロジェクトが始まり、異文化の学者を迎え入れる一方、資金を持たせたアラビア人の使者を世界の果てまで派遣し、文書や写本を持ち帰らせた。敗戦国の支配者は、金ではなく、知識と情報という価値のある図書館の本を要求された。学者たちはこれらの書籍をアラビア語に翻訳し、「知恵の館」に保管して研究した。一〇〇〇年前に破壊されたアレクサンドリアの図書館に匹敵する図書館を作ることが目的だった。この計画のおかげで、歴史の闇に葬られて失われたかもしれない古代の知識が、大量に保存された――生物種が世界に分散し、小さな集団がその遺伝子を保持することで絶滅を逃れるように、図書館、修道院、実践的なコミュニティは、文化の絶滅を防ぐことができるのだ。

ヨーロッパがキリスト教の国教化というテオドシウスの決定の影響から解放されるまでに一〇〇〇年の歳月が必要とされた。イスラム世界から流入した思想に刺激されて、キリスト教世界では古代ギリシア・ローマの思想が再発見され、科学と探検の分野で文芸復興(ルネサンス)が始まった[14]（皮肉にも、このことはイスラム世界を暗黒時代へと追いやり、イスラム世界はそこから回復できなかった）。西洋における科学的探究は依然として教会が主導していたが[15]、一五世紀半ばにヨハネス・グーテンベルクが活字を発明したことで状況は一変した。活字と紙の普及により、印刷機が広く使われるようになった。情報は標準化され、ヨーロッパ中の人が同じものを読めるようになり、比較や参照も容易になった[16]。特にヴェネツィアの印刷・出版業者アルドゥス・マヌティウスが、より小型で安価な八つ折り判の本を発明したことで、情報はより遠くまで届くようになった[17]。本が小型化し、広く普及したことは[18]、社会の規範を大きく変え、探検、実験、調査が促進された。

「知る」が自然哲学者のモットーになり、好奇心は無知の象徴から、賞賛されるべき知への欲求へと変わった。一五世紀後半の学者たち[19]は、何かが古い書物に書かれているからといって真実とは限らないと考えるようになり、知識を得る最も確かな方法は直接経験すること、つまり自分の目で見ることだと主張し始めた。一六六〇年代には、「fact（事実）」という言葉が一般に使われるようになった[20]。

知識の探究と社会

人は合理的な思考プロセスを用いれば用いるほど、いっそうそのような考え方をするようになる。わたしたちは成長過程における社会的な交流を通じて、世界に関する事実とそれらへの対処法を学ぶだけでなく、「事実を継承」するための認知プロセスを構築していく。[21]言い換えれば文化的学習は、それ自体が文化的に継承されたものなのだ。社会規範が進化して、さまざまな組織が生まれ、集団脳がより大きくなると、個々の人間も賢くなる。[22]つまり文化が聡明な発明を生み出すかどうかを決めるのは、人々の生来の知能の高さではなく、社会性の高さなのだ。[23]このことは、異なる文化の現像液の中で育った人々が集まる大学で、アイデアやイノベーションが促進される理由の一つでもある。

科学で用いる論理的推論は、認知処理ツールであり、世界を見て理解するための方法である。合理的思考という文化の現像液の中で社会的教育を受けた人々は、そのような認知処理ツールを生み出し、それに導かれて、知識と説明を科学的に探求するようになる。これは、合理的思考をよしとする文化の現像液で育つことで脳に起きる、生物学的変化だ。[24]このような人々は現状に疑問を持つ可能性が高いため、彼らの文化は技術と科学の変化だけでなく、[25]社会の変化も加速させる。[26]

読み書きの能力や時間の概念などの認知ツールも、技術の進歩に貢献する。識字教育がなされる社会では、子どもたちは他者の意見に基づいて議論を展開するのがうまくなる。異なる考え方を実践すると脳に新たな神経経路が形成されるが、これには時として認知的な妥協が伴う。高等数学では複雑な数字や記号を操作し、方程式を累積していくので、演算を書き留める方法が発達した。しかしそれは、五〇〇〇年前から足し算や引き算に使われてきた「そろばん」に比べると、効率的でない。そろばんの熟練者は複雑な計算を電卓より速く解くことができる。そろばんを日常的に使っている社会では、大人は頭のなかに思い浮かべたそろばんの珠(たま)を動かして暗算し、欧米の大学生が筆算で計算するより速く、答えを出すことができる。[27]

科学の世界では身体性のことは忘れられがちだが、人間は肉体から切り離された知的な領域を漂う魂ではない。体は絶えず精神に情報を与え、体と精神はつながって進化してきた。人間はまず感覚を通して自然の本質を捉えることで世界を理解する。合理性と科学へ向かう文化進化が、アイザック・ニュートンやチャールズ・ダーウィンなどのエリート科学者に先導されてきたことはよく知られているが、その土台となったのは、データ、計測、測定に対する無名の人々の執着だ。過去五〇〇年間の科学的発見を生み出したのは、哲学者や思想家だけでなく、現場で働く職人、機械工、技術者だった。実のところ、ヨーロッパが啓蒙運動をリードできた理由の一つは、たとえば中国などの純粋に知的な科学文化と違って、ヨーロッパの思想家の多くが実務的手腕を備えていたことにある。英国の科学と産業革命を牽引した人物の多くは、オックスフォードやケンブリッジで学んだわけではなく、職人として訓練を受けていた。たとえば、海上での経度測定の問題を解決したジョン・ハリソンは、父親の大工仕事を手伝いながら独学で時計の製造技術を身につけた。改良型の蒸気機関を発明したジェームズ・ワット[28]は計測機器を製造していた。

科学、技術、金融システムなどの発展は、互いに刺激しあい、知識の探求を加速させるが、いずれも国家、制度、社会規範に依存している。科学は本質的には長期的な公共事業であり、夏至や冬至に関するデータを必要とする宗教団体、収穫の正確な予測を必要とする企業、税金を試算しなければならない政府機関といった後援者に支えられている。科学のある概念がその分野の科学者に受け入れられ、さらに一般市民に受け入れられるには時間がかかるが、科学的試みの過程で生まれたツールや技術はより早く受け入れられ、他の分野に応用される。科学は共同作業であり、時間やその他の測定を標準化したことは技術システムを安定させ、アイデアや技術を世界規模で取引・交換することを可能にした。このように、標準化は重要な合意プロセスであり、技術的進化を加速させる文化的テコとして機能した。

科学の進歩と人間の認識

科学は理論の誤りを証明することによって進歩していく。プトレマイオスが自らの地球中心の宇宙モデル（天動説）を成立させるために必要とした込み入った幾何学は、決して満足できるものではなく、より優れた説が見つかるまでの最善のモデルにすぎなかった。しかし、世界がどのように機能しているかについて客観的な調査や発見がなされたとしても、それが、集団的無知の暗闇にいる人々に突如として光明をもたらすわけではない。なぜなら、科学的理論と主観的説明は区別が難しく、また、人は、多くの人が信じていることを信じるからだ。大半の人にとって、科学と宗教のどちらかと対立する物語を心の底から信じ続けるのは難しい。地球は太陽系の中心だと信じられていたとき、そのモデルは宗教的・文化的物語の一部になっていた。地球が太陽の衛星の一つにすぎないことがわかると、科学にはパラダイム・シフトが起き、人々のアイデンティティは根本から揺らぎ、地球は神によって宇宙の中心に作られた星だという物語を変えなければならなくなった。やがて、ほとんどの人はその最新の発見を受け入れ、宗教の物語は変化し、信者は矛盾する説明を避けるようになった。

人々の認識を変えるには、特にそれが多くの人の経験に反している場合、何世紀もかかることがある。わたしから見れば、地球は静止していて、太陽は東から現れ、毎日弧を描いて地球の周りをまわって西に沈んでいく。わたしは、本当はそうではないことを学ばなければならなかった。知的には地動説を信じているが、感覚的には太陽がわたしの一日を通り過ぎていくように感じる。科学的な説明がより複雑になるにつれて、感覚的な理解との断絶はより大きくなる。わたしは量子力学、重力、磁気学の基本を数学的には理解しているが、直感的には受け入れられない。それらはわたしの生活を支配する概念であるにもかかわらず、それらに対するわたしの理解と受容は、他の文化的知識に対する理解と受容とは非常に異なっている。さらに驚くべきは、ほとんどの人が非常に大きな数字の関係を理解できないことだ。たとえば、数直線上に数百万、数十億、数兆[29]が等間隔に並んでいると思い込んでいる人がいる。このことは政府の政策や決定に対する見方に重要な影響を及ぼす可能性がある。わたしたちはそのスケールの数字を日常では扱っていないので、二〇以下の数字のように直感的に理解することができないのだ。

人間の知覚は認識に影響する。脳は、人間が知覚する情報に基づいて、現実を構築するように進化してきた。しかしそれらの情報の解釈には、生物学的特性、文化的体験、環境要因などが影響する。したがって二人の人の現実認識が全く異なる場合もあり、脳は、客観的な知識と経験的な知識のバランスをとって、判断を下さなければならない。

目の錯覚は、目からの感覚情報を脳がいかに容易に誤認し、現実を変更するかを示している。わたしたちは、仮に目の錯覚だとわかっていても、自分の現実認識をなかなか変えられない。二〇一五年に、バズフィードのジャーナリストが縞模様のドレスの写真をインターネットに投稿した。それには以下のキャプションが添えられていた。「助けてください――このドレスは白と金色でしょうか、それとも青と黒でしょうか？ わたしと友人は意見が一致せず、パニックに陥っています」。数時間後には、数千人の人々がその「ドレス」のことで同じくパニックになり、ソーシャル・ネットワークには、世界について他の人が自分と異なる見方をすることが許せない人々の、怒りのツイートと投稿が飛び交った。人間にとって現実ほど神聖なものはない。思考と外界と自分の体との関係は、自己認識の基本であり、人間は現実にしがみつくことで、自分を狂気から守っているのだ。

幻覚やその他の奇妙な現象を科学的に説明できなかった時代には、そのような体験は神の存在を示す有力な証拠と見なされた。デルフォイに神殿が建てられたのも、そこで奇妙な現象が起きたからだが、最近になって、そのあたりの地質を調査した科学者チームが、廃墟と化した神殿の真下で交差する二本の断層を発見した。甘い香りのエチレンなど、このような地質構造上の裂け目から染み出てくる精神活性ガスは、少し嗅ぐと超然とした幸福感をもたらし、多く嗅ぐと知覚麻痺を引き起こす。これが巫女をトランス状態に陥らせ、神託を語らせた可能性は非常に高い。脳における情報伝達の詳細や、視覚データを処理して現実のモデルを構築する仕組みが解明されるにつれて、さまざまな化学物質によって現実の認識が歪んだり、宗教的な体験をしたりすることがわかってきた。

世界についてのわたしたちの認識のほとんどは、無意識のうちに脳が限られた情報から現実の説明を構築することに基づいている。アメリカの神経科学者アントニオ・ダマシオは、意思決定の「身体的処理」システムを説明した（ソマティック・マーカー仮説）。それによると、脳の前頭前野腹内側部が、血圧や心拍数の変化といった身体的信号を発生させ、それらが（過去の経験に基づいて）無意識の意思決定マーカーになる。つまり、理性による自覚的な判断に先立って、脳はすでに直感的な判断を下しているのだ。先ほどのドレスの例では、自然光の下で長く過ごした人には白と金色に見え、室内で長く過ごした人には青と黒に見える可能性が高い。生後約四カ月までの乳児は、この「知覚恒常性」に悩まされることなく、正しい色を見ることができる。しかし人間の脳は、客観的な違いよりも、主観的な類似を優先することを学ぶ[30]。

文化の現像液はわたしたちの生態に影響し、現実について一つの説明を作り出す。それがわたしたちの政治的な選択や信念、行動に影響する。加えて、何らかの社会集団が他集団の信念を阻止・非難したり、賛同できる信念を支持したりして、わたしたちの信念体系を強化する。ソーシャルメディア[31]のエコーチェンバーは、その好例だ。では、わたしたちは自分が経験した現実と、客観的な現実のどちらを信じるのだろうか。結局のところ、ある集団には全く正しいと思えることが、他の集団には異常とか邪悪に見える場合もある。たとえば銃の所有、中絶の権利、同性婚などがその例だ。数十年前なら、働く母親、徴兵制、骨相学がそうだったかもしれない。わたしたちは常識的な感覚によって世界を見ているが、その感覚に惑わされて、何度も現実を見失ってきた。感覚的直感を事実と勘違いし、その一方で、人間の想像が及ばない時間のスケールで展開する進化から、人間には知覚しえない素粒子のレベルで働く量子力学にいたるまで、自分たちの限られた感覚では触れることも感じることもできないプロセスや現象のことは疑ってきた。

アリストテレスは人間を「合理的な動物」と評したが、実際には、人間が非合理的な行動をとることはあまりにも多い。最近、衛星画像や地質学などの最新技術を備えた水道会社が、水漏れの検出に棒占い（ダウジング）（地下水や鉱脈を棒や振り子の動きで検出する手法）を使っていることが明らかになった。それが公になると、科学者たちは中世の迷信が二一世紀になっても使われていることに激怒した。その企業の顧客にとっては、そんなことのためにお金を払っていたことは確かに腹立たしい。しかしこの一件は、文化的に学んだ解決策には、合理的な選択肢なのか迷信なのかはっきりしないものがあることを明らかにした。

批判的思考は、状況を合理的に理解するために人間が文化的に発明したツールであり、健全な思考や判断を可能にする。問題は、状況を合理的に理解するのはそれほど簡単なことではなく、複雑な計算や統計分析が必要とされることさえあることだ。そのため、複雑な問題について迅速な決断が求められると、人間は往々にして直感に頼ろうとする。その方が認知的な負荷が軽く、エネルギー効率が良いからだ。ノーベル賞を受賞した経済学者のダニエル・カーネマンはこの二つのシステムを「速い思考」（無意識的で、直感的で、努力が不要）と「遅い思考」（意識的で、分析的で、努力が必要）と評し、人は合理的に判断しているつもりでも、たいていの場合「速い思考」をしている、と説明した。

進化の観点から見ると、感情に基づいて迅速に判断するのは理にかなっている――人が危機的状況を乗り越えるには、往々にして迅速な判断が必要とされる（ライオンより速く走れるかどうかを立ち止まって考えていたら、すでに追いつかれているだろう）。加えて、直感的な判断であっても、その多くは無意識ながら、パターン認識、環境からのシグナル、有益なバイアスに基づいている。また、集団が生き残るためにも、迅速な判断が欠かせない。――消防士や戦士が仲間を助ける前に立ち止まって自分の安全を考えたら、躊躇してしまうかもしれないが、迅速に判断してうまく助けることができれば、集団の生存率は向上する。また、アスリートや演奏者なども、個々の動きについて意識的に判断しなければならなかったら、うまく動けないだろう。さまざまな意思決定の場面で感情は役に立つ。恐怖心は、リスクに対する素早い反応を可能にする。怒りは、相手とのやり取りを強めて、脅しの説得力を増す。罪悪感は社会規範から外れる行動を抑制し、集団の結束を守る。ある研究では[32]ペアになった学生たちに、報酬の配分を話し合いで決めさせた。一部の学生は、イライラするような音楽を聞かされ、少々腹を立てた状態でその話し合いに臨んだ。その結果、腹を立てていた学生たちの方が多くの金額を受け取った。

文化的に進化した規範は、合理性と、根拠に基づく意思決定を重んじるが、生物学的進化はそれに追いついておらず、人間の認知は今も感情に左右される。問題は、意思決定に際して脳の理性的な領域よりも感情的な領域を使うことではなく、わたしたちが自己欺瞞に陥っていることにある。専門家でも物の見方にはバイアスがかかりがちで、その失敗は高くつく。また、自分は人種差別も性差別もしておらず、運ではなく実力で地位を築いたと思っている人が多い組織に、不合理な偏見が蔓延している。

意思決定は、生物的特性と社会的環境の影響を受ける。一例として、「恐怖」が心理と生理に及ぼす影響について考えてみよう。保守派に投票する人は脳の恐怖の中心である扁桃体[33]が大きいことがわかっている。ある研究では[34]、三、四歳のときに臨床実験で示した恐怖感が強い人ほど、二〇年後の政治姿勢はより保守的になることがわかった。恐怖の影響は即時的で、ある研究では、リベラルな姿勢をとっていた被験者に身体的脅威を経験させると[35]、政治的・社会的姿勢が一時的に保守的になった。保守派の政治家と選挙運動員はそれを利用し、たとえば移民を細菌にたとえることで、移民に対する恐怖を引き起こそうとする。感染や病気を避けるために生物学的に進化した、奥深い動機を標的にするのだ。

H1N1インフルエンザの流行時に行われたある研究では[36]、研究者たちは被験者にインフルエンザウイルスの危険性を思い出させ、その後に移民に対する気持ちを尋ね、続いてインフルエンザのワクチンをすでに接種したかどうかを尋ねた。予防接種を受けている人々に比べて、移民に反対する傾向が強かった。その後の研究で、インフルエンザについて警告した後に被験者の手に消毒液をかけると、移民に対する偏見は消えた。人々に安心感を与えれば、投票の傾向はよりリベラルになるのだ[37]。研究者が被験者に、自分はあらゆる脅威に対して無敵だと想像するように求めると、共和党［保守］の有権者は、妊娠中絶や移民といった問題に対する姿勢が明らかにリベラルになった。

判断は感情に左右される。そして、このこともまた、文化の複雑さと関係がある。芸術作品や特許申請を対象としたさまざまな研究により、社会が保守的で、規範が厳しくなればなるほど、創造性が乏しくなり、生み出されるイノベーションが少ないことがわかっている。[38] テクノロジーは、自由な社会で最も速く進歩する。[39]

時には合理的に判断するより、直感に従った方が良い結果につながることもある。と言うのも、非合理的な認知バイアスが予測システムからノイズを排除して、感情が絡む複雑な意思決定をうまくこなすことも多いからだ。たとえば、統計モデルは信用できるようでいて、実は間違いを起こしやすい。なぜなら、バイアスを含んでいたり、不完全だったり、あるいは複雑な現実の世界を評価するのには向かない数学的に完璧なシナリオに基づいていたりするからだ。多くの金融モデルが二〇〇八年の金融危機を予測できなかったのはそのためだ。また意思決定においては、それが社会に与える影響も、重要な意味を持つ。金融機関の内部の人々は金融危機が迫っていることを予期し、不安を感じていたが、理性的な意見を述べることが社会にもたらすコストを恐れて、口をつぐんだ。また、党派制の強い状況では、多数派に従わないと追放される恐れがあり、そのような場合、個人にとっては、明らかな証拠を無視する方が理にかなっているかもしれない。なぜなら人間は、客観的に正しいことより、社会の結束やサポートネットワークを維持することを重視するからだ。[40]

今も部族文化は、事実よりも強く人々の世界観に影響している。たとえば人間が引き起こした気候変動については、世界中の科学者がほぼ合意している。しかしアメリカでは、ありえないような意見の不一致が見られる。民主党員と共和党員の気候変動についての考え方は、両者の学歴が高くなるほど違ってくる。高卒の共和党員の約二五パーセントは、気候変動について懸念していると報告する。しかし大卒の共和党員では、その数字はわずか八パーセントだ。[41] これは直感に反するように思える。なぜなら、高い教育を受けた人の方が、気候変動についての科学的コンセンサスを知っている可能性が高いからだ。しかし世論の領域に入ると、気候変動は科学的問題ではなくなり、政治問題になる。気候変動の科学は比較的新しく、また、込み入っているので、多くのアメリカ人はそれについて、部族のリーダー、つまり政界のエリートの意見を受け入れる。そして共和党の政界エリートは、科学に疎い。高い教育を受けた共和党員は気候変動に関する科学的情報に触れる機会が多いかもしれないが、同時に彼らは、党派的なメッセージに触れる機会も多く、そちらの影響の方が強いことが研究によってわかっている。作家のジョナサン・スウィフトが一七二〇年に指摘したように、「理性に基づいていない考えを、理性によって正すことはできない」。自ら検証してではなく、他者を忠実にコピーすることで知識と信念を得るように文化的に進化してきた人間には、信用できないモデルをコピーするという弱点がある。さらに悪いことに、科学的問題については主観的説明より合理的説明を重視することを文化的に学んできたため、ひとたび、自分がコピーした意見は合理的だと信じ込んでしまうと、それを変えるのは難しい。

多くの場合、意思決定における理性の役割は、意思決定することではなく、意思決定の合理性を裏づけることだ。心理学者の中には、人間は決断を下すときにはもっぱら直感に頼り、理性を用いるのは後からその決断を正当化するためだけだ、と考える人もいる。人間は認識のバイアスや先入観の影響を受けがちなので、むしろ無意識の直感の方が論理的な思考より合理的なのかもしれない。意思決定をしている時に、主観的な判断と客観的な判断を完全に区別できる人はほとんどいない。その区別は、人工知能（ＡＩ）に期待される機能の一つだ。もっとも、ＡＩは論理的だが、その客観性はアルゴリズムの設計者が設定した範囲に限られる。一方、人間は主観的に判断を下しがちで、それには理由がある。科学は測定可能なエビデンスに基づいて意思決定するためのツールになるが、わたしたちの行動を決めるのは、社会の規範と価値観だ。銃の所有と銃犯罪の関連は統計上明白だが、米国では銃乱射事件が起こるたびに、少数派は絶望し、どうすればいいのかと思案に暮れる。

人間は霊長類の中で唯一、自分が知る情報とは異なる、あるいは反する情報という概念を進化させた種だと生物学者は考えている。すなわち、他の霊長類は自らの現状とは異なる状況を想像することができず、世界について自分と異なる考え方をする他者を想像できないのだ。しかし、人間にも問題がある。人間は自分の知らないものがあることも、他の人が自分と異なる考えを持っていることも知っているが、自分は合理的で、自分と意見の異なる人は非合理的だと考えがちだ。そうではなく、他者も自分と同じように合理的に考えているが、目的、背景にある信念、優先順位などが異なるのだと考えるべきだろう。

かつては、科学は世界について客観的事実を教え、人間の主観的解釈はそれについてどう考えればよいかを教える、と考えられていた。しかし科学は次第に、人間の主観的反応、すなわち、感情がどのように生まれ、どのように操作されるか、記憶はどのように生まれ、どのように捏造されるか、といったことも説明するようになった。こうして人間の心の仕組みが解明され、ますます人間に近い人工知能が開発されていくにつれて、人間は意識の中の物語を読み解いて、完全に合理的な選択ができるようになるのだろうか？　そうかもしれない。

強力なスーパーコンピューター「サミット」[42]は、一秒間に二〇京回の計算をすることができる。人間の脳で同じ計算をするには、六三〇億年かかる。だがわたしたちはサミットをきわめて凡庸なことの予測に使っている――お天気である。

第14章 ホムニ

超協力的超個体として生物種を超えた集合性人類へ

一万二〇一九年のテキサス。あなたは夜明けに巡礼の旅を始め、山の奥深くへ向かう。岩壁の裂け目に隠された入口にたどり着く。ステンレススチールに縁どられた翡翠の扉を開くと、もう一つ、スチール製の扉がある。この二重の扉は気圧調整室(エアロック)の役割を果たし、ほこりと野生動物の侵入を防いでいる。扉の丸いハンドルを回して中に入り、背後の扉を固く閉じると、完全な闇に包まれる。暗いトンネルを数百フィート進む。やがて、地面がうっすらと光る場所に行き着く。見上げると、直径約三・六メートル、高さ約一五〇メートルの垂直なトンネルのてっぺんに一つ、小さな光の点が見える。その光を目指して、垂直なトンネルの壁沿いに設けられた螺旋階段を上り始める。山の中にある「一万年時計」「一九九五年から制作されている「一万年動く時計」」への旅は、光に包まれた頂で終わる。下方で鳴り響く時報のエネルギー源になっているのは太陽だ。一万年前に作られて以来、その時計は一度も鳴ったことがなかった。あなたは、その音を聞く最初の人間だ。(1)

集合性人類

時間は相対的なものだ。大陸は、爪が伸びるのと同じくらいのスピードで動いている。人間は物事が起きるスピードによって時の経過を感じるが、累積的な文化進化は、時間を加速させている。かつては何千万年という単位で計られていた地質学的な時間が、今では数十年で過ぎていくように感じられ、永劫(イーオン)の時が、人の一生に縮小された。かつてはたどりつくのに数日かかった都市に、今では数時間で行くことができる。人々は一秒で連絡を取ることができる。種の絶滅は「自然な絶滅」の一〇〇〇倍のスピードで進んでいるが、人間の数は倍増し続けている。

惑星にとってはほんの一瞬にすぎない時間に、人間はずいぶん遠くまで旅をしてきた。五万年前の人間は、地球上で進化した似たような人類種の一つに過ぎなかったが、今残っているのはわたしたちだけだ。文化が徐々に複雑になり、今日のような科学技術や社会制度が普及するまでには時間がかかった。そしてそのほとんどの間、人間は更新世の苛酷な環境によって動きを制限されていた。苦難と食糧不足の時代(2)には、社会の文化はより保守的になり、イノベーションは起きにくくなり(3)、個々人の論理的思考や創造的思考も低下し、合理的な意思決定よりも感情的な意思決定が好まれることが、研究によって明らかになっている(4)。人間は誕生してから今までの期間の九五パーセントをそのような環境で過ごしてきたが、これまで見てきたように、わたしたちの祖先は最終氷期のピークにあってさえ、驚くほど複雑な文化を築いた。先に挙げた研究により、豊かな時代には認識能力が飛躍的に上昇することがわかっている。そして一万一〇〇〇年前、完新世の穏やかで安定した気候が始まり、人間にとって環境ははるかに好ましいものになった。他の人類にとってその到来は遅すぎたが、わたしたち人間は繁栄した。完新世になって利用可能な資源が増えたために、人間の人口は増え、交易網は成長し、文化の多様化と複雑化が促進された。[5]

環境における生活や環境を利用する方法の効率化、言うなれば、エネルギーの流れを向上させる適応は、人間の生存可能性を高め、文化進化を促進する。社会の複雑さは利用できるエネルギー量に制限されるため、社会が人間と動物の労働だけに頼る場合、国にできることは、戦争、食料の確保、防衛だけだった。もっとも例外はあり、ローマは主に奴隷のエネルギーによって九〇〇年もの間、繁栄した。[6]水車などの新しいエネルギー源を得ると、国は貿易を拡大し、戦争よりも富から大きな力を得るようになった。石炭のエネルギーは官僚制度と、新しく複雑な政府を誕生させた。複雑なシステムには相乗効果があり、この場合、複雑なエネルギー流通システムから、現代の工業化社会が生まれた。

なぜなら、エネルギーの利用可能性は安さに比例するからだ。イノベーションは安価でなければ普及せず、複雑なシステムになり得ないが、歴史のほとんどの期間、エネルギーは高価だった。照明を例にとってみよう。[7]一八〇〇年に平均的な人が使う光の量は、一年間に一一〇〇ルーメンだったが、二世紀後には一三〇〇万ルーメン、つまり一万一八〇〇倍になった。それは照明のコストが下がったからだ。一八〇〇年には、一年間、毎日二時間二六分灯す獣脂ろうそくを羊の脂肪から作り出すのに、一人の人が六〇時間重労働をしなければならなかった。一〇〇万ルーメンの人工光の価格は、二〇〇六年の英国では二ポンド八九ペンスだが、一四世紀には、三万五〇〇〇ポンド相当だった。[8]

規模の経済、技術革新などの効率化によってエネルギーは安価になり、それが経済成長を加速させてきた。更新世の間、世界経済は二五万年ごとに倍増したが、完新世には農業のおかげで、九〇〇年ごとに倍増するようになった。一九五〇年以降は一五年ごとに倍増している。それに伴い、世界人口は過去一五〇年間で一〇億人から七七億人へと急増した。では、この新しく増えた膨大な数の人間はどこに暮らしているのだろう。それは、都市という集中した効率的な社会システムの中だ。都市が地球の陸地に占める割合はわずか三パーセントだが、まもなく世界人口の七五パーセントがそこに住むようになる。[9] 都市化によって人間のネットワークの密度はかつてないほど高くなり、遺伝子や文化の新たな融合、[10] 組織化された医療システム、人口増加の鈍化など、独自の特徴を生み出している。

都市で暮らす人々は、豊かな資源を利用できるにもかかわらず、あるいはむしろそのせいで、自発的に少子化に向かっている。今日ロンドンで生まれた赤ちゃんは、これまでのどの時代の赤ちゃんよりも、大人になるまで生きる可能性が高く、おそらくは一世紀生きるだろう。[11] その子は、最大かつ最も緊密につながった人間集団から学ぶことができ、人間が長年にわたって築いてきた認知と技術のツールボックスを利用できる。したがって、識字能力、車輪、ばね、てこ、分数、進化、経済、民主主義、感染症対策、遠近法等々に通じているだろう。このツールボックスの存在は、現代の人間は過去のどの時代の人間よりずっと効率よく問題を解決できることを意味する[12]。この数十年間で人間の活動の「グレート・アクセラレーション（大加速）[13]」が起こり、人口増加、グローバリゼーション、技術革新が急速に進んでいる。

本書では、遺伝子、環境、文化という三つの進化を通して、人間が常に自らを作り変えてきたこと、そして、人間がいかにして自らの運命を変えられる比類ない種になったかを述べてきた。今や、わたしたち全員が全く例外的なものに変わろうとしている。人間は超生物になりつつある。これをホモ・オムニス（集合性人類）、略してホムニと呼ぼう。

ホムニを理解するために、土の中に入って、アメーバー様の単細胞生物「粘菌」を見てみよう。粘菌は約六億年前に誕生し、南極大陸から北極まで、世界中の土壌に生息している。そのライフサイクルの大半を通じて、普通のアメーバーのような平凡な生活を送るが、時には数千個が集まって一つの個体になり、自ら出した粘着物ですっぽり包まれ、這ったり、ゆっくり動いたり、脈動したり、触手を伸ばしたりする。迷路を通り抜けることさえできる。科学者はこれらの粘菌を「社会性アメーバー」と呼ぶが、それは個々の粘菌が共通の目的のために団結し、時には自分を犠牲にすることもあるからだ。粘菌は土中の食べ物が不足すると、合体して巻きひげ状になり、光に向かって這い上がっていく。一部の粘菌は死んで自分の体を固いセルロースにして、地上に茎を作る。残りの粘菌はその茎を上り、てっぺんで小さな球状の塊になり、通りすがりの動物にくっついて、新たな土壌へと運ばれていく。

人間の神経細胞（ニューロン）は、独立したり動いたりはできないが、この粘菌に少し似ている。個々のニューロンは感覚を持たないが、一〇〇〇億個がネットワークを作ると、部分の総和をはるかに超えたものになる。思考、人格、行動の種がどのように蒔かれて、このネットワークに根づくのか、また、ニューロンがどのように組織化されてそのプロセスを推し進めるのかはまだ解明されていないが、ニューロンという単純な要素からどういうわけか意識が生まれる。ホムニの集団脳の思考力と創造力と社会性は、文化遺産や知的遺産を残した過去の人々と、コンピュータープログラムなどの技術のイノベーションによる人工頭脳を含む、数十億の人々の脳がネットワークで結ばれ、会話しながら蓄積してきた成果と見なせるだろう。

ホムニの世界帝国は多国籍企業によって統括され、わたしたちはグローバルなソーシャルメディアのプラットフォームでコミュニケーションをとり、米ドルを使ってグローバルな取引をしている。わたしたちは皆、同じインターネットにログインし[14]、どの都市でもパスタ、ピザ、ライスを食べ、ジーンズを買い、コーラを飲み、ガムをかみながらポピュラーミュージックを聞く。また、さまざまな問題はあるとしても、ホムニは国際連合を通じて、地球規模の政治的権力と司法制度を行使し、国家間の貿易は世界貿易機関が、医療は世界保健機関が管理している。多くの人がグローバルなネットワーク社会に属するようになるにつれて、家族、部族、国家の意味は縮小し、人々は国民ではなく世界市民という自覚を持ちつつある[15]。

現在、文化圏が異なる人々の間に生物学的な大きな違いはない。人間の遺伝的特徴は、文化的・地理的境界を超えて分布し、重なりあうため、集団内と集団間で遺伝的差異にそれほど違いはないからだ。しかし、将来はそうではなくなるかもしれない。文化的表現型(フェノタイプ)の違いが実際の生物学的違いになり、現在の、どんな文化的表現型にもなり得る適応性のある人間はいなくなるだろう。今後数十年の間に、ホムニという超個体に属さない人々は、文化的にも技術的にも、さらには、身体的にも認知的にも孤立するかもしれない。たとえば、人間について述べる時には、寿命が長く、コミュニケーション能力が高いことを前提とするようになるだろう。この新たな規範から外れる人は、生物学的に異なる人種、ことによると人類の亜種と見なされる恐れがある。だからといって、ある文化が他の文化より「進化している」と言うつもりはない——複雑なテクノロジーに依存する生活は、必ずしも狩猟採集社会の生活より楽しかったり有意義だったりするわけではない（多くの人は、その逆だと主張するだろう）。それでも、現存する狩猟採集社会は、エネルギーを大量に消費する、ネットワーク化した膨大な数の人々の工業化したライフスタイルから締め出される一方だ。ホムニがますます均質化している今[16]、わたしたちは文化的・生物学的ツールボックスの多様性の大切さを覚えておくべきだろう。そのような多様性は、過去に人間の生存を助け、未知の領域に踏み込むときに大いに役立った。多様性を維持するというのは、すべての人間の権利と、彼らが住む場所を、獰猛なホムニから守ることを意味する。

また、ホムニは物理的にも影響力を強めている。個々の人間や社会が環境に及ぼす影響は局地的なものだが、ホムニは地球に四六億年前に誕生して以来、かつて経験したことのないほどの変化をもたらしてきた。地球は新たな地質学的境界を越えようとしている。今回その変化を起こしたのは、わたしたち人間だ。地質学者はこの新たな時代を、人新世（アントロポセン）（人間の時代）と呼ぶ。それは、過去の地質学的時代を特徴づけた小惑星の衝突や地球を覆い隠すほどの火山噴火と同じレベルの、地球物理学的力を人間が持つようになったと認識しているからだ。人間の進化を形づくってきた環境が、人間によって根本的に変えられているのだ。

わずか一世代の間に人間は驚異的な世界的勢力となり、その勢いが衰える気配はない。地表の五分の二が人間の食料の生産に使われており、人間は世界の真水の四分の三を支配し、地球上に未到の地は残っていない。さらには、気温さえ変えつつある。アフリカのサバンナで絶滅しかけていたちっぽけな霊長類だった人間は、地球上で最も数の多い大型動物になった。その次に数が多いのは、人間が食料にしたり利用したりするために品種改良して増やした動物たちだ。人間が自然界を貪欲に略奪してきた結果、大規模な森林破壊が起き、種の絶滅が急増し、生態系は崩壊しかけている。人間が破壊した哺乳類の多様性が回復するには、数百万年かかるだろう。人間が生きてきた年月の一〇倍以上だ。また、人間は、分解に何世紀もかかる廃棄物を大量に生み出した。わたしたちが海の天然魚を捕らえて食べる時には、自分が捨てたプラスチックのごみも食べている。人間は地球の果てしない風景を、自分たちの活動が機能する規模に縮小してしまった。この先何世代もの人々が、人新世が招く結果に直面することになるだろう。人間は未来を植民地化したのだ[17]。

文化進化はホムニに、自らを含むあらゆる種の運命を劇的に変える力を与えた。しかし、個々の人間の人生を決めるのは人間の生物学的・遺伝学的特徴ではなく、ホムニのコネクトーム（集団脳のネットワーク）における自らの位置だ。同じ都市に暮らしていても、裕福な西欧の国で土地を所有する貴族階級に生まれた白人男性と、南の発展途上国から来た、地位も財産もない、浅黒い肌の難民とでは、歩む人生はまったく異なるだろう[18]。彼らのＩＱ、心身の健康、適応度、政治的志向、病気の有無、子どもの数、将来の裕福さ、寿命は皆、コネクトームの強い影響を受ける。そして、これらの違いは少なくとも一世代は文化的に受け継がれるだろう。

同様に粘菌も、合体して超個体になる時、いくつかの細胞は超個体の中央部でしっかり保護されているが、他の細胞は脆弱な外側で弱くつながっている。

人間の進化の三要素――遺伝子、環境、文化――はすべて、このネットワークの形成に影響し、それが、わたしたちが社会としてどのように機能するかを決める。ホムニが愚かな失敗を犯す時、個人の自由意志はまさに幻想となる。そうであるにもかかわらずわたしたちが自由意志を信じるのは、ホムニに支配されていても、個々人はそのネットワークを通じて他者に影響を与えることができ、ひいてはホムニという超個体にも影響を与え得るからだ。わたしたちの超個体の最も注目すべき点は、粘菌と違ってそれが数十億人というつながりのない個人からできあがっていることだ。ホムニは進化の過程で、思いがけない形で誕生したのである。

進化の観点から言えば、生物の目標は遺伝子を永続させることだ。人間はそのための文化的な方法を考え出し、地球上のすべての生物を支配するに至った。しかし、人間の文化的目標である「自己決定」は、生物としての目標をしのいだ。今やわたしたちは、遺伝子を選択し、誰が生きて誰が死ぬかを決めることができ、さらには人間という種全体を消す力さえ持っている。人間が生き残るためには、文化進化は、グループに働きかける環境から、地球規模の集団、すなわちホムニに働きかけるという段階に進まなければならないだろう。

おそらく、人間が地球上の種としての自覚を高めていくために心に留め置くべき、人新世最大の教訓は、文化進化のルールは生物学的進化にも適用される、ということだ。つまり生態系の多様性と複雑さを維持するには、種の個体数やつながりを維持しなければならないのだ。ホムニのネットワークが大きくなると、技術や文化は複雑かつ多様になり、その見返りとしてホムニは利益を得るが、そのためにますます地球を犠牲にすることになる。地球の資源は無限ではなく、ホムニはすでに地球の純一次生産量の四分の一を使っている。[19] これを持続するのは不可能であり、ホムニの利益は減っていくだろう。しかし、個人が水を無駄づかいしないようにしたり、二酸化炭素の排出量を減らしたりしても、その影響はごくわずかだ。個人はある程度、ホムニを導けるかもしれないが、人新世の地球が抱える難題を個々人がどこまで解決できるかは不明だ。しかも、変化した地球はそれ自体が、ホムニに強い影響を及ぼすだろう。[20]

更新世から完新世への移行期には大規模な地質学的変化が起きたが、人新世はそれと同等の変化を文化的に起こす可能性がある。しかも、先の変化は数千年かけて起きたのに対し、今回の変化はわずか数十年で起きている。わたしの子どもたちが生きている間に海面は数メートル上昇する可能性が高く、そうなると、わたしたちが生きる世界はもとより、文明そのものが壊滅的な打撃を受けるだろう。ローマ帝国やマヤ文明などの過去の文明では、気温がわずか一度上がっただけで、社会が大混乱に陥った。人新世ではすでに同等の気温上昇が起きており、戦争、地域の不安定化、数百万人の難民をもたらしている。人間の文化は、人間が作り出そうとしている新しい世界に、かつてないレベルでの適応を迫られるだろう。[21]

人間の生態はすでに変化しつつある。欧米の男性の精子の数は半分以下になり、[22] また成人の三人に一人は肥満になっているにもかかわらず、[23] わたしたちは新たな形の栄養不足に陥っている。数十万年におよぶ進化の目的とは逆に、今や産業全体が食品のカロリーを下げることに専心しているのには驚かされる。[24]

わたしたちはテクノロジーと社会規範に駆り立てられて、進化し続けている。たとえば、ひたいは次第に広くなってきた。身長は次第に高くなってきた。そして、近視になる人が増えている。[25] ダーウィン的進化のペースは通常、文化の進化より遅いので、これらの変化はゆっくりと起きている。もっとも、ワクチン接種や、体外受精の際にDNAを切り刻むツールなどは、遺伝的進化を加速させている。二〇一二年に発明された最新の遺伝子編集技術「CRISPR」は、分子のハサミとなって、ゲノム上の特定の遺伝子を切り取り、別の遺伝子を差し込むことができる。それは生命の青写真を迅速・簡単・正確に編集できる技術であり、無限の可能性を秘めている。今やわたしたちは、遺伝子スイッチを一度に一つ押すだけで、新しい作物から新しい人間まで、新たな生命体を創り出せるようになった。いくつかの致死的疾患の原因となる遺伝子を排除することはすでに可能であり、いつの日か、死そのものを打ち負かすことさえできるかもしれない。それに加えて、個人の遺伝的・生物学的プロファイルに合わせたオーダーメイド医療や、研究室で育てられた臓器、組織、細胞が寿命を伸ばすだろう。

人間が人工のパーツを利用して生来の能力を向上させ続けると、やがては本書冒頭で紹介したニール・ハービソンのようなサイボーグが、より一般的になるだろう。血液や臓器に、健康を監視したり標的部位に薬物を届けたりするナノボット（超小型ロボット）が搭載される可能性もある。次第に、人間は設計（デザイン）されるようになるだろう。

人工知能とホムニ

ホムニが進化するにつれて、その超個体の生物学的構造にロボットが占める割合はますます増えていくだろう。すでに地球上には九〇〇万のロボットが存在する。人間が、大きな脳に必要なエネルギーだけでなく、脳そのものも外部委託するようになるにつれて、人間の集団脳はますます多くの人工知能を内包するようになる。人間は人工の記憶と処理にかなり依存していて、ホムニの年間データ使用量はすでに四〇〇垓ビット[26]、すなわち、約五ゼタバイト――想像を絶する数の〇と一――に相当する。

人間はコンピューターと社会的資源を利用して、認知活動を楽にする松葉杖を文化的に進化させてきたが、そうすることで、自らを愚かにしているのかもしれない。数千年前にソクラテスは「筆記」というテクノロジーは若者の記憶力を低下させるだろう、と憂えた[27]。彼は正しかった。確かにわたしたちは機械的な暗記が苦手になった。もっとも、抽象的な情報を処理するような、他の仕事はよくできるようになっているのかもしれない。なぜなら、工業化された世界の文化の現像液は、幼い頃からパターンを見て記号やカテゴリーで考える能力を育てるからだ。その結果、IQは過去八〇年間で平均三〇ポイント上昇（いわゆるフリン効果）したが、ナビゲーション能力（方向感覚）は低下した[28]。

AIは、脳の予測可能性への欲求の極み、と言えるだろう。人間が設計したアルゴリズムほど正確な予測ができるものはほとんどない。多くの反復作業において、コンピュータープログラムは人間よりはるかに優れていることがすでに証明されており、次なる課題は、コンピューター自体がどうすればタスクを実行できるかを学んで、独自に判断を下せるようになることだ。そうなれば、AIは大量の情報を含む仕事や、統計値が主観的価値より重視される仕事を完璧にこなせるようになる。人間は情報を思い出したり調べたりするのに時間がかかるし、偏見を持っていたり、疲れたり飽きたりしがちなので、ＡＩは人間より速く正確に仕事を処理できる。しかし、ＡＩがミスをしたらどうなるだろう。今のところ、社会規範は人間の間違いに対しては寛容だが、コンピューターには常に一〇〇パーセント正確であることを求める。すでに、プログラミングの誤りや参照データの偏りのせいで、ＡＩが間違った決定を下した例は数多くあり、それらのミスは、ＡＩを不安になるほど人間的で、しかし責任感のないものにしている。もう一つの問題はプライバシーだ――ＡＩを最大限に活用するには、広範なデータセットをＡＩに提供する必要がある。本質的にわたしたちの「評判」であるデータが、近年ますます少数の多国籍企業に管理されるようになっていることは、わたしたちに不利益をもたらす恐れがある。ゲノムの検査会社は大量の個人データを集めており、現在、アメリカ人の六〇パーセントは、本人が遺伝子検査を受けていなくても、ＤＮＡサンプルと基本的な個人情報、および、遺伝子データベースによって特定されるそうだ。大規模なデータセットはホムニをさらに有能な地球のプレイヤーにするだろうが、わたしたちの評判、つまり個人情報が保護されなければ、個人が悲惨な目にあったり、社会的不平等が拡大したりする恐れがある。現在、国家は国民の私生活にかつてないレベルでアクセスすることができる。中国政府は、国民の行動や友人関係を密かに調べて、個人の「文化的価値」をランクづけする信用格付けシステムを開発した。ランクが低い人はブラックリストに載せられ、航空券の購入、就職、カードでの支払いを拒否される。

これらはみなＡＩにまつわる現実の重大な問題だが、すぐれたガバナンスによって管理することは可能だ。ＡＩは有望で、脅威でさえあるが、人間に取って代わるものではない。人間は最も優秀なロボットよりはるかに有能で、柔軟性があり、多才だ。計算やデータ処理は高度な技術だが、人間の知能の頂点ではない。実際、計算やデータ処理に優れていても、良識や社会性が欠けている人は、認知障害と診断されるだろう。とは言え、人間の役割の多くがやがてロボットに奪われるのは確かだ。ロボットのほうが明らかに効率が良く、また、これまでに見てきたようにエネルギー効率は文化進化の推進力であるからだ。もっとも、人間は仕事に目的意識、アイデンティティ、意味を求めるが、ロボットはそうではないので、社会的な計画がなければ、次の経済への移行は不安定で非人道的なものになるだろう。

良き祖先となるために

本書を書き始めた時のわたしは、漠然とながら、人間の物語を進歩の物語として捉えていた。つまり、悲惨な生活を送る哀れな猿人がやがて幸福な市民になり、現代世界の快適さと便利さを享受するようになった、という物語だ。確かに、テクノロジーは数千年にわたって進歩してきた。しかし人間の福祉が改善されたのはここ数世紀にすぎないことをわたしは知った。いくつかのことから判断すれば、現在の暮らしは過去のどの時代よりも向上した。一五〇〇年頃、ロンドンの人々の暮らしぶりは当時のデリーの人々の暮らしぶりと変わらなかった。また、現在どの国でも、乳幼児死亡率は一九五〇年のポルトガルより低い。一八〇〇年代以降、主に農業と医療の分野で科学が進歩したおかげで、一般市民の暮らしぶりはかなり良くなった。[29] 現在、わたしたちは人類史上最も豊富で手頃な価格の食料を、安全に手に入れることができる。

今でも戦争は起きているが、[30] 戦争で亡くなる人の割合は減った（これは、人間が以前より暴力的ではなくなったからではなく、人口が増えて、戦争以外の原因で亡くなる人が増えたからだ）。ホムニが世界戦争をする可能性が低いのは、核の脅威のためでもあるが、主な理由は、わたしたちが経済、貿易、家族、文化的慣習などを通じて互いとつながり、依存し合っていることにある。ホムニの世界は人間にとって、より安全でより良い世界なのだ。しかし、人間は必ず進歩し続けるわけではない。

今日でもニュースは、部族主義や、個人の利益と集団の利益との果てしない緊張関係など、人間が何千年にもわたって戦ってきた社会問題を報じている。EUという史上最大規模の平和的共同作業からの離脱をめぐっての英国の政党間の対立、自由民主主義国におけるファシズムの台頭、非白人や女性に対する米国大統領の差別発言、アフリカ、アジア、中東の戦争や暴力から逃れてきた数百万の人々、環境破壊に対する世界的な無策など。テクノロジーは進歩したものの、社会は多くの点で後退しており、多文化で大規模な社会が平和で生産的な共存を支えるために必要な規範が崩壊しつつある。グループ同士が平等でないことは、各グループの利益が必ずしも一致しないことを意味する。彼らは同じ部族に属しているとは考えず、協力ではなく対立を引き起こす。テクノロジーは洗練されてきたが、人間の文化のアルゴリズムには欠陥があるかのように、わたしたちは同じ社会的過ちを何度も繰り返さずにはいられないようだ。

確かに、悲観し、絶望する理由はあるが、その多くは見方の問題だ。わたしたちは自らの時代を生きるしかないため、社会や政治の些細なできごとを壮大なドラマのように感じる。しかし、人間の文化の進化の観点に立てば、わたしたちの小さな生活は広大な海のほんの一点に過ぎない。人種的不平等の暗黒時代に少し後戻りしたとしても、全体は人権の向上に向かっているようだ。わたしは、これらの波立ちは大きな潮流の一部にすぎず、人間はより広大ですばらしい場所に向かっていると思う。希望を失いそうになったら、短い期間に社会を大きく進歩させた人々の優しさや勇気を思い出そう。奴隷制度の廃止、女性の権利、国民皆保険制度などはすべて、かつては考えられないことだったが、少数の人々が先頭に立って、多くの人々の生活を変えた。

ホムニは素晴らしい力を備えている。そう断言できるのは、ホムニを構成するのが尊敬に値する数十億の人間だからだ。世界人口の四分の一以上は子どもで、今この時も、人間が直面している難問を解決するために必要な文化的知識を学んでいる。彼らは新しい技術、新しい社会規範、意味を見つける新しい方法、そして自然界と関わり合う新しい方法を考え出すだろう。しかし彼らは、思いやりのある、協力的で開放的な文化の現像液で育てられて初めて、自らが備える可能性の大きさに気づくことができる。なぜなら、わたしたちはホムニの一部として地球規模で活動しているが、依然として数百人からなるコミュニティで暮らしているからだ。生命を持つこの惑星において共有する人間性を認識し、受け入れることによってのみ、わたしたちは生きるに値する人新世を実現することができる。

人間は今、種としてかつてないレベルの遺伝的、文化的、環境的な力を備え、実質的に地球上のすべての人とつながっている。一人ひとりは限られた時を生きる個人だが、ネットワーク化されたデータストリーム、メモリー、インフルエンサーであり、より大きな人間社会の一部でもある。個々人が今日くだす決定は、広い範囲に影響を及ぼす。したがって、わたしたちは良き祖先となり、長期的な視野に立ち、未来にタイムトラベルして、現在自分が作っている社会に暮らすことになる数十億の人々の幸福を想像しなければならない。何世紀も前に、北米の先住民族であるイロコイ族のリーダーたちは「七代にわたる管理責任」という概念を案出し、何かを決める際には、それが七代先の子どもに及ぼす影響について考えなければならない、と諭した。地球が自分たちのものである貴重な数十年の間、わたしたちは祖先が木々を植えた庭を楽しんでいるが、その心地よい日陰を子孫から奪ってはならない。

本書を書いている今、窓の向こうの夜空の高みを、点滅しない光の点がゆっくりと横切っていく。それは国際宇宙ステーション、地球の外の恒久的な居住地で、住んでいるのはそれを実現した唯一の生命体だ。何十万年にもおよぶ協力の末に、人間は信じがたい魔法を成し遂げた。わたしたちは皆、驚異的な集合体の一部であり、その文化との相互作用は、わたしたちを予測できない方向へと導く。そうした相互作用は新たな問題を作り出すが、その答えも作り出すことをわたしたちは願っている。結局のところ、わたしたちの他には誰もいないのだから。

謝辞

あらゆる文化の産物と同じく、本書も過去と現在の数百万人の人々の努力から生まれた。わたしは特に、数々の本の著者、図書館や博物館を作った人々、多くの情報を利用できるようにしてくれた人々に感謝している。わたしは世界各国を訪れ、数えきれないほどの個人とコミュニティから多くの恩恵を得た。わたしたちは皆違っているが皆同じであることは、言葉にすると陳腐だが、それでもなお興味をそそり、その探求は魅力に満ちている。

本書のための専門知識を授けてくれた多くの科学者と関係者に感謝を申し上げる。マギー・ボーデン、マーク・トーマス、マーク・パジェル、エシュケとレイン・ウイルスレフ、クリス・ストリンガー、ロバート・ボイド、ニコラス・クリスタキス、クライブとジェラルディン・フィンレイソン、パノス・アタナソプロス、トーマス・バク、ジュビン・アブタレビ、デービッド・ランド、モリー・クロケット。

ヘレン・コンフォードとT・J・ケレハーには、本書についてのわたしの企画に賭けて、アレン・レインとベーシック・ブックスからの出版につなげてくれたことに感謝申し上げる。さらに、本書製作のために時間を割いてくれたすべての人に感謝している。とりわけ、思慮深い編集者のビル・ワーホップと、偉大な編集・広報チームのローラ・スティックニー、ミッシェル・ウェルシュ＝ホルスト、ホリー・ハンター、リチャード・ドゥギド、アナベル・ハクスリー、ジュリー・ウォーンにお礼を申し上げる。

また、素晴らしい友人でありエージェントであるパトリック・ウォルシュがいなければ、本書は実現しなかった。彼はわたしの苦境を支え、物事の楽しい面を見るよう導いてくれた。マリーナ・ハイド、イアン・ダント、ジョン・クレイス、@ManWhoHasItAll、その他の作家の方々にも、暗い時代に光明をもたらしてくれたことに感謝している。また、それぞれの方法でわたしを支えてくれた親切で我慢強い友人たち、ジョリオン・ゴダード、ヘレン・ザースキー、ジョン・アッシュ、デボラ・コーエン、マイケル・レニエ、ミシェル・マーチン、サラ・アブダラ、ジョン・ウィットフィールド、シャーロットとヘンリー・ニコルズ、メシ・アシャビル、オリーブ・ヘファーナン、ローワン・フーパー、カット・マンスール、ブライアン・ヒルに感謝している。戦友とも呼ぶべきジョー・マーチャントとエマ・ヤングは、わたしに正気を保たせてくれた。

わたしが執筆に夢中になっている間、家族の時間を奪ってしまったことから、本書は「いやな本」と呼ばれるようになった。わたしの大事な子どもたちキップとジュノ、両親のイバンとジーナ、そしてパートナーのニックの愛情と支えに心から感謝している。

注

序章

（1）Christakis, N., and Fowler, J. Friendship and natural selection. *Proceedings of the National Academy of Sciences* 111, 10796-10801 (2014).

（2）Boardman, J., Domingue, B., and Fletcher, J. How social and genetic factors predict friendship networks. *Proceedings of the National Academy of Sciences* 109, 17377-17381 (2012).

第1章　概念

（1）木星の引力は40万５０００年周期で地球の軌道を変え、気候に影響をあたえている。Kent, D., et al. Empirical evidence for stability of the 405-kiloyear Jupiter-Venus eccentricity cycle over hundreds of millions of years. *Proceedings of the National Academy of Sciences* 115, 6153-6158 (2018).

（2）Wolfe, J. Palaeobotanical evidence for a June "impact winter" at the Cretaceous/Tertiary boundary. *Nature* 352, 420-423 (1991).

（3）この出来事については、以下にすばらしい説明がある。Brannen, P. *The ends of the world* (HarperCollins, 2017).

（4）DeCasien, A., Williams, S., and Higham, J. Primate brain size is predicted by diet but not sociality. *Nature Ecology & Evolution* 1 (2017).

第2章　誕生

（1）世界の水のほとんどは氷床に閉じ込められていた。

（2）新しい予測モデルによれば、人間の脳はさまざまな要因への反応として進化した。その60パーセントは環境、30パーセントは協力関係、10パーセントはグループ間の競争である。González -Forero, M., and Gardner, A. Inference of ecological and social drivers of human brain-size evolution. *Nature* 557, 554-557 (2018).

（3）Huff, C., Xing, J., Rogers, A., Witherspoon, D., and Jorde, L. Mobile elements reveal small population size in the ancient ancestors of Homo sapiens. *Proceedings of the National Academy of Sciences* 107, 2147-2152 (2010).

（4）Hublin, J., et al. New fossils from Jebel Irhoud, Morocco and the pan-African origin of Homo sapiens. *Nature* 546, 289-292 (2017).

（5）現生人類はすでに18万年前頃にアフリカを出て、出会った人類とわずかに交配したようだが、この「出アフリカ」は成功しなかった。それから10万年後に、現生人類の移住は成功し、わたしたちという子孫を残すことができた。少なくとも、現生人類の一部が10万年以上前にアフリカを発ち、局所的な絶滅に至ったことを示す証拠がある。Harvati,K.,et al. ギリシアのアピディマ洞窟では、ユーラシア大陸で最初のホモ・サピエンスの証拠が見つかった。*Nature*(2019)doi.org/10.1038/541586-019-1376-2.パプアニューギニアの人々のＤＮＡの２パーセントは、現生人類よりはるかに古い人類に由来するらしい。それらは14万年前にアフリカ大陸を出たのちに姿を消した、初期の人類かもしれない。

（6）さらに彼らは互いに交配し、ネアンデルタール人の母親とデニソワ人の父親をもつ子どもなどが誕生した。Slon, V., et al. The genome of the offspring of a Neanderthal mother and a Denisovan father. *Nature* 561, 113-116 (2018).

（7）Lachance, J., et al. Evolutionary history and adaptation from high-coverage whole-genome sequences of diverse African hunter-gatherers. *Cell* 150, 457-469 (2012).

（8）ネアンデルタール人の全人口は、現生人類の集団より遺伝的多様性が低かった。

（9）Nielsen,R.,et al.Tracing the peopling of the world through genomics. *Nature* 541,302-310(2017).

第3章　環境

（1）McPherron, S., et al. Evidence for stone-tool-assisted consumption of animal tissues before 3.39 million years ago at Dikika, Ethiopia. *Nature* 466, 857-860 (2010).

（2）およそ２００万年前に気候と植生が劇的に変化したため、わたしたちの祖先はさまざまな環境に柔軟に適応せざるを得なくなった、と考えられている。

（3）Gowlett, J., and Wrangham, R. Earliest fire in Africa: Towards the convergence of archaeological evidence and the cooking hypothesis. *Azania: Archaeological Research in Africa* 48, 5-30 (2013).

（4）Heyes, P., et al. Selection and use of manganese dioxide by Neanderthals. *Scientific Reports* 6 (2016).

（5）進化人類学者のなかには、人間には「火に対する学習本能」がある、と主張する人もいる。なぜなら、子どもたちは、火に関する話をよく聞こうとするなど、火に対して、捕食動物に対するのと同等の強い反応を示すからだ。Fessler, D. A burning desire: Steps toward an evolutionary psychology of fire learning. *Journal of Cognition and Culture* 6, 429-451 (2006).

（6）Domínguez-Rodrigo, M., et al. Earliest porotic hyperostosis on a 1.5-million-year-old hominin, Olduvai Gorge, Tanzania. *PLoS ONE* 7, e46414 (2012).

（7）Perkins, S. Baseball players reveal how humans evolved to throw so well. *Nature* (2013). doi:10.1038/nature.2013.13281.
（8）体毛と汗腺の両方の生成をつかさどる遺伝子が発見されたが、この遺伝子は体毛と汗腺に逆の影響を及ぼすようだ。マウスの実験では、この遺伝子が活性化すると体毛より汗腺が増え、不活性化すると汗腺より体毛が増えた。
（9）今やわたしは、自宅のソファーに座って「狩猟」採集をする。オンラインのスーパーマーケットを使い、人差し指で軽くたたくだけで、遠い祖先と同じカロリーを得ている。
（10）Domínguez-Rodrigo, M., et al. Earliest porotic hyperostosis on a 1.5-million-year-old hominin, Olduvai Gorge, Tanzania. *PLoS ONE* 7, e46414 (2012).
（11）Sakai, S., Arsznov, B., Hristova, A., Yoon, E., and Lundrigan, B. Big cat coalitions: A comparative analysis of regional brain volumes in Felidae. *Frontiers in Neuroanatomy* 10 (2016).
（12）Daura-Jorge, F., Cantor, M., Ingram, S., Lusseau, D., and Simões-Lopes, P. The structure of a bottlenose dolphin society is coupled to a unique foraging cooperation with artisanal fishermen. *Biology Letters* 8, 702-705 (2012).
（13）Henrich, J. *The secret of our success* (Princeton University Press, 2015).〔『文化がヒトを進化させた　人類の繁栄と〈文化－遺伝子革命〉』今西康子訳、白揚社〕
（14）Hung, L., et al. Gating of social reward by oxytocin in the ventral tegmental area. *Science* 357, 1406-1411 (2017).
（15）大型動物の減少を気候変動のせいにする人もいるが、気候の異常に敏感な小型の肉食動物はそれほど減らなかったので、大型動物の減少は、やはり人間が狩ったせいだろう。
（16）火はコミュニケーションにおいても重要な役割を果たした。天気が良ければ、煙は何十キロメートルも離れた場所から見えるので、音で伝えるより、遠くまで長時間にわたって情報を伝えることができる。湿った草や葉をいぶして生じさせた煙で、遠くにいる仲間に情報を送ったり、近隣の部族に平和目的で近づくことを知らせたりした。

第4章　脳を育てる

（1）ケンタッキー州の助産婦が帝王切開で自らの赤ちゃんをとりあげた。 *Lexington Herald Leader* (2018). https://www.kentucky.com/news/state/article205079969.html.
（2）Fox, K., Muthukrishna, M., and Shultz, S. The social and cultural roots of whale and dolphin brains. *Nature Ecology & Evolution* 1, 1699-1705 (2017).
（3）体のサイズとの比で、人間より脳が大きいのはアリとマーモセットだけだ。
（4）Suzuki, I., et al. Human-specific NOTCH2NL genes expand cortical neurogenesis through delta/notch regulation. *Cell*

173, 1370-1384.e16 (2018).
(5) Cáceres, M., et al. Elevated gene expression levels distinguish human from non-human primate brains. *Proceedings of the National Academy of Sciences* 100, 13030-13035 (2003).
(6) Burgaleta, M., Johnson, W., Waber, D., Colom, R., and Karama, S. Cognitive ability changes and dynamics of cortical thickness development in healthy children and adolescents. *NeuroImage* 84, 810-819 (2014).
(7) Powell, J., Lewis, P., Roberts, N., García-Fiñana, M., and Dunbar, R. Orbital prefrontal cortex volume predicts social network size: An imaging study of individual differences in humans. *Proceedings of the Royal Society B: Biological Sciences* 279, 2157-2162 (2012).
(8) Tamnes, C., et al. Brain maturation in adolescence and young adulthood: Regional age-related changes in cortical thickness and white matter volume and microstructure. *Cerebral Cortex* 20, 534-548 (2009).
(9) Kaplan, H., and Gurven, M. *The natural history of human food sharing and cooperation: A review and a new multi-individual approach to the negotiation of norms* (MIT Press, 2005).
(10) Tronick, E., Morelli, G., and Winn, S. Multiple caretaking of Efe (Pygmy) infants. *American Anthropologist* 89, 96-106 (1987).
(11) 彼らは協力することで間接的に、適応上の利益（個体が親族の繁殖や生存に与える影響）を得ている。 Dyble, M., Gardner, A., Vinicius, L., and Migliano, A. Inclusive fitness for in-laws. *Biology Letters* 14, 20180515 (2018).
(12) Hamlin, J. The case for social evaluation in preverbal infants: Gazing toward one's goal drives infants' preferences for Helpers over Hinderers in the hill paradigm. *Frontiers in Psychology* 5 (2015).
(13) Hamlin, J., Wynn, K., Bloom, P., and Mahajan, N. How infants and toddlers react to antisocial others. *Proceedings of the National Academy of Sciences* 108, 19931-19936 (2011).
(14) Noss, A., and Hewlett, B. The contexts of female hunting in central Africa. *American Anthropologist* 103, 1024-1040 (2001).
(15) 祖母効果はクジラ類でも観察されており、シャチの祖母は子どもや孫が成体になるまで食物を分け与える。
(16) Hawkes, K., O'Connell, J., and Blurton Jones, N. Hadza women's time allocation, offspring provisioning, and the evolution of long postmenopausal life spans. *Current Anthropology* 38, 551-577 (1997).
(17) その結果、アメリカでは、母親の4人に1人が産後2週間未満で仕事に復帰するという文化が生まれた。その多くは、出産後わずか1週間で、1日に最長12時間働く。
(18) Hrdy, S. *Mother nature* (Ballantine Books, 2000).〔『マザー・ネイチャー　「母親」はいかにヒトを進化させたか』上下、

塩原通緒訳、早川書房〕

(19) Fonseca-Azevedo, K., and Herculano-Houzel, S. Metabolic constraint imposes tradeoff between body size and number of brain neurons in human evolution. *Proceedings of the National Academy of Sciences* 109, 18571-18576 (2012).

(20) もっとも、ある研究では人間のニューロンの数は８６０億個と推定された。Herculano-Houzel, S. The human brain in numbers: A linearly scaled-up primate brain. *Frontiers in Human Neuroscience* 3 (2009).

(21) この遺伝的変化はきわめて重要だった。これらの遺伝子に変異がある人は、十分なグルコースが血液脳関門を通過しないため、学習障害や脳卒中や小頭症を引き起こす。

(22) Churchill, S.E. Bioenergetic perspectives on Neanderthal thermoregulatory and activity budgets. In *Neanderthals revisited: New approaches and perspectives. Vertebrate paleobiology and paleoanthropology.* Ed. Hublin, J. J., Harvati, K., and Harrison, T. (Springer, 2006).

(23) Wrangham, R. *Catching fire* (Profile, 2009).〔『火の賜物　ヒトは料理で進化した』依田卓巳訳、ＮＴＴ出版〕

(24) Cordain, L., et al. Plant-animal subsistence ratios and macronutrient energy estimations in worldwide hunter-gatherer diets. *American Journal of Clinical Nutrition* 71, 682-692 (2000).

(25) Lamichhaney, S., et al. Rapid hybrid speciation in Darwin's finches. *Science* 359, 224-228 (2017).

(26) Bibi, F., and Kiessling, W. Continuous evolutionary change in Plio-Pleistocene mammals of eastern Africa. *Proceedings of the National Academy of Sciences* 112, 10623-10628 (2015).

(27) メキシコの洞窟に生息する盲目の魚の祖先には、これと逆のことが起きたようだ。何千年も暗い洞窟に閉じ込められていた魚たちは、エネルギーを節約して生き残るために、脳を劇的に縮小し、不要な視覚を捨てた。

(28) Mitteroecker, P., Windhager, S., and Pavlicev, M. Cliff-edge model predicts intergenerational predisposition to dystocia and Caesarean delivery. *Proceedings of the National Academy of Sciences* 114, 11669-11672 (2017).

(29) Shatz, S. IQ and fertility: A cross-national study. *Intelligence* 36, 109-111 (2008).

(30) ユウェナリス

何と大きな胃袋だろう！
イノシシを丸ごと平らげるとは、宴に似つかわしい怪物だ。
だが膨れた腹に、
未消化のクジャクを収めたまま、
外套を脱ぎ、風呂に入れば、速やかに罰が下る。
年寄りなら、遺言する間もない、突然の死だ。

訃報は夕食の席で伝わるが、一滴の涙も誘わない。
葬儀は、怒れる友人たちの喚声の中で行われる。

（31）大プリニウス

こうした習慣は帝国の風紀を乱している。その習慣とは、健康時に……煮え湯のような風呂に入れば、体内の食べ物が調理されると彼らは主張した。そのため、治療の必要な衰弱した者は放置され、とりわけ従順だった者は埋葬されるために運ばれる。

第5章　文化の爆発

（1）Gómez -Robles, A., Hopkins, W., Schapiro, S., and Sherwood, C. Relaxed genetic control of cortical organization in human brains compared with chimpanzees. *Proceedings of the National Academy of Sciences* 112, 14799-14804 (2015).

（2）Enquist, M., Strimling, P., Eriksson, K., Laland, K., and Sjostrand, J. One cultural parent makes no culture. *Animal Behaviour* 79, 1353-1362 (2010).

（3）Lewis, H., and Laland, K. Transmission fidelity is the key to the build-up of cumulative culture. *Philosophical Transactions of the Royal Society B: Biological Sciences* 367, 2171-2180 (2012).

（4）Simonton, D. K. Creativity as blind variation and selective retention: Is the creative process Darwinian? *Psychological Inquiry* 10, 309-328 (1999).

（5）Henrich, J., and Boyd, R. On modeling cognition and culture: Why cultural evolution. does not require replication of representations *Journal of Cognition and Culture* 2, 87-112 (2002).

（6）Rendell, L., et al. Why copy others? Insights from the Social Learning Strategies Tournament. *Science* 328, 208-213 (2010).

（7）Tomasello, M. The ontogeny of cultural learning. *Current Opinion in Psychology* 8, 1-4 (2016).

（8）Morgan, T., et al. Experimental evidence for the co-evolution of hominin tool-making teaching and language. *Nature Communications* 6 (2015).

（9）Deino, A., et al. Chronology of the Acheulean to Middle Stone Age transition in eastern Africa. *Science* 360, 95-98 (2018).

（10）Munoz, S., Gajewski, K., and Peros, M. Synchronous environmental and cultural change in the prehistory of the northeastern United States. *Proceedings of the National Academy of Sciences* 107, 22008-22013 (2010).

（11）Johnson, B. 65,000 years of vegetation change in central Australia and the Australian summer monsoon. *Science* 284,

1150-1152 (1999).

(12) Klarreich, E. Biography of Richard G. Klein. *Proceedings of the National Academy of Sciences* 101, 5705-5707 (2004).

(13) Wei, W., et al. A calibrated human Y-chromosomal phylogeny based on resequencing. *Genome Research* 23, 388-395 (2012).

(14) Powell, A., Shennan, S., and Thomas, M. Late Pleistocene demography and the appearance of modern human behavior. *Science* 324, 1298-1301 (2009).

(15) Collard, M., Buchanan, B., and O'Brien, M. Population size as an explanation for patterns in the Paleolithic archaeological record. *Current Anthropology* 54, S388-S396 (2013).

(16) Wilkins, J., Schoville, B., Brown, K., and Chazan, M. Evidence for early hafted hunting technology. *Science* 338, 942-946 (2012).

(17) 製陶は、農業と同時期の紀元前４０００年に、完成した技術としてイギリスに伝わった。イギリスでは、金属加工に関しては小さな日用品を実験的に作った痕跡が見られるが、製陶に関して実験的段階は見られない。定住して農業を始めた人々は容器を必要としたので、既存の技術である製陶を急速に取り入れていった。製陶と農業の発達には密接な関係があるため、考古学者たちは、農業の痕跡が見つからない地域で農業が行われたかどうかを、陶器という証拠によって推定している。もっとも、近東には「先土器新石器時代」があり、製陶が始まるずっと前から農業が行われていたことがわかっている。

(18) Calmettes, G., and Weiss, J. The emergence of egalitarianism in a model of early human societies. *Heliyon* 3, e00451 (2017).

(19) 陶器を作るには、それに適した燃料、粘土、添加剤（「グロッグ」と呼ばれる、砕いた貝殻や繊維や砂利など。粘土の収縮や、焼成時の破損を防ぐ）を入手する方法や場所の知識、さらには、材料の取り扱いや混合、器の成形や乾燥、装飾や焼成のスキルも必要になる。

(20) 人間が初めて金属製品を作ったのは、およそ１万１０００年前のことだった。このときは、自然界にそのままの形で存在する金と銅を使った。

(21) Miodownik, M. *Stuff matters: The strange stories of the marvellous materials that shape our man-made world* (Viking, 2013).〔『人類を変えた素晴らしき10の材料　その内なる宇宙を探検する』松井信彦訳、インターシフト〕

(22) 青銅という合金の発見は驚くべき偉業だった。もっとも、最初に作られた合金は銅と錫の合金（青銅）ではなく、銅とヒ素との合金（ヒ素銅）だった。ヒ素のガスは有毒で、鍛冶工に恐ろしい病気と早死にをもたらした。ギリシアの火と火山と鍛冶の神であるヘファイストスは、通常、足をひきずる姿で（神々の道化役として）描かれるが、それはおそらく彼がヒ素中毒にかかっていたからだ。後の古代ギリシアでは、ヘファイストスを健康体で描いているが、そうなったのは、当時の金属加工技術が錫との合金に切り替えられていたからだろう。

(23) 金属が柔軟で、自在に成形できるのは、結晶が層状に配列されており、その層が互いに滑り合うからだ。高温になるほど層の結合が緩くなり、滑りやすくなる。しかし合金では、結晶がすべて同じ金属原子ではなく、一部が合金の原子に置き換わるため、層の属性が変わり、互いに対して滑りにくくなる。合金が強靭なのはそのためだ。

(24) 青銅が高価であったことは、当時の文明が、貴族や神官という限られた階級の人々が石器を使っている大勢の農民を支配する、きわめて貴族主義的な社会であったことを意味する。

(25) 青銅では錫原子が銅原子に置き換わるが、鋼では、炭素が鉄原子に置き換わるわけではない。炭素は鉄原子の間に割り込んで、その結晶を変化させる。

(26)「森や林が切り倒されるのは、建材や機械の動力や金属の精錬のために、木材が無限に必要だからだ。そして、森や林がすっかり伐採されると、動物も鳥も絶滅する。……したがって、こうした地域の住民は、野原や森や林や小川や川が破壊されたせいで、生活に必要な物を手に入れることが非常に難しくなる」(Georgius Agricola describing Bohemia in 1556)

第6章　物語

(1) Chatwin, B. *The songlines* (Franklin Press, 1987).〔『ソングライン』北田絵里子訳、英治出版〕

(2) これまで見てきたように、個人の脳が膨大な文化的知識を記憶して処理するよりも、共通のメモリーバンクを使うほうが、時間とエネルギーの面ではるかに効率が良い。

(3) Bowdler, S. Human occupation of northern Australia by 65,000 years ago (Clarkson et al. 2017): A discussion. *Australian Archaeology* 83, 162-163 (2017).

(4) Diana Jamesは２０１５年のエッセイ"Tjukurpa Time"で、ソングラインの働きを説明し、ピチャンチャチャラ族の年長者で高位の女性Nganyinytjaが大地に書かれた民の歴史を読み解くすべをいかにして学んだかを語った。Long history, deep time: Deepening histories of place (2015). doi:10.22459/lhdt.05.2015.

(5) 結局、深刻な害をもたらしたのは、銃を持つヨーロッパ人による植民地化だった。アボリジニの土地は没収され、部族は分断され、生き残るためにきわめて重要だった祖先とのつながりは断たれた。数十年のうちに、先住民のコミュニティは文化と言語と生活を失った。

(6) 紀元前1万７０００年にエジプトでパンが焼かれた証拠があるため、多くの人はエジプト人が世界で最初にパンを焼いたと考えている。だが、実はオーストラリアのアボリジニの人々は、少なくとも3万年前にナルドーを焼いていた。また、ヨルダンでおよそ1万4500年前に野生の穀類からパンが作られたという証拠がある。Arranz-Otaegui, A., Gonzalez Carretero, L., Ramsey, M., Fuller, D., and Richter, T. Archaeobotanical evidence reveals the origins of bread 14,400 years ago in northeastern Jordan. *Proceedings of the National Academy of Sciences* 115, 7925-7930 (2018).

(7) Romney, J. Herodotean Geography (4.36-45): A Persian *Oikoumenē? Greek, Roman, and Byzantine Studies* 57, 862-881(2017).

(8) Bruner, J. *Actual minds, possible worlds* (Harvard University Press, 1987).

(9) Stephens, G., Silbert, L., and Hasson, U. Speaker-listener neural coupling underlies successful communication. *Proceedings of the National Academy of Sciences* 107, 14425-14430 (2010).

(10) 後でわかるように、このシステムは絶対確実というわけではないが、大半の物理的相互作用において、十分機能している。

(11) Heider, F., and Simmel, M. An experimental study of apparent behavior. *American Journal of Psychology* 57, 243-259 (1944).

(12) Seth, A. Consciousness: The last 50 years (and the next). *Brain and Neuroscience Advances* 2, 2398212818816019 (2018).

(13) Marchant, J. *Cure: A journey into the science of mind over body* (Canongate Books, 2016).〔『「病は気から」を科学する』服部由美訳、講談社〕

(14) 同じ症状の患者に対して、心臓の薬を処方する確率が、ドイツの医師はアメリカの医師より6倍高い。Moerman, D., and Jonas, W. Deconstructing the placebo effect and finding the meaning response. *Annals of Internal Medicine* 136, 471-476 (2002).

(15) Phillips D. P., Ruth T. E., and Wagner, L. M. Psychology and survival, *Lancet* 342, 1142-1145 (1993).

(16) *World Health Organization Weekly Epidemiological Monitor* 5, 22 (2012). https://applications.emro.who.int/dsaf/epi/2012/Epi_Monitor_2012_5_22.pdf.

(17) Kamen, C., et al. Anticipatory nausea and vomiting due to chemotherapy. *European Journal of Pharmacology* 722, 172-179 (2014).

(18) ある抗うつ薬の臨床試験で、26歳の男性が誤ってその薬を29錠も飲み、血圧が急激に低下し(80/40)、病院にかつぎこまれた。点滴治療を受けていた彼は、自分が飲んだのはプラセボだったことを臨床医から明かされた。それを知ると、症状は急速に改善した。Reeves, R., Ladner, M., Hart, R., and Burke, R. Nocebo effects with antidepressant clinical drug trial placebos. *General Hospital Psychiatry* 29, 275-277 (2007).

(19) Meador, C. Hex death. *Southern Medical Journal* 85, 244-247 (1992).

(20) Ishiguro, K. The Nobel Prize in Literature 2017. *NobelPrize.org* (2019). https://www.nobelprize.org/prizes/literature/2017/ishiguro/25124-kazuo-ishiguro-nobel-lecture-2017/.

(21) Bentzen, J. Acts of God? Religiosity and natural disasters across subnational world districts. *SSRN Electronic Journal* (2015). doi:10.2139/ssrn.2595511

(22) もっとも、怒りと復讐の神を信仰しているとその逆の影響があることを、研究が示している。

(23) Inzlicht, M., McGregor, I., Hirsh, J., and Nash, K. Neural markers of religious conviction. *Psychological Science* 20, 385-392 (2009).

(24) Peoples, H., Duda, P., and Marlowe, F. Hunter-gatherers and the origins of religion. *Human Nature* 27, 261-282 (2016).

(25) Smith, D., et al. Cooperation and the evolution of hunter-gatherer storytelling. *Nature Communications* 8 (2017).

(26) Wiessner, P. Embers of society: Firelight talk among the Ju/'hoansi Bushmen. *Proceedings of the National Academy of Sciences* 111, 14027-14035 (2014).

(27) Pearce, E., Launay, J., and Dunbar, R. The ice-breaker effect: Singing mediates fast social bonding. *Royal Society Open Science* 2, 150221 (2015).

(28) このルーツは遠い過去に遡る。研究によると、一緒に映画を見た複数の類人猿はその後、互いに親近感を覚えるそうだ。Wolf, W. and Tomasello, M. Visually attending to a video together facilitates great ape social closeness. *Proceedings of Royal Society B* 286(2019). doi.org/10.1098/rspb.2019.0488.

(29) Pearce, E., et al. Singing together or apart: The effect of competitive and cooperative singing on social bonding within and between sub-groups of a university Fraternity. *Psychology of Music* 44, 1255-1273 (2016).

(30) Smith, D., et al. Cooperation and the evolution of hunter-gatherer storytelling. *Nature Communications* 8 (2017).

(31) Dehghani, M., et al. Decoding the neural representation of story meanings across languages. *Human Brain Mapping* 38, 6096-6106 (2017).

(32) Stansfield, J., Bunce, L. The relationship between empathy and reading fiction: Separate roles for cognitive and affective components. *Journal of European Psychology Students* 5, 9-18 (2014).

(33) Kidd, D., and Castano, E. Reading literary fiction improves theory of mind. *Science* 342, 377-380 (2013).

(34) Sala, I. What the world's fascination with a female-only Chinese script says about cultural appropriation. *Quartz* (2018). https://qz.com/1271372/.

(35) Griswold, E. Landays: Poetry of Afghan women. *Poetry Magazine* (2018). https://static.poetryfoundation.org/o/media/

landays.html.
（36）da Silva, S., and Tehrani, J. Comparative phylogenetic analyses uncover the ancient roots of Indo-European folktales. *Royal Society Open Science* 3, 150645 (2016).
（37）動物を使って人間のジレンマやプロットを描いた、説得力ある道徳物語は７００以上あり、反体制的なメッセージが込められていることも多い。権威主義の時代に創られたこれらの寓話では、しばしば、力は弱くても賢い動物が、権力を持つ人間を打ち負かす。
（38）www.britishmuseum.org/research/collection_online/collection_object_details.aspx?objectId=176691&partId=1.
（39）Dodds, E. *The Greeks and the irrational* (Beacon Press, 1957).〔『ギリシァ人と非理性』岩田靖夫他訳、みすず書房〕
（40）Mathews, R. H. Message-sticks used by the Aborigines of Australia. *American Anthropologist* 10, no. 9, 288-298 (1897).
（41）Clayton, E. The evolution of the alphabet. British Library (2019). https://www.bl.uk/history-of-writing/articles/the-evolution-of-the-alphabet.
（42）Kottke, J. Alphabet inheritance maps reveal its evolution clearly: The evolution of the alphabet. kottke.org (2019). https://kottke.org/19/01/the-evolution-of-the-alphabet.
（43）他の場所や時代でも、読み書きの喪失は起きた。たとえばイギリスでは、西暦４１０年にローマ人が去った後、読み書きの技術は失われかけたがアイルランドの宣教師のおかげでどうにか維持し、その後、サクソン人が到来した。もっとも、読み書きができたのはごく一部の人に限られ、大半の人々は文字が読めなかった。
（44）『オデュッセイア』と『イリアス』が書き留められたのは、紀元前７００年代になってからのことだ。
（45）５００年後にようやく、ギリシア人はフェニキア人の商人からアルファベットを学んで識字能力を取り戻し、学校や機関を設立して読み書きのスキルを広めた。
（46）20世紀になっても、ヨーロッパの一部の地域では識字率が低く、そこに暮らす人々は記憶力がすぐれていた。
（47）Maguire, E., et al. Navigation-related structural change in the hippocampi of taxi drivers. *Proceedings of the National Academy of Sciences* 97, 4398-4403 (2000).
（48）この技術は時代と場所を越えて文化的に伝えられ、ローマ、そしてルネサンス期のヨーロッパに普及した。印刷がない時代に、鍛錬された記憶力は不可欠だった。
（49）これはヘブライ語には当てはまらない。ヘブライ語は緻密で、アナグラム（語句の綴り換え）が多いからだ。
（50）印刷機が誕生する前、識字能力のあるヨーロッパ人の大半は、書くために羊皮紙を使った。本一冊分の羊皮紙を作るのに２５０頭の羊を要するため、本は一部の上流階級しか入手できなかった。
（51）ＤＮＡコンピューターは、シリコン（半導体素子）ではなく、ＤＮＡの論理回路を持つバイオチップ（生体素子）

を用いる。このため、より安価で小型でありながら、はるかに多くの情報を保持することができる。また、従来のコンピューターのように直線的に計算するのではなく、並行して複数の計算ができるため、より速くデータを処理できる。

第7章　言語

(1) Wallace, E., et al. Is music enriching for group-housed captive chimpanzees (Pan troglodytes)? *PLoS ONE* 12, e0172672 (2017).

(2) 紀元前五世紀、ヘロドトスは「コウモリのように話す」エチオピア人の集団について記した。

(3) Meyer, J. *Whistled languages: A worldwide inquiry on human whistled speech* (Springer-Verlag, 2015).

(4) Wiley, R. Associations of song properties with habitats for territorial oscine birds of eastern North America. *American Naturalist* 138, 973-993 (1991).

(5) Everett, C. Languages in drier climates use fewer vowels. *Frontiers in Psychology* 8 (2017).

(6) 今のところ、どの赤ちゃんも、あらゆる言語を習得できるが、わたしたちの遺伝子は、集団によって特定の言語を習得しやすくする適応を進化させている可能性がある。Dediu, D., and Ladd, D. Linguistic tone is related to the population frequency of the adaptive haplogroups of two brain size genes, ASPM and Microcephalin. *Proceedings of the National Academy of Sciences* 104, 10944-10949 (2007).

(7) Güntürkün, O., Güntürkün, M., and Hahn, C. Whistled Turkish alters language asymmetries. *Current Biology* 25, R706-R708 (2015).

(8) 英語の音節の強弱を始め、会話のメロディとリズムはとても重要だ。

(9) Patel, A. Sharing and nonsharing of brain resources for language and music. *Language, Music, and the Brain* 329-356 (2013). doi:10.7551/mitpress/9780262018104.003.0014

(10) Patel, A. Science and music: Talk of the tone. *Nature* 453, 726-727 (2008).

(11) Blasi, D., et al. Human sound systems are shaped by post-Neolithic changes in bite configuration. *Science* 363, eaav3218 (2019).

(12) Warner, B. Why do stars like Adele keep losing their voice? *The Guardian* (August 10, 2017).

(13) ネアンデルタール人は声帯が短く、鼻腔が広いことから、声の音程は高かった可能性があるが、人間のような繊細な話し方はできなかったかもしれない。たとえば「beat」と「bit」の区別を可能にする母音を、ネアンデルタール人は発声できなかったと考える研究者がいる。もっとも、それについては異論がある。ネアンデルタール人がホモ・サピエンスより前に、言語の操作を可能にする解剖学的飛躍を遂げたという証拠があるので、彼らはわたしたちの祖先よりずっと前に話をしていたようだ。

(14) しかし、ほかの「言語」遺伝子がより重要かどうかに関する結論はまだ出ていない。Warren, M. Diverse genome study upends understanding of how language evolved. *Nature* (2018). doi:10.1038/d41586-018-05859-7.

(15) Lai, C., Fisher, S., Hurst, J., Vargha-Khadem, F., and Monaco, A. A forkhead-domain gene is mutated in a severe speech and language disorder. *Nature* 413, 519-523 (2001).

(16) Schreiweis, C., et al. Humanized FOXP2 accelerates learning by enhancing transitions from declarative to procedural performance. *Proceedings of the National Academy of Sciences* 111, 14253-14258 (2014).

(17) 幼い子どもでも、頼まれていなくても、大人が落としたものを拾おうとする。このような他者への善意は、その子どもの文化の現像液――すなわち社会的環境によって形成される。

(18) Russell, J., Gee, B., and Bullard, C. Why do young children hide by closing their eyes? Self-visibility and the developing concept of self. *Journal of Cognition and Development* 13, 550-576 (2012).

(19) Moll, H., and Khalulyan, A. "Not see, not hear, not speak": Preschoolers think they cannot perceive or address others without reciprocity. *Journal of Cognition and Development* 18, 152-162 (2016).

(20) Partanen, E., et al. Learning-induced neural plasticity of speech processing before birth. *Proceedings of the National Academy of Sciences* 110, 15145-15150 (2013).

(21) Hart, B., and Risley, T. The early catastrophe: The 30 million word gap by age 3. *American Educator* 27, 4-9 (2003).

(22) Romeo, R., et al. Beyond the 30-million-word gap: Children's conversational exposure is associated with language-related brain function. *Psychological Science* 29, 700-710 (2018).

(23) プエルトリコの研究者は、アカゲザルのメスがマザリーズのような特殊な声で赤ん坊と触れ合う様子を観察した。

(24) Brighton, H., and Kirby, S. Cultural selection for learnability: Three principles underlying the view that language adapts to be learnable. *Language Origins: Perspectives on Evolution* (2005). www.lel.ed.ac.uk/~kenny/publications/brighton_05_cultural.pdf.

(25) Blasi, D., Wichmann, S., Hammarström, H., Stadler, P., and Christiansen, M. Sound-meaning association biases evidenced across thousands of languages. *Proceedings of the National Academy of Sciences* 113, 10818-10823 (2016).

(26) Kirby, S. Culture and biology in the origins of linguistic structure. *Psychonomic Bulletin & Review* 24, 118-137 (2017).

(27) Bromham, L., Hua, X., Fitzpatrick, T., and Greenhill, S. Rate of language evolution is affected by population size. *Proceedings of the National Academy of Sciences* 112, 2097-2102 (2015).

（28）シャチも集団が異なると、言語が異なる。

（29）Attributed to anthropologist Don Kulick, from Pagel, M. *Wired for culture: Origins of the human social mind* (W. W. Norton, 2012).

（30）Speaking at HayFestival 2018.

（31）ほとんどの文化において、色の名前は実物に由来する。たとえば、「オレンジ」色の由来になったのは、オレンジの果実だ。１５００年代に最初のオレンジの樹が英国に持ち込まれたとき、その果実の色は、黄色や赤とは違う色として認識された（それ以前、オレンジ色は「イエローレッド」と呼ばれていた）。チョーサーの著作にある「rayed」は、当時は「赤」を意味していたようだが、同時にオレンジやピンクを意味していた可能性がある。そして「ピンク」は、かつては「バラ色」ではなく「黄色」を指した。15世紀、英国人は「ピンク－イエロー」という安いペンキを大量に購入していた（現在ではあり得ないことだ）。おそらくその名の由来は、「おしっこ」を意味するドイツ語の「pinkeln」だろう。「ピンク」が「バラ色」を意味するようになったのは、１５００年代後半に、壁の下塗りに黄色いpinkelnの塗料ではなく、（現在と同じく）ピンク色の塗料が使われ始めたことに由来するらしい。ピンク、紫、オレンジという色は、ここ数百年のあいだに追加された色だ。

（32）ホメロスが、海を「葡萄酒のような色」と表現したことは有名だ。彼がおそらく盲目であったことを考えれば、これは無理もないが、古代ギリシアの文献に、海や空を「青い」と表現したものは一つもないようだ。これは、ギリシア人が色を見分けられなかったのではなく、古代ギリシア人にとって色相は、せいぜい色の明るさや輝きと同程度にしか重要でなかったことを意味する。

（33）これは、昔はより一般的な言語ツールだったかもしれない。スコットランド・ゲール語では、上と下を表す単語が、一番近くの川が海へ流れる方向によって、東と西、あるいは西と東を意味するようになった。そういうわけで、ロスシャイア東部の人々は、東が下流になっている場所では、キッチンが人の立っている場所の西にあっても、「東のキッチンへ行きなさい」と言った。それは「下流の方向にあるキッチンへ行きなさい」という意味なのだ。多くの言語では、北、南、東、西には別の意味がある。たとえば英語では、状況が悪化したという意味で、「事態は南へ向かった」と言う。

（34）Boroditsky, L. How language shapes thought. *Scientific American* 304, 62-65 (2011).

（35）Correia, J., Jansma, B., Hausfeld, L., Kikkert, S., and Bonte, M. EEG decoding of spoken words in bilingual listeners: From words to language invariant semantic-conceptual representations. *Frontiers in Psychology* 6 (2015).

（36）Mårtensson, J., et al. Growth of language-related brain areas after foreign language learning. *NeuroImage* 63, 240-244 (2012).

(37) ある研究によれば、「未来時制」がある言語（英語のように、過去、現在、未来を区別する言語）の話者は、中国語などの未来時制がない言語の話者に比べて、お金を節約する傾向が30パーセント低い。これは未来と現在を区別することで未来がより遠くに感じられ、節約しようとする意欲が薄れるからだと考えられる。

(38) Abutalebi, J., and Green, D. Control mechanisms in bilingual language production: Neural evidence from language switching studies. *Language and Cognitive Processes* 23, 557-582 (2008).

(39) バイリンガルは、認知症の進行を遅らせる。認知症の症状が同程度の場合、バイリンガルの人はモノリンガルの人より、その後の進行が平均で5年遅くなる。Craik, F., Bialystok, E., and Freedman, M. Delaying the onset of Alzheimer disease: Bilingualism as a form of cognitive reserve. *Neurology* 75, 1726-1729 (2010). これは、バイリンガルであることが脳の配線をつなぎ換え、「認知の予備力」が増えるからだ。つまり、脳の一部がダメージを受けても、バイリンガルの人はより多くの灰白質と代替の神経経路を持っているので、ダメージをより多く埋め合わせることができるのである。

第8章　話す

(1) Edemariam, A. The Saturday interview: Wikipedia's Jimmy Wales. *The Guardian* (2019). https://www.theguardian.com/theguardian/2011/feb/19/interview-jimmy-wales-wikipedia.

(2) Giles, J. Internet encyclopaedias go head to head. *Nature* 438, 900-901 (2005).

(3)「ウィキペディアン」は２０１２年にオックスフォード辞典に追加された。

(4) Nook, E., and Zaki, J. Social norms shift behavioral and neural responses to foods. *Journal of Cognitive Neuroscience* 27, 1412-1426 (2015).

(5) Nook, E., Ong, D., Morelli, S., Mitchell, J., and Zaki, J. Prosocial conformity. *Personality and Social Psychology Bulletin* 42, 1045-1062 (2016).

(6) Eriksson, K., Vartanova, I., Strimling, P., and Simpson, B. Generosity pays: Selfish people have fewer children and earn less money. *Journal of Personality and Social Psychology* (2018). doi:10.1037/pspp0000213.

(7) それぞれの囚人の立場で考えると、相手に不利な証言をしなければ、刑期は1年か3年、不利な証言をすれば、釈放か、2年の刑期となる。

(8) 個人が協力するかどうかは、属する集団がどれほど協力的かにかかっているというこの発見は、狩猟採集民の研究によっても裏づけられた。Smith, K., Larroucau, T., Mabulla, I., and Apicella, C. Hunter-gatherers maintain assortativity in cooperation despite high levels of residential change and mixing. *Current Biology* 28, 3152-3157.e4 (2018).

(9) Shirado, H., Fu, F., Fowler, J., and Christakis, N. Quality versus quantity of social ties in experimental cooperative networks. *Nature Communications* 4 (2013).
(10) Crockett, M., Kurth-Nelson, Z., Siegel, J., Dayan, P., and Dolan, R. Harm to others outweighs harm to self in moral decision making. *Proceedings of the National Academy of Sciences* 111, 17320-17325 (2014).
(11) Baillargeon, R., Scott, R., and He, Z. False-belief understanding in infants. *Trends in Cognitive Sciences* 14, 110-118 (2010).
(12) Dunbar, R. Neocortex size as a constraint on group size in primates. *Journal of Human Evolution* 22, 469-493 (1992).
(13) ダンバーが提唱したコミュニティは、まず「親友」(平均5人)、次が「仲の良い友人」(約15人)、次が「結束した一族」(約50人の拡大家族と姻戚)、次が定期的に交流する約150人の「コミュニティ」、500人の「知人」、と続く。わたしたちは1500人以上の顔を認識できる。
(14) Dunbar, R. Do online social media cut through the constraints that limit the size of offline social networks? *Royal Society Open Science* 3, 150292 (2016).
(15) Jenkins, R., Dowsett, A., and Burton, A. How many faces do people know? *Proceedings of the Royal Society B: Biological Sciences* 285, 20181319 (2018).
(16) Henrich, J., and Henrich, N. Culture, evolution and the puzzle of human cooperation. *Cognitive Systems Research* 7, 220-245 (2006).
(17) スパイは相手に悟られることなく監視して不正行為を発見しようとするが、警察と監視システムは公然と監視することによって犯罪を未然に防ぐ。大きな政府は、両方のシステムを用いて国民をコントロールしている。
(18) Watts, J., et al. Broad supernatural punishment but not moralizing high gods precede the evolution of political complexity in Austronesia. *Proceedings of the Royal Society B: Biological Sciences* 282, 20142556-20142556 (2015).
(19) Whitehouse, H., et al. Complex societies precede moralizing gods throughout world history. *Nature* 568, 226-229 (2019).
(20) Lang, M., et al. Moralizing gods, impartiality and religious parochialism across 15 societies. *Proceedings of the Royal Society B: Biological Sciences* 286, 20190202 (2019).
(21) Brennan, K., and London, A. Are Religious People Nice People? Religiosity, Race, Interview Dynamics, and Perceived Cooperativeness. *Sociological Inquiry* 71, 129-144 (2001).
(22) Chuah, S., Gächter, S., Hoffmann, R., and Tan, J. Religion, discrimination and trust across three cultures. *European Economic Review* 90, 280-301 (2016).

（23）羞恥心は密接な関係があるが、観察者を必要とする。
（24）Benedict, R. *The Chrysanthemum and the sword. Patterns of Japanese culture* (Houghton Mifflin Harcourt, 1946).〔『菊と刀』角田安正訳、光文社古典新訳文庫他〕
（25）Brass Eye. www.youtube.com/watch?v=f3xUjw2BCYE.
（26）Cole, S., Kemeny, M., and Taylor, S. Social identity and physical health: Accelerated HIV progression in rejection-sensitive gay men. *Journal of Personality and Social Psychology* 72, 320-335 (1997).
（27）同じ性別、言語、文化といったサインは、学ぼうとする脳の意欲を掻き立て、そのように共通点のある人々を真似るとより多くの満足感が得られることを、脳画像が示している。
（28）Henrich, J., and Gil-White, F. The evolution of prestige: Freely conferred deference as a mechanism for enhancing the benefits of cultural transmission. *Evolution and Human Behavior* 22, 165-196 (2001).
（29）ブランドはセレブに多額の報酬を支払って、自社製品のアンバサダーになってもらう。しかしセレブが名声を失うと、他の分野での名声も失墜する。セレブが失脚すると、ブランドはすぐつながりを断ち切る。現在ブランドは、セレブ・アンバサダーの不祥事に備えて、「不名誉保険」を掛けることができる。その保険料は、セレブのイメージが清潔であればあるほど高額になる。なぜなら、清潔なイメージが強いほど不祥事の衝撃は大きく、ブランドが受けるダメージも大きくなるからだ。
（30）古代ギリシアでは、「傲慢さ」はとりわけ嫌われた。それは、『イリアス』の時代の寛容な神さえ怒らせる、数少ない人間の欠点の一つであり、現代では風刺の定番になっている。

第9章　所有

（1）Hunter, M., and Brown, D. Spatial contagion: Gardening along the street in residential neighborhoods. *Landscape and Urban Planning* 105, 407-416 (2012).
（2）顔の非対称性は、しばしば寄生虫感染によって引き起こされ、発達異常を伴うこともある。
（3）Langlois, J., and Roggman, L. Attractive faces are only average. *Psychological Science* 1, 115-121 (1990).
（4）Joshi, P., et al. Directional dominance on stature and cognition in diverse human populations. *Nature* 523, 459-462 (2015).
（5）Lewis, M. Why are mixed-race people perceived as more attractive? *Perception* 39, 136-138 (2010).
（6）Burley, N. Sex-ratio manipulation in color-banded populations of zebra finches. *Evolution* 40, 1191-1206 (1986).
（7）進化遺伝学者のマーク・トーマスは、色白の肌が急速に広がったのは生存上の優位性があったからだ、と主張する。

生まれたばかりの赤ちゃんの肌が大人の肌より色が薄いのは、肌の色を濃くするメラニンは日光に当たることで生じるからだ。この幼児特有の色の薄い肌や目をもつ子どもは、守ってあげたいという反応を大人から引き出すので、他の子どもより生存上わずかに有利になる。この興味深い説をさらに推し進めると、人間は体毛のない、飼いならされた社会的な生き物に進化し、子ども時代が長くなり、大人になっても子どもらしい遊びをするようになったと言える。

(8) Ishizu, T., and Zeki, S. Toward a brain-based theory of beauty. *PLoS ONE* 6, e21852 (2011).

(9) Little, A., Jones, B., and DeBruine, L. Facial attractiveness: Evolutionary based research. *Philosophical Transactions of the Royal Society B: Biological Sciences* 366, 1638-1659 (2011).

(10) Brown, S., Gao, X., Tisdelle, L., Eickhoff, S., and Liotti, M. Naturalizing aesthetics: Brain areas for aesthetic appraisal across sensory modalities. *NeuroImage* 58, 250-258 (2011).

(11) Jacobsen, T. Beauty and the brain: Culture, history and individual differences in aesthetic appreciation. *Journal of Anatomy* 216, 184-191 (2010).

(12) この棒人形の行動はメスによく見られるため、母親の役目を果たすための練習だと研究者たちは考えている。Kahlenberg, S., and Wrangham, R. Sex differences in chimpanzees' use of sticks as play objects resemble those of children. *Current Biology* 20, R1067-R1068 (2010).

(13) Dart, R. The waterworn Australopithecine pebble of many faces from Makapansgat. *South African Journal of Science* 70, 167-169 (1974).

(14) Joordens, J., et al. Homo erectus at Trinil on Java used shells for tool production and engraving. *Nature* 518, 228-231 (2014).

(15) d'Errico, F., Henshilwood, C., Vanhaeren, M., and van Niekerk, K. Nassarius kraussianus shell beads from Blombos Cave: Evidence for symbolic behaviour in the Middle Stone Age. *Journal of Human Evolution* 48, 3-24 (2005).

(16) 貞節を重んじる社会規範は、社会の拡大への適応として進化した可能性がある。なぜなら、一夫一婦制は、性感染症の流行（および生殖能力への悪影響）を減らし、また、資源を子どもに配分する責任をその子の父親に負わせることができるからだ。

(17) チャールズ・ダーウィンはこの問題について質問され、「一般に女性は道徳的資質においては男性より優れているが、知的には劣っているとわたしは思う」と書いた。ダーウィンの見解はその時代のものであって、真実ではない。

(18) チンパンジーの社会は明確なヒエラルキーを持ち、非常に攻撃的で、オス優位である。その結果、子どもは群れの中で大人を観察する機会が少なく、技術を継承できない。対照的に、ボノボの社会は平等主義的で、紛争は少なく、文化や行動はさまざまな場面において協力的だ。メスのボノボは血縁でないメスとも強い絆を築き、たとえば出産時にハエを叩いて追い払うなど、互いに助け合う。

(19) John Bergerが自身の著名な『*Ways of Seeing*』で指摘したように、女性が女性を描く際にも、男性の視点が影響する。

(20) Rothman, B. *The tentative pregnancy* (Pandora, 1988).

(21) たとえば太平洋諸島の人々の中には、他人の心の「不透明性」、つまり他人が何を考え感じているかを知ることは不可能だと信じている人々もいる。そのため、たとえ事故や過失であっても、その責任を問われることが多い。

(22) Centola, D., and Baronchelli, A. The spontaneous emergence of conventions: An experimental study of cultural evolution. *Proceedings of the National Academy of Sciences* 112, 1989-1994 (2015).

(23) Touboul, J. The hipster effect: When anticonformists all look the same. *arXiv* (2014). http://arXiv:1410.8001v2.

(24) 「ヒップスターは同じように見える」という記事に自分の写真を無断で使われた、とヒップスターがクレームをつけたが、その写真は別のヒップスターのものだった。*The Register* (2019). https://www.theregister.co.uk/2019/03/06/hipsters_all_look_the_same_fact/.

(25) Akdeniz, C., et al. Neuroimaging evidence for a role of neural social stress processing in ethnic minority-associated environmental risk. *JAMA Psychiatry* 71, 672-680 (2014).

(26) 文学理論の研究者であるケネス・バークはこう語った。「話し方、ジェスチャー、声の調子、秩序、イメージ、態度など、話し方全般を相手と一致させなければ、相手を説得することはできないだろう」

(27) Hein, G., Silani, G., Preuschoff, K., Batson, C., and Singer, T. Neural responses to ingroup and outgroup members' suffering predict individual differences in costly helping. *Neuron* 68, 149-160 (2010).

(28) 部族主義は非常に強力であり、神々さえ自分たちの社会に適応させる。たとえば、イエス・キリストは、北欧では金髪と青い目で描かれ、エチオピアでは黒人、南米では先住民のアイマラ族として描かれている。イスラム教は神やムハンマドの顔を描くことを禁じ、あらゆる肖像を認めないという点で独特だ。このためスンニ派が支配するアラブ諸国では、描写と非描写のあいだで奇妙な妥協がなされる。たとえば、道路標識に頭のない人間が描かれることもある。一方、シーア派イスラム教は人物の描写に寛容だ。カラフルで緻密なペルシャ細密画運動の最盛期であった15世紀から16世紀にかけては、スンニ派とシーア派、どちらの支配下でも、ムハンマドを始めとする人物の詳細な絵が描かれた。

(29) この効果は非常に強く、そのような部族的な物語は、何百年にもわたって強い力を持ち続け、集団の怒りと憎しみをかき立てるために利用されてきた。たとえば、イギリスのEU離脱支持者はトラファルガーとアジャンクールの戦いを引き合いに出し、アメリカでは白人至上主義者がしばしば南部同盟の旗を掲げる。

(30) Dunham, Y., Baron, A., and Carey, S. Consequences of "minimal" group affiliations in children. *Child Development* 82,

793-811 (2011).

(31) Pope, S., Fagot, J., Meguerditchian, A., Washburn, D., and Hopkins, W. Enhanced cognitive flexibility in the seminomadic Himba. *Journal of Cross-Cultural Psychology* 50, 47-62 (2018).

(32) Draganski, B., et al. Changes in grey matter induced by training. *Nature* 427, 311-312 (2004).

(33) Gomez, J., Barnett, M., and Grill-Spector, K. Extensive childhood experience with Pokémon suggests eccentricity drives organization of visual cortex. *Nature Human Behaviour* (2019). doi:10.1038/s41562-019-0592-8.

(34) Gislén, A., Warrant, E., Dacke, M., and Kröger, R. Visual training improves underwater vision in children. *Vision Research* 46, 3443-3450 (2006).

(35) Ilardo, M., et al. Physiological and genetic adaptations to diving in sea nomads. *Cell* 173, 569-580.e15 (2018).

(36) Park, D., and Huang, C. Culture wires the brain. *Perspectives on Psychological Science* 5, 391-400 (2010).

(37) Blais, C., Jack, R., Scheepers, C., Fiset, D., and Caldara, R. Culture shapes how we look at faces. *PLoS ONE* 3, e3022 (2008).

(38) Nisbett, R., Peng, K., Choi, I., and Norenzayan, A. Culture and systems of thought: Holistic versus analytic cognition. *Psychological Review* 108, 291-310 (2001).

(39) しかし、場所によってはそれが続くこともある。日本の北海道は、アメリカ人顧問（外国人顧問は78人。うちアメリカ人は48人）の指導のもと、本土から移住した士族によって開拓された。そのフロンティア精神は、１５０年後も北海道の人々の規範を形作っている。彼らは集団主義的ではなく、むしろ個人主義的で、行動様式は日本人よりアメリカ人に近い。

(40) Oota, H., Settheetham-Ishida, W., Tiwawech, D., Ishida, T., and Stoneking, M. Human mtDNA and Y-chromosome variation is correlated with matrilocal versus patrilocal residence. *Nature Genetics* 29, 20-21 (2001).

(41) Cohen, D., Nisbett, R., Bowdle, B., and Schwarz, N. Insult, aggression, and the southern culture of honor: An "experimental ethnography." *Journal of Personality and Social Psychology* 70, 945-960 (1996).

(42) Ellett, W. The death of dueling. *Historia* 59-67 (2004).

(43) コーランは同性愛を罰しておらず、いずれにしても、アナルセックス（違法性交）を告発するには４人の証人が必要だとしている。また、美しい若い男性の「酌取り」については、天国での信仰を待っている、と表現されている。

(44) Saudi religious police target "gay rainbows." *The France 24 Observers* (2015). https://observers.france24.com/en/20150724-saudi-police-rainbows-gay-school.

第10章　宝物

(1)現代のハイチとドミニカ共和国。
(2)そのために、先住民とアフリカ人、８００万人の命が犠牲になった。
(3)現代のインドネシア。
(4)Ricardo, D. *On the principles of political economy and taxation* (John Murray, 1817).
(5)遺伝子や細胞などの生物学的システムがそうであるように、集団のサイズと構造、および利益とコストがすべて整えば、協調は分業につながる。
(6)Burk, C. The collecting instinct. *Pedagogical Seminary* 7, 179-207 (1900).
(7)Gelman, S., Manczak, E., and Noles, N. The non-obvious basis of ownership: Preschool children trace the history and value of owned objects. *Child Development* 83, 1732-1747 (2012).
(8)Hood, B., and Bloom, P. Children prefer certain individuals over perfect duplicates. *Cognition* 106, 455-462 (2008).
(9)Vanhaereny, M. Middle Paleolithic shell beads in Israel and Algeria. *Science* 312, 1785-1788 (2006).
(10)腸内細菌叢のように、生物のシステムと生態の中には集団レベルで進化したと見なせるものが多くある。
(11)Findeiss, F., and Hein, W. Lion Man 2.0-the experiment. YouTube (2014). https://youtu.be/hgbvT9_pjzo.
(12)最終氷期の過酷な環境にあって、身体が脆弱で、毛皮を持たない人間の祖先は、何度か生存の危機に追いこまれ、ある時点では全人口が1万人を切ったと推定される。これはまさに絶滅危惧種であり、現在のチンパンジーの個体数より少ない。
(13)サピエンスは、環境収容力をネアンデルタール人の10倍に増やした。
(14)発見された中で最古の楽器は、ホーレフェルス洞窟で出土した、３万５０００年前にハゲワシの翼の骨から作られたフルートだ。
(15)Clarkson, C., et al. Human occupation of northern Australia by 65,000 years ago. *Nature* 547, 306-310 (2017).
(16)Liu, W.,et al.The earliest unequivocally modern humans in southern China.*Nature* 526, 696-699 (2015). もっとも、この人々は絶滅した可能性が高い。
(17)彼らは大きな動物の脂肪質の骨を燃やすことによって、長期間そこで生き延びたらしい。
(18)Beall, C. Two routes to functional adaptation: Tibetan and Andean high-altitude natives. *Proceedings of the National Academy of Sciences* 104, 8655-8660 (2007).
(19)アフリカの中でも肌の色の濃淡は大きく異なり、少なくとも90万年前からそうだったと言われる。色素沈着に関わる遺伝子の多くは、現生人類がアフリカを離れるずっと前にアフリカで進化した。Crawford, N., et al. Loci

associated with skin pigmentation identified in African populations. *Science* 358, eaan8433 (2017). たとえば、ボツワナの狩猟採集民であるサン人の肌は薄い褐色だが、それはヨーロッパ人の肌を白くしたのと同じ遺伝子変異によるものだ。ヨーロッパ人の白い肌は、アフリカで進化したこの遺伝子と、新たに獲得した遺伝子に由来する。ネアンデルタール人の肌色の濃淡はさまざまであり、彼らの肌色の濃淡の両方に関与する遺伝子の一部を、現在のヨーロッパ人は受け継いでいる。Dannemann, M., and Kelso, J. The contribution of Neanderthals to phenotypic variation in modern humans. *American Journal of Human Genetics* 101, 578-589 (2017).

(20) ヨーロッパで最も一般的な肌の色を薄くする遺伝子変異は、わずか2万９０００年前に近東で生まれた。この変異は農民とともに、タンザニアやエチオピアを含む東アフリカに入った。一方ヨーロッパでは、北上してスカンジナビアやスコットランドまで広がり、数千年前には一般的になったと言われる。

(21) アフリカ生まれの人類がヨーロッパに渡り、そこは寒いので衣服を着るようになって肌の露出が減り、また、紫外線も弱いために、肌の色を薄くする遺伝子が選択された、とかつては考えられていた。しかし、新たに開発された、古代ＤＮＡを分析するツールで調べたところ、状況は少し違っていたことがわかった。

(22) Olalde, I., et al. Derived immune and ancestral pigmentation alleles in a 7,000-year-old Mesolithic European. *Nature* 507, 225-228 (2014).

(23) 言語学者が復元したインド・ヨーロッパ語の原語には、車輪に関する単語が５つ含まれ、車輪がヤムナヤにとって重要な技術であったことがわかる。５つの単語のうち2つは文字通り「車輪」を意味し、１つは「車軸」、１つは動物を荷車に乗せるための棒、残り１つは、乗り物で移動することを表現する動詞である。これらの単語があることから、インド・ヨーロッパ祖語の年代は約５５００年前までさかのぼることができる。その頃から、ロシアの草原からポーランド、さらにメソポタミアに至るユーラシア大陸西部に、フルサイズの車輪、ミニチュア模型、馬車の画像や彫刻が出現するようになった。

(24) Long, T., Wagner, M., Demske, D., Leipe, C., and Tarasov, P. Cannabis in Eurasia: Origin of human use and Bronze Age trans-continental connections. *Vegetation History and Archaeobotany* 26, 245-258 (2016).

(25) １９９７年、チェコスロバキアで紀元前2万６９００年頃の麻縄（大麻繊維のロープ）が発見された。これは、マリファナ（大麻）が使用された最古の例だ。

(26) この遺伝子がコードする酵素「ラクターゼ」は、牛乳に含まれる乳糖を分解する。

(27) 乳糖不耐症の大人が牛乳を飲むと、下痢や腹痛を起こす。

(28) 現在、チリの人々は、山羊乳を飲む能力を進化させつつある。

(29) 熱帯地域では、メラニンが皮膚を紫外線から保護するという利点が他の選択的優位性を上回っているが、世界を見渡すと、肌の色はさまざまだ。最近の分析により、肌が黒い人はビタミンDの体内輸送を助ける遺伝子を持っていて、北欧の人は肌のビタミン吸収を高める遺伝子を持っていることがわかった。また、ラクターゼ活性を持続させる遺伝子を持つ人も、少数ながら世界中に出現している。

（30）Kristiansen, K., et al. Re-theorising mobility and the formation of culture and language among the Corded Ware culture in Europe. *Antiquity* 91, 334-347 (2017).

（31）Rascovan, N., et al. Emergence and spread of basal lineages of Yersinia pestis during the Neolithic decline. *Cell* 176, 295-305.e10 (2019).

（32）Goldberg, A., Günther, T., Rosenberg, N., and Jakobsson, M. Ancient X chromosomes reveal contrasting sex bias in Neolithic and Bronze Age Eurasian migrations. *Proceedings of the National Academy of Sciences* 114, 2657-2662 (2017).

（33）ヤムナヤは、犬の歯のネックレスをして、オオカミの毛皮に包まれて埋葬されていることが多いので、オオカミと犬を崇拝していたと考えられている。

（34）ローマ建国神話の主人公であるロムルスとレムスは、オオカミの皮と歯のネックレスを身に着けたヤムナヤの反乱軍がモデルではないかと言われている。

（35）www.nature.com/articles/nature25738.

（36）Botainなど。

（37）ナイフで切った繭や織機の破片など、絹に関する最古の証拠はおよそ６０００年前のものだ。

（38）不思議なことに、貝殻ビーズは黄土板（オーカースラブ）への彫刻、洗練された骨器、投石器といった他の文化的イノベーションとともに、7万年前にアフリカと近東の考古学的記録から消えた。そしてほぼ3万年後に、以前とは異なるさまざまな形態で再び現れた。他の個人装飾品とともにアフリカと近東では再出現し、ヨーロッパとアジアでは初めて出現した。これは、技術革新によって多様な環境を効率的に利用できるようになり、人口が増えた結果だと思われる。文化的イノベーションが7万年前に一時的に消失したのは、6万年から7万３０００年前の厳しい気候条件のせいで人口が減少したことと関連があるようだ。その時代、人々は孤立し、社会的ネットワークや交換ネットワークが破壊されたのだろう。

（39）Collard, M., Buchanan, B., and O'Brien, M. Population size as an explanation for patterns in the Paleolithic archaeological record. *Current Anthropology* 54, S388-S396 (2013).

（40）Raghavan, M., et al. The genetic prehistory of the New World Arctic. *Science* 345, 1255832-1255832 (2014).

（41）Kline, M., and Boyd, R. Population size predicts technological complexity in Oceania. *Proceedings of the Royal Society B: Biological Sciences* 277, 2559-2564 (2010).

（42）私は世界中を旅して、道路やインターネットの接続が一つの集団と多くの集団を瞬時に結びつけ、その結果、新しい技術や機会が急速に増えていくのを見てきた。また逆に、紛争や自然災害による孤立が人口を減少させ、（主に）若い男性を奪って人口動態を変え、かつては機械や企業があった村が、最も簡易な道具で土を掘る絶望的な集団に変わってしまうことも見てきた。

（43）Henrich, J. *The secret of our success* (Princeton University Press, 2015).〔『文化がヒトを進化させた』白揚社〕

（44）Muthukrishna, M., Shulman, B., Vasilescu, V., and Henrich, J. Sociality influences cultural complexity. *Proceedings of the Royal Society B: Biological Sciences* 281, 20132511-20132511 (2013).

（45）Derex, M., Beugin, M., Godelle, B., and Raymond, M. Experimental evidence for the influence of group size on cultural complexity. *Nature* 503, 389-391 (2013).

（46）人類学者による学術的論争に決着をつけるための研究はあいまいな結果に終わり、議論は今も続いている。Derex, M., Beugin, M., Godelle, B., and Raymond, M. Derex et al. Reply. *Nature* 511, E2 (2014).

（47）Dalgaard, C., Kaarsen, N., Olsson, O., and Selaya, P. Roman roads and persistence in development | VOX, CEPR Policy Portal. Voxeu.org (2018). https://voxeu.org/article/roman-roads-and-persistence-development.

（48）20世紀に入っても、ウガンダではタカラガイの殻で税金を支払うことができた。

（49）２０１６年11月8日、インドのナレンドラ・モディ首相は、世界第7位の経済大国である自国のほぼすべての現金が、わずか4時間後には事実上、無価値になることを予告した。この政府による「廃貨」実験は、現金を備蓄している富裕層の脱税を取り締まるためだった（インドで所得税を払っているのは人口の約1パーセントにすぎない）。しかしこの実験は大失敗だった。１０００ルピーと５００ルピーの紙幣が無効になった結果、取引の90パーセントが現金で行われているこの国で、流通現金の約86パーセントが一夜にして使用禁止になったのだ。銀行には長蛇の列ができ、その人込みを整理するために警察が出動した。従業員に支払う現金がなくなった企業は休業を余儀なくされ、発展途上だった経済は減速・縮小した。この施策はインドにとってあまりに時期尚早で突然だったので、数カ月後には撤回された。もっとも、やがてインドも他の経済国に倣ってデジタル決済へ進むだろう。

第11章　建築

（1）最近ロシアのスンギリで、約３万４０００年前の高貴な男性の墓が発見された。彼の体は、25個のマンモスの象牙のブレスレットと３０００個の象牙のビーズで飾られていた。

（2）同様の遺跡が、ケニアのトゥルカナなど、世界中で発見されている。Hildebrand, E., et al. A monumental cemetery built by eastern Africa's first herders near Lake Turkana, Kenya. *Proceedings of the National Academy of Sciences* 115, 8942-

8947 (2018).

（3）最初のアルコールは、穀物ではなく果物を発酵させて作られていたらしく、もしかするとその歴史は何十万年も前の最初の木造船［ノアの方舟］にまで遡るかもしれない。以前わたしは、熱帯雨林で偶然イチジクの木を見つけた。熟した実がたわわに実り、また、周囲に落ちていて、それを食べて酔っ払ったサルやイノシシなどの動物がその木を取り囲んでいたことは決して忘れられない。

（4）おそらくヨーロッパでは、人類による環境の変化は（種の絶滅ではなく）新種の創造をもたらした。例えば人々は、野生のハイイロオオカミから犬をつくり、番犬、友達、そして凍てつく夜の暖かさまで手に入れた。この改変は、人の一生の間で成し遂げられた可能性がある。１９５９年にロシアの科学者ドミトリ・ベリャーエフが始めた有名な実験では、野生のキツネからおとなしいキツネを選んで交配させることで、従順なキツネを誕生させた。さらに30世代の交配によって、半分の個体が飼いならされ、２００６年には、事実上すべての個体が飼いならされた。これらの「人工的に」家畜化されたキツネは身体的にも変化していて、たれ耳で、毛色はまだらで、尾はカールし、人間と目を合わせようとした。この実験により、攻撃性の遺伝子は、毛色など他の形質に関与する遺伝子とともに受け継がれることが判明した。犬と一緒に狩りをすることで、ヨーロッパ人の祖先はネアンデルタール人より優位に立つことができただろう。

（5）Bocquet-Appel, J. When the world's population took off: The springboard of the Neolithic demographic transition. *Science* 333, 560-561 (2011).

（6）1万年前に現在のヨルダンにあったアイン・ガザルは、そのような村の一つで、白い漆喰の壁と木の屋根梁をもつ石造りの家があった。住民は円形の神殿で、高さ1メートルほどの大きく目を見開いた彫像を崇拝し、死者を斬首して頭蓋骨を飾り、その身体は家の下に埋めた。

（7）Coulson, S., Staurset, S., And Walker, N. Ritualized behavior in the Middle Stone Age: Evidence from Rhino Cave, Tsodilo Hills, Botswana. *PaleoAnthropology* 18-61 (2011).

（8）Sage, R. Was low atmospheric CO_2 during the Pleistocene a limiting factor for the origin of agriculture? *Global Change Biology* 1, 93-106 (1995).

（9）わたしたちの祖先の消化器系は、食べていた在来植物や人工的に作られた植物に応じて多様化し、生存率を高めるよう適応してきた。現在の人々は、祖先が穀物農家であったかどうかによって、明らかな遺伝的違いがある。また、アルコール製造という文化的進化は、一部の集団の遺伝子を変化させた。約９０００年前から米酒を発酵させて飲んでいた中国では、人口の大半（中国南東部では99パーセント）が、アルコールを効率的に代謝する遺伝子変異を持っている。この遺伝子（ADH1B）はアルコール依存症を軽減するが、二日酔いや、飲酒時の紅潮、吐き気、めまいなど、悲惨な副作用を伴う（肝臓でのアルコール分解方法が変わり、アセトアルデヒドの量が増えるため）。

（10）Shennan, S., et al. Regional population collapse followed initial agriculture booms in mid-Holocene Europe. *Nature Communications* 4 (2013).

（11）Kohler, T., et al. Greater post-Neolithic wealth disparities in Eurasia than in North America and Mesoamerica. *Nature* 551, 619-622 (2017).

（12）Çatalhöyük research project. *Çatalhöyük Research Project* (2019). http://www.catalhoyuk.com.

（13）Boserup, E. *Woman's role in economic development* (George Allen & Unwin Ltd., 1970).

（14）Holden, C., and Mace, R. Spread of cattle led to the loss of matrilineal descent in Africa: A coevolutionary analysis. *Proceedings of the Royal Society of London. Series B: Biological Sciences* 270, 2425-2433 (2003).

（15）Alesina, A., Giuliano, P., and Nunn, N. On the origins of gender roles: Women and the plough. *Quarterly Journal of Economics* 128, 469-530 (2013).

（16）Talhelm, T., et al. Large-scale psychological differences within China explained by rice versus wheat agriculture. *Science* 344, 603-608 (2014).

（17）ドイツのタルハイム・デス・ピットには、７０００年前の初期の農民（男性、女性、子ども）34人の遺骨が埋められていたが、それらはすべて斧で頭蓋骨を攻撃されており、急いで埋葬されたらしい。

（18）小規模な社会では、男性の死因の60パーセントは戦争による。

（19）もっとも、インカでは、ジャガイモを用いる税制が敷かれた。

（20）ウェスパシアヌス皇帝は財政を立て直すために、毛織物業者に尿税を課した。

（21）これに匹敵する例は、10世紀のアイスランドで起きた。バイキングの入植者が、壊滅的な火山噴火を、北欧神話で予言されていた大変動が起きたと解釈し、キリスト教に改宗した。

（22）島民たちは、ある種のカモメが産む最初の卵を持ち帰ることを競い合った。

（23）しかし島民は、19世紀に島を発見したヨーロッパ人によって運命を助けられただけではなかった。１８６０年代には、ペルーの奴隷商人が、ほとんどの大人を連れ去った。その中には、ポリネシアの唯一の書き言葉であるラパ・ヌイ語のロンゴロンゴ文字を書ける人々も含まれた。読み書きできる人がいなくなったため、その文字は即座に、そして永遠に、判読できなくなった。その悲劇に加えて、奴隷商人が島民を島に送還することを余儀なくされたとき、彼らは故意に、天然痘に感染した人々も一緒に送還した。その結果島の人口は激減し、死者の埋葬もできなくなった。１８７０年には、島の人口の97パーセントが亡くなり、１１１人しか残っていなかった。

（24）Kohler, T., et al. Greater post-Neolithic wealth disparities in Eurasia than in North America and Mesoamerica. *Nature*

551, 619-622 (2017).
(25) Basu, A., Sarkar-Roy, N., and Majumder, P. Genomic reconstruction of the history of extant populations of India reveals five distinct ancestral components and a complex structure. *Proceedings of the National Academy of Sciences* 113, 1594-1599 (2016).
(26) 教会にはカゴ専用の入口があり（少なくともピレネーの60の教会には、今も「カゴ」専用の入口がある）、独自の文字を使わなければならず、聖体拝領は長い木製のスプーンの先で授かった。カゴが町に入るときには、ハンセン病患者が鐘を鳴らしたように、ガラガラと音を鳴らしてその存在を知らせなければならなかった。カゴは、ほとんどの商売や職業につくことを禁じられていたため、多くは棺桶職人になった。また、一般の農民のように裸足で歩くことも許されなかったので、足には水かきがあると噂された。外出するときには、ガチョウの脚を目立つように衣服につけなければならなかった。カゴは、カゴ以外の人と一緒に食事をしたり、料理を分け合ったりすることを許されず、掟を破ると、手を切り落とされて教会の扉に釘で打ち付けるという刑罰さえあった。
(27) Kanngiesser, P., and Warneken, F. Young children consider merit when sharing resources with others. *PLoS ONE* 7, e43979 (2012).
(28) Washinawatok, K., et al. Children's play with a forest diorama as a window into ecological cognition. *Journal of Cognition and Development* 18, 617-632 (2017).
(29) Donnell, A., and Rinkoff, R. The influence of culture on children's relationships with nature. *Children, Youth and Environments* 25, 62 (2015).
(30) 異例な展開だが、ニュージーランドの新しい法律は、マオリ族のコミュニティの意見をくみいれ、国立公園と河川システムに法的な人格を与えた。
(31) Broushaki, F., et al. Early Neolithic genomes from the eastern Fertile Crescent. *Science* 353, 499-503 (2016).
(32) Leslie, S., et al. The fine-scale genetic structure of the British population. *Nature* 519, 309-314 (2015).
(33) これは遺伝的浮動によるもので、彼らは子孫をほとんど残していないか、あるいはまだ彼らのＤＮＡの痕跡が採取されていない。古代の動きを理解する上で、考古学から遺伝学まで、複数の証拠が役に立つのはこのためだ。
(34) Novembre, J., et al. Genes mirror geography within Europe. *Nature* 456, 98-101 (2008).
(35) Prado-Martinez, J., et al. Great ape genetic diversity and population history. *Nature* 499, 471-475 (2013).
(36) Rohde, D., Olson, S., and Chang, J. Modelling the recent common ancestry of all living humans. *Nature* 431, 562-566 (2004).
(37) おそらくセビリアの首長の娘を経由する。

(38) Hellenthal, G., et al. A Genetic atlas of human admixture history. *Science* 343, 747-751 (2014). And have a play on this: World ancestry. Admixturemap.paintmychromosomes.com (2014). http://admixturemap.paintmychromosomes.com.

(39) Duncan, S., Scott, S., and Duncan, C. J. Reappraisal of the historical selective pressures for the CCR5-Δ32 mutation. *Journal of Medical Genetics* 42, 205-208 (2005).

(40) Jones, S. Steve Jones on Extinction. Edge.org (2014). https://www.edge.org/conversation/steve_jones-steve-jones-on-extinction.

(41) Robb, G. *The discovery of France* (Macmillan, 2007).

(42) 1254年にパリを訪れた英国王ヘンリー3世は、「漆喰で作られ、3室あり、4階以上ある家の優雅さ」に感銘を受けた。Cited in Salzman, L. *Building in England, down to 1540* (Clarendon Press, 1952).

(43) Bettencourt, L., Lobo, J., Helbing, D., Kühnert, C., and West, G. Growth, innovation, scaling, and the pace of life in cities. *Proceedings of the National Academy of Sciences* 104, 7301-7306 (2007).

(44) van Dorp, L., et al. Genetic legacy of state centralization in the Kuba Kingdom of the Democratic Republic of the Congo. *Proceedings of the National Academy of Sciences* 116, 593-598 (2018).

(45) 鉛は体内に吸収されやすく、貧血、知能指数の低下、行動上の問題など、さまざまな健康被害を引き起こす。妊娠中に鉛にさらされると、赤ちゃんの頭が小さくなる。20世紀に有鉛ガソリンが普及したことは、犯罪と反社会的行動の大幅な増加と関連がある。

(46) Harper, K. *The fate of Rome: Climate, disease, and the end of an empire* (Princeton University Press, 2017).

(47) 主要宗教のなかで唯一、キリスト教に衛生に関する教えがないことは興味深い。

(48) 暑い気候のせいで、テムズ川を満たした下水が耐えがたい悪臭を放った。

(49) Vassos, E., Pedersen, C., Murray, R., Collier, D., and Lewis, C. Meta-analysis of the association of urbanicity with schizophrenia. *Schizophrenia Bulletin* 38, 1118-1123 (2012).

(50) Peen, J., Schoevers, R., Beekman, A., and Dekker, J. The current status of urban-rural differences in psychiatric disorders. *Acta Psychiatrica Scandinavica* 121, 84-93 (2010).

(51) Kubota, T. Epigenetic alterations induced by environmental stress associated with metabolic and neurodevelopmental disorders. *Environmental Epigenetics* 2, dvw017 (2016).

(52) Serpeloni, F., et al. Grandmaternal stress during pregnancy and DNA methylation of the third generation: An epigenome-wide association study. *Translational Psychiatry* 7, e1202 (2017).

第12章　時計

（1）Foer, J. Caveman: An interview with Michel Siffre. *Cabinet Magazine* (2008). https://www.cabinetmagazine.org/issues/30/foer_siffre.php.

（2）病原体やがん細胞の活動など、病気の多くもリズミカルだ。

（3）睡眠のスケジュールは年齢によって異なり、一〇代の若者は遅く寝て、遅く起きるが、高齢者はその逆だ。おそらくこれは、集団が存続するための適応であり、さまざまな年齢層を含むキャンプで、少なくとも一人は夜間に見張りをすることになる。

（4）アメリカカケスとリスザルはいくらか予測能力を備えていることが研究によってわかった。

（5）Young, J., et al. A theta band network involving prefrontal cortex unique to human episodic memory (2017). doi:10.1101/140251.

（6）Templer, V., and Hampton, R. Episodic memory in nonhuman animals. *Current Biology* 23, R801-R806 (2013).

（7）この件について、さらに詳しい情報は、以下を参照のこと。C. Hammond *Time warped: Unlocking the mysteries of time perception* (Canongate, 2012).

（8）Shaft of the Dead Man caveの壁に描かれているのは雄牛、鳥人、棒にとまっている鳥で、それらの輪郭と雄牛の目は、北半球の夜空に夏の間現れる三つの明るい星、つまりベガ、デネブ、アルタイルからなる夏の大三角を表している。この絵が描かれた当時、空のこの領域が地平線の下に沈むことはなく、春の始まりには特に目立ったことだろう。この洞窟群の入口付近には、プレアデス集団の星図を肩に乗せた雄牛の立派な絵が描かれている。雄牛の絵の中には、この地域で見られた他の星を表していると思われる斑点があり、それは現在、おうし座の一部になっている。

（9）Lynch, B., and Robbins, L. Namoratunga: The first archeoastronomical evidence in sub-Saharan Africa. *Science* 200, 766-768 (1978).

（10）ワーディ・ユアンの環状列石は、1万1000年以上前に作られたもので、春分、秋分、夏至、冬至、年間を通しての太陽の沈む位置の変化を示している。周辺には段丘があり、そこからの観測が、正確な季節の暦を必要とする農村を支えていたのだろう。

（11）アーネムランドのアボリジニの物語は、月と潮流の関係を説明する。満潮のときには月が上るときに水が月を満たす。その水が月から流れ出ると干潮になり、3日間、月は空になる。その後再び、潮が満ちて月を満たす、というものだ。

（12）私がこれを書いているのは2018年6月の午後10時だが、エチオピア人の友人Mesiによると、2010年の（13月のうちの）10月だという。ヘブライ人のカレンダーでは5778年で、ヘブライの一日は日没時に始まるので、午前4時だ。イスラム教のヒジュラ暦では1439年の10月。ヒンドゥー教徒にとっては5119年の午前4時。中国人にとっては4716年（いぬ年でもある）と、さまざまだ。

（13）古代の中国人、バビロニア人、中世のスウェーデン人がそれぞれにたどり着いた一つの解決策は、13カ月の年が7年、12カ月の年が12年ある19年周期だ。235朔望月（月の満ち欠けの周期）が19太陽年とほぼ等しいので、このカレンダーは太陽暦とほぼ一致し、219年に1日のずれが生じるだけだ。ユダヤのカレンダーはこれを忠実に再現したが、古代エジプト人は30日12月が一年という考えにならい、一年の最後に5日間の宗教上の祝日を加えた。プトレマイオス3世は4年ごとに特別の日を1日加えるという、閏年による解決策を提案した。最終的にこれが採用され、200年後にローマ人が考え出したユリウス暦に組み込まれた。

（14）他の場所では、一年の始まりは、天体の動きや自然現象によって決められた。たとえば、エジプトでは夜空にシリウスが姿を現した時、太平洋西部のトロブリアンド諸島ではコガネムシの産卵が始まった時を一年の始まりとした。マヤ文明の人々は、詳細で複雑なカレンダーを持っていて、時間と影響し合い、その経過をコントロールできると考えていた。彼らの一年は365日で、太陽年の計算はグレゴリオ暦よりはるかに正確だったが、月の日数は一定していなかった。

（15）正しい太陽年と一週間以上ずれていたユリウス暦を改めるために、1582年に教皇グレゴリウス8世の暦が採用されたが、カトリック教徒でないヨーロッパの人々は抵抗した。新暦の採用は、ずれを修正するために10日間を失うことを意味した。英国は社会政治的な理由から、一世紀以上にわたってそれを採用せず、その間に、同国の暦のずれは11日になった。

（16）ローマ人は1週間が8日で、コンスタンティヌス帝がキリスト教に改宗した後に、ユダヤ教の7日制に変えた。ペルーのインカ族も1週間は8日だった。インドネシアのバリ島やコロンビアのボゴタの先住民は、1週間を3日とし、西アフリカでは4日が一般的だった。ヒッタイトやモンゴルの部族は5日だった。古代中国では10日だった。

（17）シュメール人から受け継いだ。

（18）水時計の問題点は、水を溜めておく必要があることの他に（ギリシア語では「水泥棒」と呼ばれた）、流量を一定に保つために水圧を一定にしなければならないことだった。

（19）「時間を無駄にする」を、ラテン語では「水を失う」（aquam pedere）と言う。

（20）イースターの語源は、北欧の春の女神エオストレに由来する。

（21）しかし、陸地から遠く離れた船上で経度を知るのは不可能なままだった。そのためには、非常に正確で、港での時刻と、海上での現時点の時刻を比較できる時計が必要だった。この経度の問題は、ユーラシア大陸以外の大陸に関する知識を深めようとするヨーロッパ人にとって、遠くへの航海は危険であることを意味した。世界中で、この問題を解決できた人への報奨金が約束された。

(22) とはいえ、これら初期のあてにならない時計は、正しい太陽の時間に合わせてリセットする必要があった。

(23) 1583年、若き日のガリレオがピサの教会で揺れるシャンデリアを観察して、振り子が弧を描く時間はひもの長さだけで決まることを発見した。それが当時としては最も正確な計時装置になる振り子時計の開発につながった。しかし、海上での経度を正確に測定する機械式時計は、1750年代にヨークシャーの時計製作者、ジョン・ハリソンが発明した。ハリソンの「クロックB」（H4）は、100日以上の航海で誤差は数秒という正確さを誇り、航海に革命をもたらした。陸から遠く離れた海上で経度を測定できるようになり、新しい大陸が発見され、また、科学的なブレークスルーも起きた。それは位置座標と時間との関係で、現在GPS衛星はそれを利用して、正確な時刻情報と位置情報を提供している。

(24) 懐中時計が発明されて普及し、いつでも時間を確認できるようになったこと――むしろ、確認せずにはいられなくなったこと――は、私たちをさらに急がせるようになった。時間の概念をもてあそぶのが好きだったルイス・キャロルは、夢の中の時間が無限にある世界で少女アリスに冒険をさせた。アリスがお茶会に参加したところ、帽子屋は、時間が彼を罰して永遠に午後6時（お茶の時間）に止まっているので、一日中お茶を飲んでいるのだ、と明かす。白ウサギのモデルは、キャロルの友人でアリスの父親である、オックスフォードのクライストチャーチ・カレッジの学寮長だった。彼はよく、小さなドアの前でポケットから時計を取り出して、「遅れた、遅れた、申し訳ない」と言っていた。なぜならキャロルたちが夕食をともにするために彼を待っていたからだ。

(25) Levine, R., and Norenzayan, A. The pace of life in 31 countries. *Journal of Cross-Cultural Psychology* 30, 178-205 (1999).

(26) しかし、時間に依存する現代社会は、閏秒が追加されるたびに混乱する。例えば、2012年には1秒の閏秒が追加されたために、複数の航空会社で予約システム障害が発生した。

(27) 「時の流れの中で自然淘汰によって新しい種が形成されると、他の種は次第に数が少なくなり、ついには絶滅する、ということが必然的に起こると私は思う。当然ながら、改変や改良が進んでいる種と最も競合関係にある種が、最も苦しむことになる」とダーウィンは書いている。

(28) あなたのDNAはあなただけのものだが、シダやマンモスやこれまでに生きた1000億人以上の人間のDNAと比較することができる。この比較ゲノム学、つまり集団遺伝学は、タイムトラベルをして共通の祖先を訪ねることを可能にする時計だ。

(29) 時間に関する最新の科学的理解は、わたしたちの直感的な時間の理解とはかけ離れており、想像が及ぶ範囲を超えている。多元宇宙、量子もつれ、時間の逆流といったモデルは直感的には納得がいかず、宇宙が実際にどのようなものかを知る助けにならない。そのため、わたしたちの多くは依然として、他の文化的方法によって理解しようとする。

第13章　理性

（1）Pluchino, A., Biondo, A., and Rapisarda, A. Talent versus luck: The role of randomness in success and failure. *Advances in Complex Systems* 21, 1850014 (2018).

（2）Goldman, J. Friday fun: Snowboarding crow [video]. *Scientific American Blog Network* (2019). https://blogs.scientificamerican.com/thoughtful-animal/friday-fun-snowboarding-crow-video/.

（3）Kark, S., Iwaniuk, A., Schalimtzek, A., and Banker, E. Living in the city: Can anyone become an "urban exploiter"? *Journal of Biogeography* 34, 638-651 (2007).

（4）失敗というコストを減らすことは、イノベーションを後押しする戦略になるだろう。

（5）Miu, E., Gulley, N., Laland, K., and Rendell, L. Innovation and cumulative culture through tweaks and leaps in online programming contests. *Nature Communications* 9 (2018).

（6）爪車（ラチェット）とは、角度のついた歯を持つ歯車で、一方向にのみ回り、逆転しない。

（7）「科学者（サイエンティスト）」という言葉は、１８３４年まで使われていなかった。

（8）タレスの弟子にはピタゴラスやアナクシマンドロスなどがいた。アナクシマンドロスは地中海地域の外を旅した人々の報告から世界地図を描き、また、稲妻や雷は空気と雲の激しい衝突であり、雨は蒸発した海水の落下である、と説明した。またアナクシマンドロスは生物の進化を説き、人間の祖先は魚に似た生き物だったと推測した。加えて、すべての物質は同じ原料からできているという理論も立てた。この理論は一世紀後にデモクリトスによって確立された。デモクリトスは広範囲に旅をした数学者にして物理学者で、その原子論はラザフォードの原子論に約２３００年先んじていた。

（9）Freeman, C. *The closing of the western mind: The rise of faith and the fall of reason* (Alfred A. Knopf, 2003).

（10）「事実上最後の学者であったヒュパティアは、知識の価値、厳格な数学、禁欲的な新プラトン主義、精神の重要な役割、市民生活における自制と中庸を代弁して、ほぼ一人で戦った」と歴史家のMichael Deakin は著書 *Hypatia of Alexandria* (Prometheus Books, 2007) に記している。

（11）Cinnirella, F., and Streb, J. Religious tolerance as engine of innovation. CESifo Working Paper Series No. 6797 (2018).

（12）バグダッドは人口１００万人を超える最初の都市であったかもしれない。バグダッドは、チグリス川がユーフラテス川と最も接近する場所に位置しており、ヨーロッパ、アジア、アフリカからの旅人や商人が行き交った。バグダッドの学者たちは科学的なアプローチで知られた。当時の注目すべき科学者で、*Book of Optics*（光学の書）を著したイブン・アル・ハイサムは、こう書いている。「科学者の著作を調べる者は、真実を知ることを目指すのであれば、読むものすべての敵となり、……あらゆる方向から攻撃しなければならない。また、著作を批判的に検討する際には、偏見を抱いたり、寛大になったりしないよう、自分自身を疑うべきである」。バグダッドで出版された *Book of Ingenious Devices*（からくりの書）は、オートマタ、パズル、手品などの機械装置について詳述する図解入りの大著で、プログラム可能な最初の機械であるロボットのフルート奏者についても描かれている。

(13) バグダッドの出版社は、原稿を手で書き写す組み立てライン方式により、ヨーロッパでは何世紀にもわたって実現し得なかった、大量の出版物を作ることができた。

(14) 英国の哲学者アルクイン（オオカミとヤギとキャベツの川渡り問題の発明者）などの学者を招聘したカール大帝（9世紀初頭）や、教育を擁護した英国のアルフレッド大王（9世紀末）など、いくつか光明が見えたが、科学技術が大きく進歩したのは、12世紀になってからだった。

(15) しかし、キリスト教が理性や探究心を制限したというのは、話の一部でしかない。霊的な、あるいは宗教的な存在を信じることは必ずしも科学的アプローチを妨げたわけではなく、世界の多くの科学者は信仰ゆえに好奇心をそそる謎を探求した。例えばデカルトは、数学、論理、演繹法によって宇宙の実体を知りたいという思いに駆り立てられ、それを宗教的使命と捉えていた。カトリック教会は、科学的な探求には敵対的だったが、精密な天文学を最も支援した教会でもある。中世のヨーロッパでは何十もの教会や大聖堂が天文観測所として使われ、その多くは、床に引かれた子午線に太陽光が当たるように、屋根に小さな穴が開けられていた（太陽光が差し込む位置によって日付がわかる）。

(16) 出版社は目録をより簡単にするために、科学と人文科学を分ける分類方法を確立した。知識人はわずかな標準的テキストを批評するのではなく、図書館全体の書物を調べる方法を学んだ。その過程で、彼らは近代的な「事実」の概念、すなわち、「検証可能な確かな情報」という概念を生み出した。突如として、たとえばモンテーニュは「かつての学者が一生かけて見てきたより多くの書物を、数カ月で調べられるようになった」。その結果彼は、対立、多様性、矛盾に、先人より気づきやすくなった。

(17) 本が安くなり、持ち運びできるようになり、需要が増えた結果、すべての出版社の市場が拡大し、読み書きできることの価値がさらに高まった。印刷所が急増し、信頼できる情報を広く伝えるようになった。

(18) 同時に聖書そのものを読む人が増え、新たな原理主義的信仰が誘発された。

(19) たとえば Marsilio Ficino や Pico della Mirandola.

(20) 1660年に設立された王立協会は、実験と「説明ではなく事実」を重視した。

(21) Heyes, C. Grist and mills: On the cultural origins of cultural learning. *Philosophical Transactions of the Royal Society B: Biological Sciences* 367, 2181-2191 (2012).

(22) Henrich, J. Why societies vary in their rates of innovation: The evolution of innovation-enhancing institutions. *Innovation in Cultural Systems: Contributions from Evolutionary Anthropology*, Altenberg Workshops in Theoretical Biology, Konrad Lorenz Institute, Altenberg, Austria (2007). Available at https://pdfs.semanticscholar.org/8684/a4f1b3eae05dcff3ba1f03c5678c3359c215.pdf.

(23) Muthukrishna, M., and Henrich, J. Innovation in the collective brain. *Philosophical Transactions of the Royal Society B: Biological Sciences* 371, 20150192 (2016).

(24) Mackey, A., Whitaker, K., and Bunge, S. Experience-dependent plasticity in white matter microstructure: Reasoning training alters structural connectivity. *Frontiers in Neuroanatomy* 6 (2012); and Qin, Y., et al. The change of the brain activation patterns as children learn algebra equation solving. *Proceedings of the National Academy of Sciences* 101, 5686-5691 (2004).

(25) Stanovich, K. Rational and irrational thought: The thinking that IQ tests miss. *Scientific American Mind* 20, 34-39 (2009); and Bloom, P., and Weisberg, D. Childhood origins of adult resistance to science. *Science* 316, 996-997 (2007).

(26) この最後の変化に対する恐怖が女性や他集団を知的な議論から締め出し、彼女たちのアイデアや発明は他人のものとされてきた。彼女らには論理的に思考する能力がないという誤った言説は、中傷された当人たちにさえ、広く信じられていた。社会的な過小評価は認知能力や学力にも重大な悪影響を与えるので、これがまた悪循環を生んだ。

(27) Frank, M., and Barner, D. Representing exact number visually using mental abacus. *Journal of Experimental Psychology: General* 141, 134-149 (2012).

(28) 蒸気エンジンを発明したトーマス・ニューコメンは金物屋だった。

(29) 10億は100万の1000倍、1兆は100万の100万倍。100万秒は約12日、10億秒は約32年。

(30) わたしたちは、サルの顔を見分ける能力のような、幼児のときに持っているその他多くの能力も失う。

(31) わたしたちはソーシャルメディアのプラットフォームを使って、自分の集団や、自分と同じ考えや同じ現実認識を持ち、自分の考えに異議を唱えない人々と話す。その結果、自分の意見はより過激になり、他の意見に寛容でなくなり、操作されやすくなる。

(32) Filipowicz, A., Barsade, S., and Melwani, S. Understanding emotional transitions: The interpersonal consequences of changing emotions in negotiations. *Journal of Personality and Social Psychology* 101, 541-556 (2011).

(33) Kanai, R., Feilden, T., Firth, C., and Rees, G. Political orientations are correlated with brain structure in young adults. *Current Biology* 21, 677-680 (2011).

(34) Block, J., and Block, J. Nursery school personality and political orientation two decades later. *Journal of Research in*

Personality 40, 734-749 (2006).
(35) Nail, P., McGregor, I., Drinkwater, A., Steele, G., and Thompson, A. Threat causes liberals to think like conservatives. *Journal of Experimental Social Psychology* 45, 901-907 (2009).
(36) Huang, J., Sedlovskaya, A., Ackerman, J., and Bargh, J. Immunizing against prejudice. *Psychological Science* 22, 1550-1556 (2011).
(37) Napier, J., Huang, J., Vonasch, A., and Bargh, J. Superheroes for change: Physical safety promotes socially (but not economically) progressive attitudes among conservatives. *European Journal of Social Psychology* 48, 187-195 (2017).
(38) Harrington, J., and Gelfand, M. Tightness-looseness across the 50 United States. *Proceedings of the National Academy of Sciences* 111, 7990-7995 (2014).
(39) Gelfand, M., et al. Differences between tight and loose cultures: A 33-nation study. *Science* 332, 1100-1104 (2011).
(40) このようにしてアイデンティティ・ポリティクスは理性に害をおよぼす。
(41) Newport, F., and Dugan, A. College-educated Republicans most skeptical of global warming. Gallup (2015). https://news.gallup.com/poll/182159/college-educated-republicans-skeptical-global-warming.aspx.
(42) アメリカのオークリッジ国立研究所は世界最強の科学用スーパーコンピューターを発表した。 US Department of Energy (2018). https://www.energy.gov/articles/oak-ridge-national-laboratory-launches-america-s-new-top-supercomputer-science.

第14章　ホムニ

(1) Introduction: 10,000 Year Clock-the long now. Longnow.org (2019). https://longnow.org/clock/.
(2) 野生の霊長類が飼育されている霊長類に比べて好奇心やイノベーティブさがはるかに少ないのは、このためかもしれない。
(3) Runco, M., Acar, S., and Cayirdag, N. Further evidence that creativity and innovation are inhibited by conservative thinking: Analyses of the 2016 presidential election. *Creativity Research Journal* 29, 331-336 (2017).
(4) Mani, A., Mullainathan, S., Shafir, E., and Zhao, J. Poverty impedes cognitive function. *Science* 341, 976-980 (2013).
(5) Ziegler, M., et al. Development of Middle Stone Age innovation linked to rapid climate change. *Nature Communications* 4 (2013).
(6) ローマ帝国は水車、油、石炭を使ったが、主に奴隷の労働に頼っており、人口の40パーセントが奴隷だった。紀元150年頃、奴隷の供給が足りなくなり、文明を維持できなくなったことが帝国崩壊の一因である。

（7）Nordhaus, W. Do real output and real wage measures capture reality? The history of lighting suggests not. *Economics of New Goods* 58, 29-66 (1997).

（8）Fouquet, R., and Pearson, P. The long run demand for lighting: Elasticities and rebound effects in different phases of economic development. *Economics of Energy & Environmental Policy* 1 83-100 (2012). 下記でうまく視覚化されている。: The price for lighting (per million lumen-hours) in the UK in British pound. *Our World in Data* (2012). https://ourworldindata.org/grapher/the-price-for-lighting-per-million-lumen-hours-in-the-uk-in-british-pound.

（9）1800年にはわずか3パーセントだった。

（10）Hellenthal, G., et al. A genetic atlas of human admixture history. *Science* 343, 747-751 (2014).

（11）100年前、平均寿命は約50歳だったが、現在では80歳を超えた。1800年に女性が生む子どもの数は平均で6人だったが、現在は2人に近づいている（国によってはもっと少ない）。一方、文化的に生み出された社会的不平等は生物学的な影響を人間に及ぼしている。世界では子ども5人に1人、インドでは子どもの40パーセントが発育不良だ。

（12）しかし、イノベーションがこのように急速に進むと、知識の半減期——専門的知識が時代遅れになるまでの期間——はますます短くなる。

（13）Steffen, W., et al. *Global change and the earth system: A planet under pressure* (Springer, 2004).

（14）しかし、中国やロシアなどはインターネット主権（自国の国境内でのインターネット情報を決定する権利）を主張し、デジタル国境を築こうとしている。

（15）Global citizenship a growing sentiment among citizens of emerging economies shows global poll for BBC World Service-Media Centre. BBC (2016). https://www.bbc.co.uk/mediacentre/latestnews/2016/world-service-globescan-poll.

（16）Rozin, P. The weirdest people in the world are a harbinger of the future of the world. *Behavioral and Brain Sciences* 33, 108-109 (2010).

（17）ホムニの人新世で工業化世界に今日生まれた赤ん坊は、ある種の環境的原罪とともに生まれてくるともいえるだろう。と言うのも、その子は人生を通じて持続不可能なレベルで自然界から収奪し、誰もの状況を悪化させるからだ。それともその子は人類の救済の証になるだろうか。わたしたちは超協力によって、共同で成層圏のオゾン層の穴をふさぐばかりか、それを最優先にすることさえできる。

（18）これは米国の不平等な都市では確かに真実だが、北欧の比較的平等な都市でもそうだ。

（19）Krausmann, F., et al. Global human appropriation of net primary production doubled in the 20th century. *Proceedings of the National Academy of Sciences* 110, 10324-10329 (2013).

（20）地球温暖化の時代に入り、淡水や鉱物資源が次第に減少する中で、わたしたちはこれまでの水と燃料と原料を消費する文化を、ホムニのグローバル工場内で資源を循環させる文化に変え、過去数千年にわたって馴染んできた生産から浪費への直線的モデルを終わらせる必要があるだろう。

（21）イヌイット族は、目の当たりにしている環境変化を「uggianaqtuq」と表現する。「奇妙な行動をとる」という意味だ。

（22）Levine, H., et al. Temporal trends in sperm count: A systematic review and meta-regression analysis. *Human Reproduction Update* 23, 646-659 (2017).

（23）Ralston, J., et al. Time for a new obesity narrative. *The Lancet* 392, 1384-1386 (2018).

（24）しかし、世界の多くの地域では、人々は今も適切な量のタンパク質や微量栄養素を摂取できておらず、脳の潜在能力が十分に発揮されていない。そのことは人々に、生物学的、社会的、文化的な影響を及ぼしている。

（25）Foster, P., and Jiang, Y. Epidemiology of myopia. *Eye* 28, 202-208 (2014). 教育を受ける年数が一年延びるごとに近視の割合が増える。Mountjoy, E., et al. Education and myopia: Assessing the direction of causality by Mendelian randomisation. *BMJ* k2022 (2018).

（26）４０，０００，０００，０００，０００，０００，０００，０００である。

（27）「記憶力を使わないので、学習者の頭には何も残らない……多くを聞いても何も学ばず、博識のように見えて、総じて何も知らない。現実味のない、見せかけの知識を備えた、退屈な友人にすぎない」。紀元前３７０年ごろの（ソクラテスの弟子の）プラトンの著書 *The Phaedrus* から抜粋したソクラテスとパイドロスの会話の一部。

（28）Must, O., and Must, A. Speed and the Flynn effect. *Intelligence* 68, 37-47 (2018); and Clark, C., Lawlor-Savage, L., and Goghari, V. The Flynn effect: A quantitative commentary on modernity and human intelligence. *Measurement: Interdisciplinary Research and Perspectives* 14, 39-53 (2016).

（29）しかし、20世紀の大規模な飢饉のいくつかは、反科学的なドグマを唱える政治家によって引き起こされた。

（30）１９６０年以降、少なくとも１８０件の内戦が起きた。

訳者あとがき

野中香方子

多様な人類の中でなぜ人間が唯一生き残り、驚異的な文明を築くことができたのか――。古くて新しいこの問いについては、さまざまな答えが挙げられてきた。

他の人類より賢かったから。好奇心が旺盛だったから。火で調理するようになったから。抽象的な言葉で話す能力を獲得したから……。

だが、本書『進化を超える進化　サピエンスに人類を超越させた4つの秘密』は、こうした単純な説明を排して「たった一つの要素が人間の成功を導いたのではない。人間は、遺伝子と環境と文化の微妙な共進化の産物である」と主張する。とはいえ、文化進化と生物進化の両方が人間を人間たらしめた、というだけならこれまでも類書は多々あった。本書のエキサイティングな点は、そこに新たな角度の視点、すなわち火、言葉、美、時間という4つの重要な切り口を導入して、人間が動物としての通常の進化を超越し、驚異的な「サピエンス」に進化していった過程を読み解いていくという、構えの大きさにある。

著者ガイア・ヴィンスはサイエンスライターで、『ネイチャー』誌や『ニューサイエンティスト』誌でシニア・エディターを務め、権威ある新聞や科学雑誌に寄稿し、科学番組の脚本家やプレゼンターとしても活躍している。本書は二〇一九年にイギリスとアメリカで出版された。原題は〝TRANSCENDENCE: How Humans Evolved through Fire, Language, Beauty and Time〟（人類はいかにして火と言葉と美と時間を通して進化したか）である。前作『ADVENTURES IN THE ANTHROPOCENE: A Journey To The Heart Of The Planet We Made』（二〇一四年）〔『人類が変えた地球　新時代アントロポセンに生きる』化学同人〕は、英国王立協会（フックやニュートンも加入していた、世界最古と言われる学会である）の科学図書賞を受賞した。ちなみに、この賞を受賞した女性は彼女が初めてだという。そして本書も、二〇二〇年の同賞の最終候補作となった。まさに今、サイエンス・ライティングでもっとも脂ののった書き手の一人といってよいのではないか。

世界最高峰の科学誌の編集者を務めていただけあって、幅広い分野の研究成果を縦横無尽に援用してその歴史観を披瀝していくのが彼女の手法だ。その情報量はまさに博覧強記と言うしかないが、それが理系的うんちくのオンパレードにならず、人文的な観点と融合して、彼女なりのビッグ・ヒストリーが提示されていくのである。各章の冒頭には、歴史エピソードや著者自身の体験談がプロローグ的に置かれており、ときに叙情性すら感じさせる導入部から、読者は一気に本論に引き込まれていくだろう。

サイエンスと人文科学の交差点で人類史を読み直す、というスタンスはジャレド・ダイアモンドやユヴァル・ノア・ハラリ、最近でいえば『Ｈｕｍａｎｋｉｎｄ　希望の歴史』のルトガー・ブレグマンなどの系譜に位置づけられるかもしれない。新たなる論客登場！　といったところだろうか。

全編にわたり読みどころ満載の本書だが、文化進化をうながした「4つの秘密」のなかでもユニークなのが第3部「美」と第4部「時間」だろう。

まず第3部「美」では、美への欲求が人間と文化と社会を進化させたことに注目する。「人間が行うことや作るもののほとんどは、美への欲求によって動機づけられている……槍に凝った装飾を施しても、より多くの獲物を倒せるようになるわけではない。それにもかかわらず、あらゆる人間社会は、装飾のために多大な時間と労力と物的資源を費やしている。そのことは、人間の生存にとって美が重要であることを物語っている」。

美しい貝殻や装飾品は、その美しさゆえに通貨になった。南アフリカのブロンボス洞窟から出土した七万五〇〇〇年ほど前の貝殻ビーズは、最初の貨幣だったと考えられている。一七世紀になっても、北米やアフリカの植民地では貝殻ビーズが正式な通貨として使われていたという。

さらに著者は、絹糸という「美」への欲求が通商を促進し、やがてはシルクロードを築き、世界を変えた、と述べる。この見方には驚く一方、納得もさせられる。美は生きるために欠かせないわけではないが、改めて周囲を見渡すと、あらゆるものに美意識が感じられる。何万年も前に洞窟に描かれた動物の絵にわたしたちが心を打たれるのは、共通する人間としての美意識を感じるからではないだろうか。確かに、鳥などでも性淘汰によって過剰に美しさが進化することがあるが、サイエンス本で文化進化の主要な動因のひとつとして美を位置づけるというのは、言われてみれば、と虚を突かれる感がある。このあたりは、本書の論点のなかでもひときわユニークなものだろう。

第4部の「時間」という切り口も、同じように読者の意表を突いてくる。まず第12章では、時間という概念の発明と、それを測定するツールの進化を追う。時間をコントロールすることで、人間は複雑で段階的な技術と階層的な社会構造を創出することができた。また、時間を深く理解したことで、自分たちの歴史や、文化や環境の変化を、長期的な観点から見られるようになり、将来の計画も立てられるようになった。

この章を読みながら、24時間、60分、60秒という区切りがなかった時代を想像しようとしたが、きわめて難しく、自分が時間と共に生きていることに改めて気づかされた。本章の冒頭では、真っ暗な洞窟の中で、時間と切り離されて二カ月を過ごした二三歳の研究者のことが語られる。彼のチャレンジを過酷と感じ、自分にはとても耐えられないと思うのは、わたしだけではないだろう。

第13章では、古代ギリシアから中世の暗黒時代、イスラム世界での知識の黄金時代、ヨーロッパでのルネサンス、印刷機の発明による知識の普及へと、知識の探求の歴史を追いつつ、人間の知性の危うさを指摘する——人間は直感や感情に基づいて判断しがちだ。それは直感に頼った方が認知的な負荷が軽く、エネルギー効率が良いからだ。また、専門家でも物の見方にはバイアスがかかりやすく、しかも自分は正しいと思い込んでいる、一方、統計モデルも信用できるようでいて、間違いを起こしやすい。なぜなら、現実の複雑な世界を数学的に完璧なシナリオにあてはめようとするからだ——。アメリカの高学歴の共和党員の大半が温暖化を認めようとしないのは、それが科学的問題ではなく政治問題になっているからだと著者は述べる。U

CLの人新世研究所で名誉フェローも務め、前作で描かれたように、とりわけ人新世への危機感が強い彼女のもどかしさも垣間見えるかもしれない。

そして最終章となる第14章では、いよいよ本書のメインテーマである「超越」というきわめて独創的な概念が披露される。すなわち、超協力的個体として生物種を超えた人類を著者は「ホモ・オムニス（集合性人類）」、略して「ホムニ」と名付け、ホムニが地球に刻んだ多大な影響を述べていくのだ。

地表の五分の二が、わたしたちの食料の生産に使われており、わたしたちは世界の真水の四分の三を支配し、地球上に未到の地は残っていない。さらには、気温さえ変えつつある——。また、部族主義、個人の利益と集団の利益との対立、ファシズムの台頭、人種差別や男女差別、難民の増加、環境破壊に対する世界的な無策など、昔からある問題が一向に解決されていない状況について著者は、「テクノロジーは洗練されてきたが、人間の文化のアルゴリズムには欠陥があるかのように、わたしたちは同じ社会的過ちを何度も繰り返さずにはいられないようだ」と語る。

しかし著者は希望を捨てていない。

「わたしたちが自由意志を信じるのは、ホムニに支配されていても、個々人はそのネットワークを通じて他者に影響を与えることができ、ひいてはホムニという超個体にも影響を与え得るからだ。わたしたちの超個体の最も注目すべき点は……数十億人というつながりのない個人からできあがっていることだ」。前作で著者は、地球を守るために世界の辺境で奮闘する人々を訪ねている。ネパールで雪を集めて人工氷河をつくる人々、アンデスで山を白く塗って気温上昇を防ごうとする人々、カリブ海のゴミから島をつくる人々。彼らは、個人にもできることがあることを、身をもって示している。

この劇的な地球の変化の最大の原因である人間の適応力と革新力が、人類生存の鍵を握っている、と著者は考えている。ホムニを構成する個人の一人として、著者の次の言葉を心に刻みたい。

「地球が自分たちのものである貴重な数十年の間、わたしたちは祖先が木々を植えた庭を楽しんでいるが、その心地よい日陰を子孫から奪ってはならない」

文藝春秋の衣川理花氏には、意義深い本書をご紹介いただき、髙橋夏樹氏には、刊行まできめ細やかなご指導とご配慮をいただきました。この場をお借りして心より御礼申し上げます。

著者

ガイア・ヴィンス　Gaia Vince

サイエンス・ライター、作家。『ネイチャー』誌、『ニューサイエンティスト』誌のシニア・エディターを歴任。『ガーディアン』、『タイムズ』、『サイエンティフィック・アメリカン』などの新聞・雑誌に寄稿する。60ヶ国以上を歴訪し、3ヶ国に暮らした。現在はロンドンを拠点とし、ユニバーシティ・カレッジ・ロンドンの人新世研究所のシニア・リサーチ・フェローも務める。2014年のデビュー作『Adventures in the Anthropocene』(『人類が変えた地球　新時代アントロポセンに生きる』小坂恵理訳、化学同人）は英国王立協会サイエンス・ブック賞を女性として初めて受賞。本書も2020年同賞の最終候補作となった。

訳者

野中香方子　Kyoko Nonaka

翻訳家。お茶の水女子大学卒業。訳書にルトガー・ブレグマン『Humankind　希望の歴史』上下、同『隷属なき道』、スヴァンテ・ペーボ『ネアンデルタール人は私たちと交配した』(以上文藝春秋)、ショシャナ・ズボフ『監視資本主義』(東洋経済新報社)、オリヴィエ・シボニー『賢い人がなぜ決断を誤るのか？』(日経BP）他多数。

DTP制作　エヴリ・シンク

進化を超える進化　サピエンスに人類を超越させた4つの秘密

2022年6月10日　第1刷

著　者　ガイア・ヴィンス
訳　者　野中 香方子
発行者　花田朋子
発行所　株式会社　文藝春秋
東京都千代田区紀尾井町3-23（〒102-8008）
電話　03-3265-1211（代）
印刷所　精興社
製本所　若林製本工場

ISBN 978-4-16-391553-1　Printed in Japan